武汉理工大学本科教材建设专项基金项目

普通高等教育"十四五"规划教材

冶金工业出版社

矿物加工前沿技术

主　编　任浏祎　包申旭
副主编　杨思原　刘　诚

本书数字资源

U0315349

北　京
冶金工业出版社
2023

内 容 提 要

　　本书针对资源利用现状，系统地介绍了选择性磨矿技术、粗（细）粒浮选技术、湿法冶金技术、矿山修复技术、固废综合利用技术、选矿自动化等。同时，结合作者在浮选及固废领域近年来的最新研究成果和教学经验，重点在矿物加工领域目前的热点、难点及研究进展和面临的技术瓶颈与挑战方面，对矿物加工领域前沿技术理论发展体系进行了探索与丰富。

　　本书可作为矿物加工工程专业学生的教学用书和行业现场工作技术人员的参考用书，也可作为有关培训教材或自学矿物加工技术人员的参考用书。

图书在版编目（CIP）数据

　　矿物加工前沿技术/任浏祎，包申旭主编. —北京：冶金工业出版社，2023.7

　　普通高等教育"十四五"规划教材

　　ISBN 978-7-5024-9553-4

　　Ⅰ.①矿…　Ⅱ.①任…　②包…　Ⅲ.①选矿—高等学校—教材　Ⅳ.①TD9

　　中国国家版本馆 CIP 数据核字（2023）第 134679 号

矿物加工前沿技术

出版发行	冶金工业出版社	电　　话	(010)64027926
地　　址	北京市东城区嵩祝院北巷 39 号	邮　　编	100009
网　　址	www.mip1953.com	电子信箱	service@ mip1953.com

责任编辑　夏小雪　美术编辑　吕欣童　版式设计　郑小利
责任校对　范天娇　责任印制　禹　蕊
北京印刷集团有限责任公司印刷
2023 年 7 月第 1 版，2023 年 7 月第 1 次印刷
787mm×1092mm　1/16；12.5 印张；301 千字；187 页
定价 42.00 元

投稿电话　(010)64027932　投稿信箱　tougao@cnmip.com.cn
营销中心电话　(010)64044283
冶金工业出版社天猫旗舰店　yjgycbs.tmall.com
（本书如有印装质量问题，本社营销中心负责退换）

前　言

　　矿物加工是一门学科、一个专业，也是一种方法，它的技术优劣直接关系到资源利用与储量，关系到国际经济的健康、安全发展。近年来，战略资源的竞争已成为国际竞争的关键因素，如何在大国竞争中，凸显资源优势，依赖于我们的矿物加工技术。众所周知，我国矿物资源具有贫、细、杂的特点，很多资源的对外依存度较大，存在资源安全隐患。这就需要我们在资源加工技术上不断突破，提高资源的有效开采率和利用率，降低资源的对外依存度，实现良好的供需关系，为我国经济的快速发展进行充足的资源储备。

　　近年来，随着经济形势好转，矿业经济逐渐复苏，我国的选矿理论研究、工艺技术开发、大型设备研发、自动控制等方面取得了较好的发展。本书以分专题的形式，有机整合了目前矿物加工领域前沿理论、技术、设备、工艺等；吸收了本领域近几年的科研成果，如选择性磨矿技术、闪速浮选技术、微泡浮选技术、选择性浸出技术、生物浮选技术、矿山修复技术、废旧锂电处理新技术、地聚合物制备新技术、智慧选矿等。本书内容丰富，深入浅出、详略得当，突出了矿物加工的新工艺、新技术、新设备、新理论，反映了矿物加工领域的前沿进展。

　　全书共12章，其中第1章介绍资源供需关系，目前资源利用存在的问题及解决途径和办法；第2章介绍选择性磨矿技术及应用；第3章介绍粗颗粒分选现状与进展；第4章介绍细粒浮选现状、新技术及应用；第5章介绍化学的矿物加工技术及应用；第6章介绍生物选矿技术及应用；第7章介绍矿山修复现状和技术；第8章介绍固体废物的综合利用现状及新技术；第9章介绍地聚合物制备历史、现状、机理、新技术及应用前景；第10章介绍选矿自动化的发展；第11章介绍典型非金属矿提纯新技术；第12章介绍重选、磁选、电选新设备、新技术。

本书第 1~2、4~5、7~12 章由任浏祎、包申旭共同撰写，第 3 章由杨思原撰写，第 6 章由刘诚撰写，全书由任浏祎统稿。

本书在编写及出版过程中，得到了作者恩师中南大学覃文庆教授的大力支持，在此表示衷心的感谢。教材的出版还得到了国家自然科学基金和武汉理工大学本科教材建设专项基金等项目的资助，也得到"选冶联合与固废综合利用"团队所有研究生的大力协助，在此致以衷心的感谢。同时，书中引用了国内外相关文献，谨向这些文献作者表示诚挚的谢意。

由于作者水平有限，书中不足之处在所难免，敬请广大读者批评指正。

作　者
2023 年 2 月

目　　录

1 资源与利用

本章教学视频

资源是一个国家和民族赖以生存和发展的物质基础，是国民经济和社会发展的重要条件。资源配置不仅决定物质财富增长的格局，而且常常与一个国家对世界的影响力成正比。资源的重要性和不均衡性促使世界各国采取各种措施解决资源问题。而矿产、能源资源的开发利用还存在诸多难题，是大家广泛关注的重要方向。本章首先介绍了矿产资源的供需关系；其次，以我国有色矿产资源为例，介绍了目前在利用过程中面临的难题；最后，指出了解决资源利用难题的途径。

1.1 矿产资源供需概况

矿产资源是人类生产生活不可或缺的重要物质基础，我国 90% 以上的能源和 80% 以上的工业原料来源于矿产资源，矿产资源支撑了我国 GDP 70% 的国民经济运转[1]。近年来为促进本国矿业发展，世界各国纷纷进行与金属矿产相关的研究，美国、欧盟、日本等发达国家在对金属矿产的资源保障、供需格局充分研究后先后发布了关键矿产名录，并将其纳入国家发展战略。随着中国工业化、城镇化的加快推进，我国工业化进程已进入中后期或后期阶段，正面临着金属矿产资源的需求结构、消费量及增长速度发生重大变化的转型期，具体表现为金属矿产消费结构分异严重，传统大宗矿产增速下降而战略新兴矿产需求增速迅猛上升[2]。铁、锰等矿产需求已经达到顶峰，铜、铅、锌、铝等有色金属矿产需求正在接近高峰拐点，但是跨越峰值拐点后，我国大宗矿产的需求体量仍将高位运行，我国还将是支撑全球矿业发展的中坚力量[3-4]。

矿产品消费总量取决于一个国家国土面积、人口数量、经济产业结构和发展阶段以及生活方式等因素；除小国之外，幅员辽阔，人口众多的大国（如美国、日本、德国、英国和中国、俄罗斯、印度、巴西），都有自己相当规模的矿业产业；我国的基础设施建设规模（交通、运输、能源动力、教育文化、医药、农业等）与美国接近，房屋建筑和生活设施则远高于美国。我国重要矿产资源消费和生产在相当长的一段时间内都将保持在较高水平，相关矿业及加工制造工业将长期是重要支柱产业。

从能源资源消费量来看，发展程度不同的国家的资源消费量差异很大。比如，1900~2012 年美国累计消费 480 亿吨石油、82 亿吨钢、1.8 亿吨铜、3.1 亿吨铝、约 110 亿吨水泥。1945~2012 年的 67 年间，日本累计消费 116 亿吨石油、38 亿吨钢、6200 万吨铜、8900 万吨铝、约 60 亿吨水泥。迄今为止，我国累计消费石油仅 70 多亿吨、钢 60 亿吨、铜 6000 万吨、铝 1.2 亿吨、水泥约 148 亿吨。1900~2000 年全球消费钢铁约 375 亿吨。我国石油累计消费仅为美国 1/7 左右，钢铁消费不足美国的 3/4，铜、铝消费为美国的 1/3。与日本相比，石油累计消费量也为其一半，铜铝累计消费均赶不上日本的累积消费水平。

东南亚地区粗钢消费水平也较低，2015 年，粗钢消费量为 8386 万吨，仅占世界总消费量的 5.2%。近年来，东南亚地区粗钢消费整体呈快速上升趋势，消费总量增长了一倍多，年均增速达 5.4%。泰国、马来西亚、印度尼西亚、越南等是主要的粗钢消费国，缅甸因其低消费量成为增长最快的国家，年均增速为 13.4%，其次为越南（9.8%）、印度尼西亚（6.4%）、菲律宾（6.1%），其他国家增长相对较慢（见图 1.1）。新加坡人均消费水平较高，其次为马来西亚和泰国，其他国家人均消费水平较低（见图 1.2）。

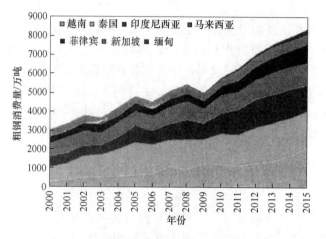

图 1.1　东南亚主要国家粗钢消费历史　　　　　　　图 1.1 彩图

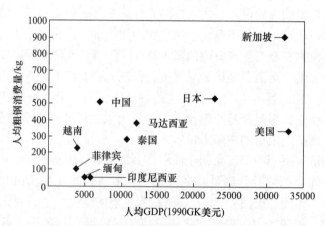

图 1.2　2015 年东南亚主要国家粗钢消费水平

东南亚地区铜、铝消费增长缓慢，虽然 2014 年之后出现了小幅增长，但整体水平仍然很低（见图 1.3）。2015 年，铜、铝消费量分别为 90 万吨和 159 万吨，分别占世界的 4% 和 2.8%。泰国、马来西亚、印度尼西亚、越南等是主要的铜、铝消费国，这四国消费量之和均占总消费量的 90% 以上[5]。

2010~2017 年，国内精炼镍年均缺口占年均消费量的比例为 34.23%，供需矛盾凸出，缺口较大；精炼铅年均缺口约占年均消费量的 0.15%，原材料供需矛盾不明显，供需缺口较小；精炼铜年均缺口占年均消费量的 30.46%，供需矛盾凸出，但逐渐变小；锌板年均缺口占年均消费量的 7.56%，供需矛盾较小；精炼铝供需矛盾较小，但产量年均增速低于消费量年均增速，未来将会出现供需矛盾；粗钢产量能满足消费需求，且产量年均增

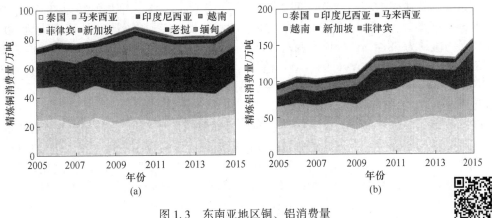

图 1.3 东南亚地区铜、铝消费量

(a) 铜消费量；(b) 铝消费量

速略高于消费量年均增速，供需缺口不大。总体来看，2010~2017 年，精炼镍和精炼铜供需缺口较大，其次为锌板，而精炼铅、精炼铝和粗钢的供需缺口较小。2010~2017 年我国 6 种关键金属的产量和消费量概况统计结果如图 1.4 所示。

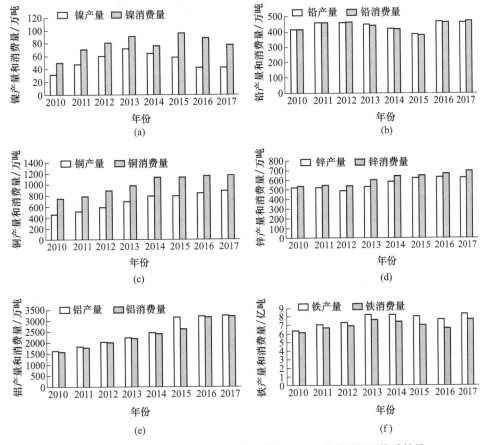

图 1.4 2010~2017 年我国 6 种关键金属的产量和消费量概况统计结果

(a) 镍产量和消费量；(b) 铅产量和消费量；(c) 铜产量和消费量；
(d) 锌产量和消费量；(e) 铝产量和消费量；(f) 铁产量和消费量

　　我国镍矿资源 2016~2021 年期间对外依存度为 60%~99%，平均值约为 78.2%；铅矿资源对外依存度为 12.7%~57.7%，平均值约为 31.8%；铜矿资源对外依存度为 70%~90%，平均值约为 78.4%；锌矿资源对外依存度为 20%~40%，平均值约为 30.0%；铝矿资源对外依存度为 40.4%~95.9%，平均值约为 63.3%；铁矿石对外依存度为 80%~93%，平均值约为 83.1%。总体来看，我国镍矿、铜矿、铁矿石的对外依存度较高，铝矿对外依存度次之，铅矿、锌矿对外依存度较小[6]。

　　我国大宗紧缺矿产如铁、锰、铜、金等查明资源储量虽稳步增长，但开采消耗量大，使得基础储量增速缓慢，未来需求总量仍将维持高位，国内保障程度不足，进口量持续攀升。优势矿产资源钨、锑储采比低，后备资源接替不足，优势程度下降。战略新兴矿产锂、钴、钛资源量、基础储量增长缓慢或呈下降态势，国内资源品质较差，难利用资源多；产量、消费量近十年快速增长，且未来将持续高增长，国内资源储量增长缓慢，供需矛盾凸显。下一步有必要进一步加强国内重要金属矿产的勘查力度。

　　从上述统计数据发现中国矿产资源安全形势并不乐观。在工业化中后期的经济发展过程中，中国应针对不同矿产资源品种的不同趋势，有针对性地就矿产资源安全进行防范。

　　此外，我国资源利用率不高，主要与我国的资源特点有很大关系。

1.2　中国有色矿产加工利用的三大难题

　　(1) 品位低、多金属共生。我国 80% 为难处理多金属共生矿，多种有用矿物表面成分与脉石矿物表面性质相近，浮选分离难度很大，对药剂的选择性要求更高。目前，多金属矿床中的共伴生，金属综合利用率仅 30%~35%。与智利相比，中国的铜矿品位更低；与巴西相比，中国的铝矿品位更低；与澳大利亚相比，中国的铁矿品位较低。

　　柿竹园多金属矿：含钼、铋、钨、铅、锌、萤石、硫等。

　　大厂多金属共生矿：含锡、铅、锌、锑。

　　金川镍矿：含镍、铜、钴、金、银、硫、铂族金属等 18 种有价元素。

　　黄岗多金属共生矿：含铁、锡、钨、锌、铜。

　　(2) 微细粒嵌布。嵌布粒度微米级，有价金属与有害杂质元素结合非常紧密，矿物多以集合体的形式出现，颗粒间互相包裹，细粒与气泡颗粒碰撞概率低，浮选速率低，对药剂的捕收能力要求更高，如镍钼矿、胶硫钼矿、钒矿。

　　细粒金属矿与脉石矿物紧密共生如图 1.5 所示。

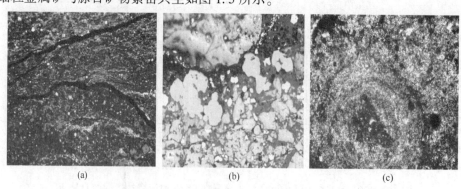

(a)　　　　　　　　　　(b)　　　　　　　　　　(c)

图 1.5　细粒金属矿与脉石矿物紧密共生

(a) 镍钼矿；(b) 胶硫钼矿；(c) 钒矿

（3）废水回用与尾矿利用。废水具有水量大、固体悬浮物含量高、残余药剂浓度高、重金属离子含量高、COD 值高、起泡性，严重影响浮选过程等特点。我国尾矿数量大，颗粒细，成分复杂，然而国内矿山废水循环利用率平均不足 60%。

1.3 解决矿产资源利用难题的途径

考虑到国家经济发展重大需求，资源加工利用的三大难题以及未来资源加工集中于我国西部等特点，迫切需要研究开发一套高效的矿产资源加工技术。该技术应适用于我国贫、细、杂等难处理资源，且对环境影响小。

1.3.1 物理的矿物加工技术

（1）重力选矿。重力选矿是利用不同固体的密度差异进行分离的技术。重力选矿的分选系数：

$$R = (\rho_1 - \rho_0)/(\rho_2 - \rho_0)$$

式中，ρ_1 为固体 1 的密度；ρ_2 为固体 2 的密度；ρ_0 为介质的密度。重力选矿处理物料的粒度区间为 $0.01 \sim 200\,mm$。

重力选矿按原理可分为分级、洗矿、跳汰选矿、摇床选矿、溜槽选矿及重介质选矿 6 种。重力选矿处理量大、简单可靠、经济有效，常应用于稀有金属矿的选别（钨、锡、钛、锆、铌、钽），贵金属矿（金、银）选别，黑色金属矿（铁）和煤炭的选别，预选作业及非金属加工等方面。

（2）磁力选矿。磁选是利用各种固体的磁性差别，在不均匀磁场中实现分离的一种方法或者技术。其必要条件为：磁性颗粒在磁场中受到的磁力必须大于与它方向相反的机械力的合力。

在磁选中，受磁场作用能产生磁性的物质称为磁性物质；在外磁场作用下，使物质显示磁性的过程称为磁化；在数值上是单位体积被磁化物体的磁矩称为磁化强度。

（3）电力选矿。电选是利用各种固体的电性差别，在高压电场中实现分离的一种方法或者技术。

在电选中需要了解以下电导率的基本概念：电导率是衡量不同物质导电性的物理量，表示电子在物质内部移动的难易程度（γ），是电阻率（ρ）的倒数，物理意义为长度为 1cm、截面积为 $1cm^2$ 的矿物的导电能力。

$$\gamma = \rho^{-1} = l/(RS)$$

式中，l 为长度，cm；S 为截面积，cm^2；R 为电阻，Ω。

当 $\gamma = 10^6 \sim 10^7 S/m$，为导体，如自然铜、石墨等；$\gamma = 10^{-8} \sim 10^6 S/m$，为半导体，如硫化矿、金属氧化矿等；$\gamma \leqslant 10^{-8} S/m$，为非导体，如硅酸盐、碳酸盐矿物等。

1.3.2 化学的矿物加工技术

（1）浮游选矿。浮选是把某种矿石中一些特定组分在充气矿浆的泡沫上富集，从而与其他一些脉石组分分离的一种选择性过程。

这种过程基于经适当处理的表面对气泡的亲和力。磨碎至微细的矿物加入水中，并添加起泡剂。把空气通入这种矿浆中，就可产生气泡。与气泡有特定亲和力的矿物颗粒吸附到泡沫表面，与亲水性颗粒分离。在准备过程中，要把共生的有用矿物和无用的脉石矿物通过磨矿达到单体解离。颗粒尺寸通常磨到208μm（65目）左右，这样颗粒就很容易被气泡所浮起。

（2）矿物晶体结构与可浮性。经过破碎解离的矿物表面，由于晶格受到破坏，表面有剩余的不饱和键能，具有一定的"表面能"。

1）矿物的晶体结构与键能。矿物的内部结构按键能可分四大类：离子键或离子晶格（萤石、方解石、白铅矿、铅矾、孔雀石、闪锌矿和岩盐等）；共价键或共价晶格（金刚石、石英、金红石、锡石等）；分子键或分子晶格（硫、石墨、辉钼矿等）；金属键或金属晶格（自然铜、金等）。

2）矿物的表面键能与天然可浮性。浮选所遇到的矿物断裂面，具有不饱和的键能，能与水偶极的作用，将决定矿物的天然可浮性。沿较弱的分子键层面断裂的矿物，其表面是弱的分子键，对水分子引力小，为非极性矿物，可浮性好；内部结构属于离子晶格或共价晶格的矿物，矿物断裂面呈现原子键或离子键，具有较强的偶极作用或静电力，因而亲水，可浮性小。实现矿物的浮选需依靠人为改变矿物的可浮性。

3）矿物表面的不均匀性与可浮性。浮选所遇到的同一类矿物的天然可浮性相差很大，是由于不同产地矿物的物理不均匀、化学不均匀，导致其表面的不均匀性而形成的，包括矿物表面的宏观不均匀性（矿物破碎解离时形成）缺陷（间隙离子与空位）；间隙离子缺陷，即某些离子进入晶格的间隙，而正常完整的位置空缺；位错与镶嵌结构（见图1.6）。

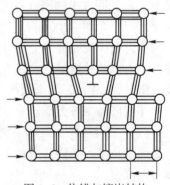

图1.6　位错与镶嵌结构

1.3.3　生物的矿物加工技术

微生物冶金是利用以矿物为营养基质的微生物将矿物氧化分解，从而使金属进入溶液，通过进一步分离、富集、纯化而提取金属的高新技术，它具有流程短、成本低、环境友好和低污染等优点，尤其在低品位、复杂难处理矿产资源的开发利用中，显示出强大的优势，可以大幅度提高矿产资源的开发利用率和资源的保障程度。

1670年，在西班牙Rio Tinto矿坑水中回收细菌浸出的铜。但微生物在矿业中的认识和应用其实还是20世纪40年代末的事。1947年，Colmer和Hinkle首先从酸性矿坑水中分离出能氧化硫化矿的氧化亚铁硫杆菌。1954年，Bryner、Beck等人报道了这种菌在硫化矿浸出中的作用。1958年，美国肯尼柯铜矿公司的尤它矿，首先利用氧化亚铁硫杆菌渗滤硫化铜矿获得成功。1966年，加拿大用细菌浸铀获得成功。

生物技术涉及的研究对象包括铜、铀、金、锰、铅、镍、铬、钴、铋、钒、镉、镓、铁、砷、锌、铝、银、锗、钼、钪等硫化矿的浸出；其他还在烟尘废水处理，煤脱硫，生物选矿（浮选），铝土矿脱硅，高岭土脱铁等方面进行过一定的研究。

生物选矿技术在国外铜、铀的生物提取以及含砷金矿的预氧化已在工业生产中广泛应用，目前用生物法提取的铜约占世界总铜产量的25%。在我国，也有两座铜的生物氧化提取厂及两座金的生物预氧化厂投入生产。

矿冶生物技术是指将微生物、植物等运用于油气开采或矿石中金属的提取以及矿山生态环境修复的技术，是采矿、矿物加工工程、冶金、生物工程、环境工程等多学科的交叉融合。比如：

生物采油：微生物代谢活动及代谢产物提高原油采收率；

生物选矿：微生物作为选矿药剂，进行选矿富集；

生物浸出：微生物溶解矿石，获得金属溶液（铜、镍、钴、铀等）；

生物预氧化：微生物氧化包裹金的黄铁矿等，使金裸露。

矿冶生物技术是通过浸矿细菌的代谢作用或其产物将矿物中的有价金属溶出的一种高新技术。目前认为有直接作用和间接作用两种机制，如图 1.7 所示。直接作用指附着细菌直接催化矿物氧化分解，从中得到能源和基质；间接作用是细菌依靠其代谢产物——硫酸铁对硫化矿物的氧化作用，间接地从矿物中获得生长所需的能源和基质。山生态生物修复：微生物、植物处理矿山废水、污染土壤等。

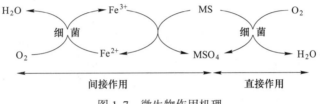

图 1.7　微生物作用机理

根据资源特点，分析得出了在浸矿菌种培育方面以及生物冶金工艺方面需要解决的关键技术。对于原生硫化矿，需要培育浸出专属菌种及耐极端环境菌种，在生物冶金方面要注意生物浸出速率及浸出率物理化学环境的调控；对离子多的重金属矿，需要培育抗有毒离子菌种，在生物冶金方面要解决的问题为浸矿菌种的环境适应性以及浸出液的高纯化；对于复杂低品位矿，需要培育高氧化活性菌种，在生物冶金方面要提高浸出率。

国外生物冶金处理对象主要是次生矿和氧化矿；中国资源 90% 为复杂低品位的硫化矿，不能照搬国外经验，必须发展适合中国资源特点的矿冶生物技术。

1.4　矿物资源可选性相和谐的精细工艺技术开发原则

和谐在于强调人与自然的和谐，人与矿物资源的和谐以及人们开发的矿物加工工艺流程、技术装备与矿物可选性之间的和谐。

和谐的精细工艺技术的特点有：

（1）合理的磨矿分级流程。磨矿装备，分级设备，连续磨矿，阶段磨矿（阶段选别），粗精再磨，中矿再磨，磨矿分级回路中的选别作业：重选，磁选，闪速浮选，粗粒浮选等，应与矿物可选性相适应。

（2）尊重矿物的物性，不与矿物斗气，不搞重压重拉，学会与矿物和平共处，制定的工艺流程在稳定的工艺过程中能平和高效地将矿物分离。

根据矿物的可选性和精矿产品的价值，在不能兼顾的情况下，分清主次，按分选顺序确定原则流程。例如：Cu—Pb—Zn，Pb—Zn—S，Cu—S。

（3）根据矿物可选性的差异，例如，对于浮选是矿物可浮性和浮游速度的差异，将矿物颗粒（矿浆）分流分速处理，可衍生出若干个流程结构。

（4）早收（粗收）、早丢（粗丢）。中矿，特别是富连生体的处理得当（德兴铜矿浮选，铝土矿选矿）。

（5）在复杂的浮选流程中，适当形成开路环境，必要时产出开口产品抛尾，减少循环干扰。

（6）流程的繁简必须适应于矿石的高效分选。对于易选的矿石，流程不应复杂；对于难选的复杂矿石，流程不能简单；要重视综合回收和清洁工艺；注意联合流程的应用。

这一方面的新技术、新成果非常多。例如，在铁矿石选矿领域有连续磨矿，弱磁—强磁—阴离子反浮选流程；连续磨矿，粗细分选、中矿再磨、重选—磁选—阴离子反浮选；阶段磨矿，粗细分选、强磁—重选—阴离子反浮选；阶段磨矿，弱磁—细筛—弱磁—阴离子反浮选。

习　题

（1）我国矿产资源供需关系如何？

（2）我国有色矿产资源利用的难题有哪些？

（3）提高矿产资源利用率的途径有哪些？

参 考 文 献

[1] 马伟东. 金属矿产资源安全与发展战略研究［D］. 长沙：中南大学，2008.

[2] 陈其慎，于汶加，张艳飞. 点石——未来 20 年全球矿产资源产业发展研究［M］. 北京：科学出版社，2016.

[3] 王安建，王高尚，陈其慎，等. 矿产资源需求理论与模型预测［J］. 地球学报，2010，31（2）：137-147.

[4] 赵立群，张敏，陈彤. 中国重要金属矿产资源现状、供需、进出口数据集［J］. 地质科学数据专辑，2019，46（1）：105-109.

[5] 高骏. 东南亚矿产资源供需形势及产能合作研究［D］. 北京：中国地质科学院，2017.

[6] 渠慎宁. 工业化中后期中国矿产资源供需预测研究［J］. 学习与探索，2016（3）：79-86.

2 选择性磨矿技术

本章教学视频

磨矿时，由于矿石的各种组成矿物之间的机械性差异，导致各矿物在磨碎过程中表现出不同的磨碎行为，其中硬度大的矿物被磨碎程度较小，产品粒度较粗，硬度小的矿物被磨碎的程度较大，产品粒度较细，这种现象称为矿物的选择性磨矿现象。该现象广泛存在，随着矿产资源日趋贫、细、杂化，选择性磨矿将有广阔的应用空间。应用选择性磨矿原理，可以减少有用矿物的泥化，从而减少有用矿物的浪费；使矿物粗粒时及时排出，无需继续磨细，减少不必要的磨碎，降低能耗；在许多矿物原料的磨碎中，人们利用这一现象使磨矿过程节能及节省材料消耗，并为后续矿物分选创造良好条件。但是，这种现象在不少矿物原料的磨碎中又有很大的危害，是长期困扰选矿工作者的重要问题之一。尽管如此，至今国内外对这个问题还在广泛系统地研究，仅有昆明理工大学段希祥教授出版的《选择性磨矿及其应用》专著和一些文献记载。本章主要介绍了选择性磨矿作用的影响、选择性磨矿的应用、选择性磨矿的影响因素和实现选择性磨矿的途径。

2.1 选择性磨矿对工艺流程的影响

选择性磨碎现象是磨矿过程中自然产生的一种粉碎现象。这种现象对磨矿及选矿产生重大的影响。这些影响主要反映在以下几个方面。

2.1.1 选择性磨矿对磨矿工艺的影响

易磨碎矿物容易产生快速过磨，而在易磨碎矿物中又有相当部分是选矿回收的目的矿物，故在确定磨矿流程、设备类型及磨机工作参数时均应极为慎重，否则将会严重降低磨矿产品质量，并严重影响选矿指标。

金属矿物过磨影响磨矿流程的例子很多，在金属矿、非金属矿及煤矿选厂中均存在。在锡石多金属硫化矿磨矿实践中，由于矿石中有用矿物锡石和硫化矿在矿物性质与选别粒度上存在差异，常造成锡石过磨与硫化矿欠磨的矛盾[1]。但是，为了减少锡石的泥化，实践中不得不采用及时解离及时回收的多段磨选流程。例如，云锡公司各砂矿一般采用三段磨矿三段选别流程，次精矿系统也采用1~3段磨矿。其他如钨矿的磨矿也有类似情况，石棉的碎磨也是多段流程，煤的碎磨也是多段。这些多段碎磨流程的采用均是为了减少有价矿物过磨及过粉碎，尽量保护有价矿物在较粗粒度下产出。

金属矿物过磨严重影响磨矿设备的选择确定，这方面钨锡选矿厂的例子很典型。总的说来，除钨锡矿外我国金属矿使用棒磨机的选矿厂较少，原因一是棒磨机生产率比球磨机低10%~15%；二是使用不当会乱棒影响生产；三是加棒需停磨机，使运转率降低。但在钨锡选矿厂则大不相同，几乎粗磨都用棒磨机，因为棒呈线接触，使钨锡矿物的过粉碎现象大为减轻。国内外有的研究者用棒磨、球磨及干式自磨机等三种试验磨机对锡矿石的试验研究结果表明，棒磨机的过粉碎最轻，回收率最高。可见，钨、锡、锑选矿厂广泛采用棒磨机作粗磨设备完全是受有价矿物的快速过磨现象所决定的。不少钨锡选矿厂在第二段及第三段乃至复洗磨广泛采用格子型球磨机，也是因为格子型球磨机的过粉碎比溢流型球磨机要轻的缘故。闭路磨矿多年来一直在探寻用筛子取代水力分级设备，这也是为了减轻有价矿物的过磨及过粉碎。在煤、石棉、云母等矿石的磨矿中，甚至为了保护有价矿物而专门设计制造专用的选择性磨矿设备。

有价矿物的快速过磨也严重地影响磨矿参数的确定。例如，在确定锡矿的磨矿粒度时，过去是以锡石的自然嵌布粒度为依据，后来发现锡石易磨碎，磨矿产品中锡石的粒度比整批产品的粒度要细得多，故将磨矿粒度确定比锡石结晶最大粒度加粗一倍左右，结果锡石过粉碎减轻了，回收率提高了。

由于选择性磨碎现象的存在，难磨矿物磨碎速度慢，最终导致难磨矿物在磨矿循环中积累，严重恶化磨矿过程。如果说易磨矿物的快速磨碎加大了过粉碎并影响了选矿指标，那么难磨矿物的积累则可能严重恶化磨矿过程，甚至使磨矿过程不能继续进行，特别是对自磨过程而言表现尤为突出。顽石积累严重时会使自磨过程无法进行下去。工业生产中为了解决顽石积累问题（多为湿式自磨机中，因湿式自磨过程中矿块的冲击力受矿浆缓冲作用而降低，导致破碎力不足产生顽石积累），可采取如下措施：往自磨机加入较大钢球来破碎顽石，但增加了球耗，并加剧衬板磨损；将顽石从自磨机中引出用破碎机进行中间破碎，破碎后的矿料或返回本磨机或进入下一段磨，但自磨流程复杂，且增加破碎机；将顽石排入下一段砾磨机并作砾磨机的介质使用，这可一举两得，既解决了自磨机顽石积累问题，又解决了砾磨机的介质来源问题，但这种办法只有在两段自磨流程中才能使用。

2.1.2 选择性磨矿对选矿工艺的影响

选择性磨矿作用使某些易磨金属矿物过磨加快，过粉碎增加，迫使采用多段磨矿多段选别的复杂流程。过磨产生较多的矿泥，对浮选来说，既增加药剂消耗又恶化浮选过程；对磁选也会恶化磁选过程；对重选影响更大，因为粒度过细重力对矿粒的影响减小，分离困难，选别指标下降。

自然金及自然银等自然金属矿物的硬度低，一般莫氏硬度为 2.5 左右，但密度很大，且有很好的延展性，容易打成薄片，不易磨细，所以粒度粗的自然金银矿物往往在磨矿分级系统中循环。为此，可以通过在磨矿机与分级机之间加入选别作业，用跳汰机或单槽浮选机对其尽早进行回收。

机械强度不同的矿物在破碎及磨碎时往往先沿晶粒界面发生解离，当破碎或磨碎到一定粒度时（可能未达到最终磨矿粒度）就可能产出大量单体解离的脉石矿物，所以在破碎或磨碎的某一阶段加入选别作业即可提前抛弃大量尾矿，这对后续磨矿及选别均十分有利，不仅可以提高有用矿物的回收率也可以节约磨矿作业的能耗，这就是在破碎或磨矿作业预先抛废工艺的应用。

可见，选择性磨矿作用影响着磨矿及选别流程方案的确定，还影响着磨矿及选别的技术经济指标。

2.2　选择性磨矿的控制及应用

2.2.1　选择性磨矿控制

矿物的选择性磨碎现象虽然是一种自然现象，但它会受磨碎机械及操作因素的影响。改变磨机的工作条件即可调节矿物的磨碎速度。这就是说，当选择性磨碎现象对磨矿及选别有害时，改变磨机工作条件即可削弱这种影响；反之，当选择性磨碎现象对磨矿及选别有利时，则应改变磨机工作条件强化这种影响。

有用矿物磨碎过快，造成过磨及过粉碎，对磨矿及选别不利，这就必须改变磨机工作条件，保护有用矿物，尽量降低过磨及过粉碎。据此，通过采用合理的磨矿流程、磨矿设备及操作方法即可实现。对于有用矿物磨碎快，粒度细，脉石矿物磨碎慢，粒度粗，在有些场合下往往是有利的，并可加以利用（即利用粒度分离起选别作用）。目前，铁矿选矿厂广为采用的细筛—再磨工艺及用筛分或重介质选别隔除粗粒脉石就是这种现象的利用。

对于有用矿物磨碎慢，脉石矿物磨碎快的矿石而言，例如我国某大型铝土矿，铝矿物为一水硬铝石，莫氏硬度为 6.5~7，不易磨碎，而脉石矿物主要是高岭石，莫氏硬度仅为 2~2.5，磨矿时易泥化。此时，可以采用擦洗性磨矿，使脉石矿物较快形成细粒矿泥，通过脱除细粒矿泥即可使有用矿物得到富集。

总之，只要有明显的选择性磨矿现象存在，通过改变磨矿条件即可调节各种矿物的磨碎速度，或加快某些矿物的磨碎速度，或降低某些矿物的磨碎速度，使磨矿及选别过程更为有效。这就是研究矿物磨碎速度调节的意义。

2.2.2　选择性磨矿的应用

如上所述，选择性磨碎现象是磨矿中常见的一种客观现象，认识它并利用它有很大实际意义。下面再举些实例进一步加以说明。

萤石是氟化物中最重要的矿物，它具有独特的物理、化学性能，用途广泛，在工业发展中有着举足轻重的作用，与国民经济的发展密切相关。我国萤石产量在 1960 年时已占世界产量的 29.28%，超过当时世界产量最多的墨西哥，居世界第一位。萤石的用途越来越广，因此对它的需求量也在不断增加。世界上许多发达国家都在致力于萤石的生产和开发，但是又不得不面临一个现实的问题，即贫矿越来越多、富矿越来越少，使我们不得不进一步改进工艺流程和方法。世界萤石产量一度呈下滑趋势，1994 年世界萤石产量为 364.3 万吨，比 1989 年创纪录的 584 万吨下降了 33.5%，为 1968 年以来的最低水平，这使对以前难以选别的萤石矿进行重新选别研究成为一个迫在眉睫的问题。我国萤石矿类型多为石英-萤石型，该类型萤石矿生产酸级萤石精矿的选矿厂通常采用破碎—磨矿—浮选流程，浮选泡沫产品为精矿，通过抑制石英来提高精矿中的 CaF_2 的品位。所以，磨矿是一个重要且关键的环节。表 2.1 是某萤石矿实验室试验下不同磨矿时间 200 目（0.074mm）筛上的萤石与石英品位比。

表 2.1　不同磨矿时间 200 目（0.074mm）筛上的萤石与石英品位比

磨矿时间/min	6	9	12	15	18	21	25	30	35	45
萤石品位/%	33.29	32.53	30.23	26.85	24.19	21.10	20.75	19.48	18.66	18.12
石英品位/%	48.94	49.74	52.44	69.53	71.16	72.62	75.18	78.56	80.23	82.35
萤石与石英品位之比	0.68	0.65	0.58	0.39	0.34	0.29	0.28	0.25	0.23	0.22

　　从表 2.1 可以看出，在各个磨矿时间下筛上粗粒部分萤石含量都比原矿低，而石英含量都比原矿高，由此说明了萤石易磨、石英难磨这一点，并且随着磨矿时间的增加筛上物萤石的品位依次降低，而石英的品位依次增大。所以，萤石与石英的选择性磨矿现象是明显的[2]。

　　在铝土矿选矿脱硅过程中，要求选矿脱硅精矿粒径小于 0.074mm，粒子含量不高于 75%，这使得选矿入选物料变粗，造成粗颗粒沉槽，回收率降低。采用选择性磨矿—聚团浮选新工艺，提高磨矿产品中粗粒子的铝硅比，将粗粒子直接并入精矿，既保证了精矿粒度，又有利于矿物的回收。实行该工艺的前提条件是，粗粒级铝土矿并入精矿后精矿铝硅比大于 11。因此，必须提高磨矿产品中粗粒级的铝硅比。张国范等[3] 研究了不同磨矿介质在铝土矿磨矿过程中的磨矿效果，以了解磨矿介质形状对铝土矿磨矿的影响，确定合适的磨矿介质。研究结果表明：大直径球形介质对粗粒级铝土矿的冲击力较大，容易造成过粉碎，小直径球形介质的擦洗作用能提高粗粒级铝土矿的铝硅比；短圆柱介质对铝土矿磨矿具有较好的选择性，但对铝硅比的提高幅度较小，磨矿速率较低；短圆柱+球形介质具有球形介质和短圆柱介质的优点，既具有较高的磨矿速率，又能较大幅度地提高粗粒级的铝硅比，适合铝土矿选择性磨矿的要求。对于短圆柱+球形介质，介质配比对铝土矿选择性磨矿的磨矿效果有明显的影响。

　　锡石为四方晶系，属于不完全解离型矿物，较难产生解离面，不易解离，加之锡石性脆，在破碎和磨矿过程中易过磨而形成矿泥，不利于后续选矿工艺回收。随着锡品位的降低，单位锡石的采选成本也越来越高，因此改善锡石磨矿条件，降低磨矿成本，提高磨矿效率至关重要。介质运动状态对矿石选择性磨矿具有决定性影响，尤其是脆性矿物与硬度较大的矿物共生时，对介质运动状态的调整尤为重要。我国西南地区是我国锡资源的聚集地，矿石中既含有脆性的锡石矿物，又含有硬度较大的硫铁矿和石英。陈勇等[4] 结合广西南丹车河矿区锡石多金属矿的特点，针对锡石多金属硫化矿嵌布粒度细、磨矿过程中脆性矿物易过粉碎等问题，采用湿式磨矿的方法研究了矿石在不同磨矿条件下的选择性磨矿行为。研究结果表明：球体介质对于矿石具有较强的冲击破碎力，会对脆性矿物产生过粉碎，不利于后续的选矿作用，添加柱体介质能改善这个问题；提高磨矿浓度和保持较低磨机转速可以改善介质的运动状态，减少冲击破碎作用，增加介质对矿物的研磨作用，避免矿石中产生较多的微细粒，能够产生较好的选择性磨矿作用。因此，在进行含有脆性矿物和大量较硬矿物共生的矿石的磨矿时，应尽量采用球体介质+柱体介质磨矿，降低磨矿转速，适当提高磨矿浓度等措施，以改善矿石受到磨矿介质的应力状态，提高矿石的选择性磨矿效果。

　　氧化铅锌矿的选矿是国内外选矿界公认的难题，主要原因是氧化锌矿的胺法浮选对矿泥和可溶盐的影响较为敏感，导致氧化锌回收率不理想。为此，在如何减轻矿泥对氧化锌浮选的干扰上，国内外选矿工作者已进行过大量的试验研究，总体来说重点基本为矿石在碎磨过程中已经产生了次生矿泥，然后再研究解决矿泥干扰的问题，采取的措施主要有脱泥浮选或者研发高效矿泥分散剂和抑制剂、氧化锌捕收剂等，实现不脱泥浮选，对提高氧化锌回收率均起到了不少的作用，但仍有一定的局限性。而从氧化铅锌矿磨矿源头开始，调控磨矿的主要影响因素，达到选择性磨矿既能减少次生矿泥的产生，又能使目的矿物充分解离，再辅之以上减轻矿泥干扰的方法，这样可以更加高效地提高氧化锌回收率。曾茂青等[5]将磨矿动力学原理应用于氧化铅锌矿选择性磨矿中，较为精确地计算出各种钢球直径和配比，调控选择性磨矿，达到降低次生矿泥的生成，改善磨矿产物的粒度分布，提高氧化锌矿物选别指标的目的。

总之，选择性磨碎现象广泛存在，以这一现象为基础的选择性磨矿的应用具有重要意义。应用选择性磨矿原理可以减少有用矿物的泥化，从而减少有用矿物的浪费；可以使不需要磨细的矿物在尽量粗的情况下从磨矿过程中排除，减少不必要的破碎，从而减少能量及材料的消耗。应用选择性磨矿原理或利用产品的粒度差进行筛选而较易得到合格产品，或可以得到有利于下步分选的产品、甚至取代某些分选作业。因此，选择性磨矿是一种节约原材料消耗及简化选矿流程的新的磨矿方法。从我国矿产资源的特点及这一新的磨矿方法研究的进展来看，选择性磨矿有着广阔的前景及广泛的应用范围。

2.3 选择性磨矿的影响因素

在磨矿过程中，影响选择性磨矿效果的因素较多，如矿石性质、磨机类型、操作条件等。磨矿机械的构造如长度、半径、长径比以及衬板形状等能够通过影响磨矿机内物料和介质的运动状态从而影响矿物间的选择性磨矿效果；而介质的材质、形状、大小、强度、填充率以及磨机转速和磨矿浓度等人为可操作条件也能改变矿物间的选择性磨矿作用。

2.3.1 矿石性质

矿石是由各种矿物组成的固体聚合体，力学性质极不稳定。不同矿物间结合面聚合力较弱、结合面上的聚合力比内部质点间的聚合力要弱、解离面及错位缺位位置等缺陷部位的聚合力也较弱等现象，导致不同矿物具有的机械性质有所差异，因此任何由两种或多种矿物组成的矿石在磨矿过程中优先在以上聚合力较弱的地方断裂，导致矿石在磨机中普遍存在选择性磨矿现象。不同矿物间的磨矿行为主要体现在硬矿物对软矿物有屏蔽保护作用，软矿物对硬矿物有催化促进作用。软硬两种矿物的硬度差越大，催化及屏蔽作用越强，选择性磨矿现象越明显；软硬两种矿物的硬度差越小，催化及屏蔽作用越弱，选择性磨矿现象越不明显。段希祥[6]通过试验也证实了选择性磨矿作用随着给矿粒度的变粗、矿粒强度的不均匀性增大而增强，随着给矿粒度的减小、矿粒强度的不均匀性变小而变弱。

2.3.2 磨机类型

碎磨设备广泛应用于国民生活生产等领域，如陶瓷、水泥、火电等。因磨机结构、构造以及施力的大小和方式等不同，会对矿石造成不同的选择性磨矿效果。常规磨矿设备主要有球磨机、棒磨机、振动磨机、自磨机和半自磨机等，同时也有振动磨、喷射磨等新型磨矿设备,由于各磨矿设备的工作原理有区别,因此对矿石选择性磨矿效果也不相同。

2.3.2.1　格子型磨机选择性磨矿

格子型磨机是低水平强制性排矿,当磨机内矿物被磨到一定细度时便可通过格子板强制排出。在磨矿过程中,密度大的物料优先沉积至磨机底部,粒度较粗时便可排除,减少了过粉碎现象;而密度较小的矿物,进入底层排出时要经过多次的磨剥作用,导致过粉碎现象严重,产品粒度较细。因此,该设备可以有选择性地对较软颗粒矿物进行磨细,同时可以有效地保护较粗颗粒矿物的完整性。根据这一磨矿特性,锡石与其他矿物的磨矿分离可选择用格子型球磨机。格子型球磨机比相同规格的溢流型球磨机的处理量大,一般用于两段闭路磨矿中的第一段磨矿[7]。

2.3.2.2　溢流型磨机选择性磨矿

溢流型磨机主要靠矿浆到达磨机中空轴颈高度后,自动溢出进行排矿,排矿受矿石本身的粒度和密度影响。由于密度大的矿粒沉降速度快、易落入磨机底层而不易从磨机中溢流排出,需磨至较细粒度后方能排出;而密度小、粒度较粗的矿粒因沉降速度慢来不及沉降就被排出,造成磨矿产品粒度不均匀,其中密度大的粒度较细,密度小的粒度稍粗。因此,密度大的矿物过粉碎现象严重,因而对密度大的金属矿物回收不利[7]。由此,可以充分利用该种设备的选择性磨矿特性分离较粗轻矿物和较细重矿物,如嵌布粒度极细的卡林型金矿和脉石矿物之间的磨矿解离。

2.3.2.3　振动型磨机选择性磨矿

振动磨机主要用于细磨作业。磨细物料是通过振动磨机的激振源产生不平衡的周期性作用力带动整个磨机运动,磨机内的物料和介质直接或间接由筒体运动带动,在运动过程中物料和介质作为一个整体处于最佳振动状态,二者相互碰撞的同时也进行着与电机逆方向的公转,以使物料、介质和筒壁三者之间相互进行磨剥、剪切等作用,从而磨细物料[8]。但振动磨机的磨矿理论并未形成一套完整的理论体系,还处在探索研究阶段。物料的磨细主要受到高频冲击作用使不同矿物间的结合面产生裂纹并最终解离,由于这一磨矿特性使振动磨机具有良好的选择性磨矿效果[9]。

2.3.2.4　立式螺旋搅拌磨选择性磨矿

立式螺旋搅拌磨矿机也称塔磨机,是一种高效超细磨设备。该设备的螺旋搅拌装置在低速旋转运行过程中,介质与物料受到重力、摩擦力以及离心力作用而实现有序循环,以小于提升的速度,在螺旋搅拌内螺旋上升,在螺旋外缘与内衬间螺旋下降,宏观受力达到平衡。微观层面上,物料受到折断、劈裂、剪切等不均匀性的力学作用而被强力磨细,磨细物料在随输送介质上升过程中得到分级,合理粒级经由上部自由流出。

李文化等[10]通过球磨机和塔磨机对甲玛铜钼矿进行磨矿对比试验,发现塔磨机中的易选粒级含量及易选粒级中所含的各金属量均比球磨机中的高,粗粒级和过粉碎粒级相对较少。多组试验数据可以证明塔磨机的选择性磨矿效果优于球磨机,在磨矿过程中可以有效地对粗颗粒进行选择性研磨,尽量避免物料过粉碎。

2.3.3　磨机构造

2.3.3.1　磨机径长比

磨机直径不仅影响生产效率及功率,同时对钢球能够上升的高度和获得的动能、势能也有一定的影响，最终决定了介质对物料的破碎力大小，影响对矿块的选择性磨矿；而磨机长度主要对矿石在磨机中的停留时间产生影响，长度越长，矿石被磨的时间越久，选择性磨矿作用也就越弱。苏联有学者提出，用若干短筒型磨机（长径比≤1.5）串联磨矿，物料达到合格粒级就排出以减少不必要的破碎。但选择性磨矿是一个比较复杂的过程，不能仅通过长径比这个单一因素进行精确调节，同时还应考虑处理量、磨矿浓度、介质、转速等其他因素[11]。

2.3.3.2 衬板类型

除了保护筒体作用外，衬板会对磨机中介质的运动状态产生一定影响。在转速率等条件一定的情况下，平滑衬板和介质之间的摩擦力小，对介质的提升高度较低；波峰衬板可将介质提升到较高的位置，介质在抛落过程中对矿粒的打击力较大，但在棒磨机中，如果钢棒提升高度过高，在下落过程中极易出现乱棒的现象。因此，如果对较粗粒级的矿块选择性磨矿，则尽量选择波峰较大的衬板；对较细粒级的矿块选择性磨矿，则选择平滑性衬板较为合理。为了更好地达到选择性磨矿效果及减少对衬板的不均匀磨损，"分级衬板"的出现可以改善钢球在磨机里不合理的分配现象（见图2.1），使物料和介质充分搅拌，以便破碎力更精确化。与此同时，该衬板的安装可使磨机的生产能力提高10%~15%，且电耗也有所下降[11]。

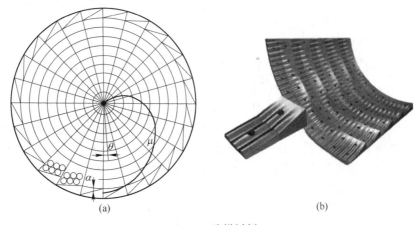

（a）   （b）

图 2.1　阶梯衬板

（a）阶梯衬板的横截面；（b）阶梯衬板的一种

2.3.4　操作条件

矿石性质、磨机类型及构造对物料的选择性磨矿有主要影响，但操作条件如磨矿浓度、介质充填率、磨矿时间等的影响也不容小视。

2.3.4.1　磨矿浓度

矿浆的浓度内在表现为黏性和流动性，外在体现磨矿介质对物料的破碎力大小，以及物料被磨碎的时间，二者共同影响物料的选择性磨矿效果。有研究表明，介质表面附着的罩盖层影响着物料、介质、衬板之间的相互作用，进而影响磨矿效果。根据矿浆流变特性可知，当浆液温度、压力、粒度等其他因素恒定时，罩盖层厚度取决于矿浆浓度。矿浆浓度较低时，罩盖层较薄，磨矿效率较低，钢耗大；在某一临界值以下，介质罩盖层的厚度随矿浆浓度的增加而缓慢增厚，且浓度大的矿浆含有的物料较多，受到介质的打击概率也相应增大；当磨矿浓度超过该临界值时，介质表面的罩盖层急剧增厚，黏滞阻力会缓冲介质的冲击作用，因此矿料被磨碎的概率再次减小，磨矿效率也随之降低。目前，磨矿浓度对选择性磨矿的影响研究实例较少。

2.3.4.2　磨矿介质形式、尺寸、材质

不同的磨矿介质形式在磨矿过程中表现的运动形式和与矿粒接触形式不同，不同的介质尺寸和介质材质在磨机内运动过程中所获得的能量不同，导致对矿粒的打击力和打击概率也不同，即不同的磨矿介质的形式、尺寸、材质在磨矿过程中分别产生独特的效应，因此在磨矿过程中对三种参数的合理利用可以更好地优化选择性磨矿效果。

如磨机的充填介质为钢球，则在磨机运动中，大矿块与钢球主要为点接触，破碎力精确时可以使矿物沿解离面进行分解，破碎力过大时将使矿物产生"贯穿破碎"现象。当充填介质为钢棒时，钢棒随着磨机旋转进行有规则的运动，钢棒与矿石是线接触，优先破碎处于两钢棒之间的粗颗粒，细颗粒可从钢棒间的缝隙间溜走，可以有选择性地破碎较硬粗粒级矿物，保护较软细粒级，防止软矿物过粉碎、泥化，因此以钢棒为介质的磨机排矿粒度较以球为介质的磨机均匀。

吴彩斌等[12]研究了点、线、面不同接触方式下磨矿介质对硬而脆钨矿磨矿产品的影响，分析磨矿产品的筛分粒度分布特性，考察磨矿产品的均匀程度，求解磨矿动力学及比破碎速率，评估整体磨矿行为效果。结果表明，钢球的磨矿产品最不均匀，比破碎速率呈不规则变化，磨矿产品泥化严重；六棱柱的磨矿产品最均匀，破碎速率呈抛物线型，所得磨矿产品的均匀性最好，易选级别含量最多，面接触磨矿对钨矿这类脆性矿物磨矿的泥化程度减轻最为有利，可以作为新型磨矿介质在钨矿山推广应用。

罗春梅等[13]针对会泽选矿厂精矿产品中铅锌互含较高、选矿指标不理想的生产情况进行了选择性磨矿的研究试验，并采用铸铁段取代钢球作为粗磨和粗精矿再磨的介质进行3个月的生产实践，生产结果表明铸铁段作为介质能够满足氧硫混合铅锌矿选择性磨矿的要求，同时磨矿产品中过粉碎粒级产率减少、铅锌产品之间的互含降低。

介质尺寸过大，选择性磨矿效果差，易造成矿粒过粉碎，导致生产效率相应降低，钢材耗费量大；适宜的介质尺寸，可以有针对性地磨碎软矿物、保护硬矿物，并扩大软硬矿物的粒度差，有利于后续作业的开展。

目前国内主流的计算球径方法为段氏球径半理论公式，该公式既符合我国国情，又符合我国的技术习惯，根据段氏公式计算出的最大球径已经应用于国内一些金属、非金属矿山，并取得了可观的经济技术指标。同时，在生产中配合使用球磨机精确化补装球方法补装钢球，生产率将有极大提升。经过若干选厂的生产实践证明，该方法不仅使生产率提高15%~20%以上，也能保证精矿品位和精矿回收率同步上升，精矿含杂量降低，同时电耗及球耗下降10%以上，磨机工作噪声下降3~5dB。该方法的使用对于解离性磨矿有显著的优点。

肖骁等[14]对辉钼矿粗精矿分别采用锆球和钢球作为磨矿介质进行磨矿，并将产物进行浮选试验。结果显示，不同磨矿细度下，经锆球磨细后辉钼矿浮选作业的粗选回收率、总回收率、粒级回收率及粒级品位均高于以钢球为磨矿介质的浮选指标。主要原因是钢球

介质和辉钼矿中所含的黄铁矿、方铅矿等矿物在磨矿过程中产生铁氧化物-氢氧化物沉积在辉钼矿表面，影响辉钼矿的上浮。因此，辉钼矿的磨矿可使用惰性的锆球作为磨矿介质，可以保护辉钼矿在磨矿过程中不受污染，有利于辉钼矿的回收。

当其他条件一定时，在一定范围内提高介质充填率，即增加了有效研磨介质个数，可以有效提高选择性磨矿效果；但充填率超过临界值时，随着介质填充率逐渐增大，介质堆积也相应增高，介质上升的相对距离及抛落距离随之变短，因此在抛落瞬间所获得的能量较小，导致介质对物料冲击和磨剥作用减弱。

除此之外，随着介质循环次数增加，介质的能量减小，研磨过程中破坏性较小，导致产品中细粒级产率下降。因此，较高的充填率可有效保护较软脆的矿物不被过粉碎。当选择性磨碎较粗颗粒时，介质充填率应低于40%，有时可低至20%[15]。

磨矿时间主要由筒体长度、给矿量、转速率等因素决定，而磨矿时间又对产品粒度有一定的影响。当其他条件一定时，产品粒度与磨矿时间、机械强度与粒径大小均成负相关，矿粒较粗，机械强度较低，易破碎，破碎速率快；当被破碎成小粒径时，机械强度变大，抵抗外界力量增强，不容易被破碎，破碎速率变缓。随着磨矿时间的延长，所有矿物的粒度均有减小的趋势，但机械强度逐渐增强，各矿物间的强度逐渐逼近，降低了选择性磨矿作用[16]。因此，为了增加矿物间的选择性磨矿效果，减少过粉碎现象，磨矿时间不宜过长。

由磨机内介质的运动状态分析表明，当磨机结构参数一定时，充填率和转速率共同发挥着影响介质运动状态的作用，从而影响选择性磨矿效果。磨机内的介质主要有泻落、抛落、离心三种运动，当充填介质一定时，随着转速率的增加，介质的主要运动状态由最初泻落式变成抛落式，介质上升的高度增加，相对运动速度较快，打击矿粒的力量增大，破碎效率增强，但选择性磨碎的效果降低。当转速率超过临界转速率时，介质主要运动形式由抛落式变成离心运动，处于离心运动的介质起不到研磨作用。不同的磨矿介质运动状态有不同的选择性磨矿效果，其中泻落状态的介质主要以研磨作用为主，抛落状态以冲击作用为主、研磨作用为辅共同作用[16]。

段希祥[17]通过对磁铁矿和石英混合矿物进行不同转速率的磨矿试验，发现转速率高的试验中，由于钢球上升的高度高、破碎力大等特点，软硬矿物的粒度差小，选择性磨矿效果差；转速率低时，软硬矿物的粒度差大，两种矿物之间的选择性磨矿效果好。可见，较粗的磨矿粒度及低转速率对选择性磨矿有积极促进作用，选择性磨矿时磨机转速率可低至60%以下。

2.4　实现选择性磨矿的途径

人们对待任何工业生产过程，总是要把它置于人的控制之下，按照生产者的愿望进行生产。要做到这一点，生产者就必须对工业生产过程按照生产者的愿望进行调节。选择性磨矿作为一个工业生产过程，也必须要进行调节，调节选择性磨碎作用，使磨矿过程出现人们所希望的选择性磨碎现象而加以利用，或者选择性磨碎现象有害时通过调节来控制它的产生及发展。

物料的力学性能很难改变，但可以通过加入助磨剂或采用热力微波等方法以改变其流变学性质或内部结构特征，降低特定组分的硬度，从而在磨矿过程中改善选择性磨矿效果。

2.4.1 　加入助磨剂

助磨剂一般为表面活性物质，可以降低比表面能和"楔入"粒子裂缝中，并具有改变矿浆黏度、改变矿浆流变学性质、降低物料硬度的作用。随着磨矿的进行，物料粒径逐渐减小，比表面积逐步增大，表面因断键而荷电，导致异号粒子相互吸引团聚，恶化粉碎效果。因此磨矿过程中加入少量的助磨剂，可以减弱粒子团聚，缩短研磨时间，提高磨矿效率，降低研磨能耗。

李炼[18]用不同的助磨剂对赤铁矿的磨矿效果进行研究分析，发现在任意浓度下，六偏磷酸钠在改善磨矿产品粒级的最佳效果均优于其他四种药剂，选择性磨矿效果最好；而氢氧化钠在高浓度下和石灰的添加极易恶化磨矿效果。万丽等[19]开展了不同的助磨剂对河南某低品位铝土矿选择性磨矿性能研究，认为 JDP、RC、碳酸钠和六偏磷酸钠均能改善铝土矿选择性磨矿效果，但 JDP 提升铝硅比明显，且用量较少，因此效果最好。李三华等[20-21]利用助磨剂对长石的选择性磨矿进行对比试验研究，发现单独用六偏磷酸钠做助磨剂时−0.074mm 粒级产率与六偏磷酸钠+偏硅酸钠组成的复配药剂 A 做助磨剂时相似，具有较好的指标；同时，可以改善磨机"涨肚"的现象。王泽红等[22]通过在石英磨矿过程中添加不同的助磨剂，发现油酸钠的添加会阻碍磨矿效果，三乙醇胺、丙酮、氯化铵和氯化钠四种药剂在最佳用量时可起到助磨作用，并且在十二胺体系或油酸钠体系中以三乙醇胺作为助磨剂可提高石英浮选回收率。

蔡先炎[23]以鄂西高磷鲕状赤铁矿为对象，研究了热处理-助磨剂及冷处理-助磨剂联合使用对磨矿产品粒度和赤铁矿解离度的影响，发现矿石经过热处理-助磨剂及冷处理-助磨剂处理后，磨矿效率及赤铁矿的单体解离度均有明显提高，说明冷、热处理和助磨的联合使用均能在选择性磨矿上起到协同作用。

2.4.2 　微波加热助磨

微波加热助磨法就是根据矿物间的介电常数不同，吸微波能力不同的特征，在微波加热的过程中各矿物升温梯度不同，对物体进行选择性加热，从而使得它们之间产生热应力并出现裂纹，导致矿石抗压强度下降，为后续选择性磨矿创造出更多裂隙的过程。

当矿石中各种矿物间的力学性质差异不明显时，选择性磨矿效果较差，但利用电磁场选择性对矿石进行微波预处理，改变矿石固有力学性质，连生体在矿物的结合面处软化，降低部分矿物的机械强度，加大矿物间的软硬度差，从而促进选择性磨矿性能[24]。目前，选矿科研人员已将微波预处理技术在铁矿、钼矿、稀土矿、锡石[24-28]等矿物选择性磨矿领域进行试验研究，选择性磨矿效果提升明显。研究发现：（1）在一定范围内，矿石的机械强度均与加热时间和加热温度呈负相关，被加热时间越长、加热温度越高，矿石强度减弱程度就越大[25]，因此选择性磨矿效果越好，细级别产率越大；（2）与对微波预处理后的矿石直接进行磨矿相比，预处理后的矿石经过水淬再进行磨矿的产品指标更好；（3）和未处理的矿石相比较，经微波处理后的矿石浮选精矿品位和回收率均有一定的提高[25, 29]。

严妍等[30]研究了微波连续和脉冲加热助磨低品位磁铁矿，发现两种加热方式均可明显提高研磨效率，磁铁矿经微波辐射处理，有用矿物和脉石间产生裂纹，促进脉石和矿物的分离，脉冲间歇加热方式的助磨效果比连续处理加热方式更好且能耗更低。Salsman等[31]利用高能量密度的脉冲微波，使目的矿物和脉石在其晶界面间产生温度梯度，巨大热应力使得在颗粒表面产生的张应力很快超过一般岩石的抗拉伸强度，使颗粒表面破裂。Candan Bilen[32]研究了微波处理后石灰石磨矿产品的粒度差异。首先对采集的石灰石样品（共 58 个样品）进行粉碎和微波处理。为了观察微波处理的效果，将其中 58 个样品直接研磨，其余 58 个样品在研磨前进行微波处理（5min，180W）。然后对微波处理后的大小参数（D_{10}、D_{50}、D_{90}、D_{32}、D_{43}）及其相应的分化进行了分析。研究结果证明，在研磨前进行微波处理可以使研磨过程简化，尤其对于低 Fe_2O_3 含量的样品效果更好，磨矿产品粒度更细。

2.4.3 高压电脉冲助磨

高压电脉冲破碎技术作为一种新型、多学科交叉技术，其独特的原理和效果可以弥补传统工艺的不足，发展前景较好。但从该技术的研究现状和生产实践看，仍存在一些技术难点需要突破和完善。高压电脉冲破碎与矿石的一般破碎方法不同：机械破碎利用碎磨设备将电能转化为破碎矿石所需的机械能，该方法不利于有效地利用破碎能量，用于增加必要新生表面积的能量相对较少，难以通过改良破碎设备来提高能量利用效率；高压电脉冲破碎具有破碎效率高、能耗低的特点，与焙烧技术一道被称为目前选矿行业预处理矿石的重要手段[33]。

2.4.3.1 高压电脉冲原理

高压电脉冲破碎是一种以固体物料高压电击穿破碎为基础的新技术，以绝缘液体为能量传递介质[34]。由于金属矿物和脉石矿物的介电常数、电导率等电学性质差异较大，采用高压脉冲预处理金属矿物时，等离子体形成的放电通道容易沿金属矿物与脉石矿物的交界面发展，在矿石内部产生的等离子体迅速将能量释放，从而形成冲击波和破坏场破碎矿石。这种矿物沿晶体交界面分离的破碎方式在使矿物破碎的同时，矿石内部矿物界面上还产生扩展裂纹和裂缝，进而改善矿物的解离和分选特性。在高压电脉冲破碎中，不同种类的矿物边界会诱使击穿脉冲释放能量。

2.4.3.2 高压电脉冲破碎特点

关于电脉冲破碎过程的影响因素研究较多：左蔚然等[35]发现高压电脉冲能够有选择地优先破碎含金属矿物的矿石颗粒；黄伟[36]等通过试验研究或数学模型模拟，发现金属矿物晶粒在矿石颗粒内的镶嵌位置和数量会影响击穿通道的发展程度、分枝数量和路径位置；左蔚然等[35]还发现固体颗粒与电极对的相对空间分布也会影响击穿通道的路径和颗粒的破碎程度，据此提出了应用高压电脉冲破碎预富集金属矿石的想法；左蔚然、黄伟等发现脉冲能量沉积到击穿通道的比例与颗粒内含有的金属矿物数量、种类有显著的相关关系。在取得相当理论成果的基础上，众多学者和设备厂家[37-38]对铜矿、金矿、锂矿、锡矿和电子废弃物进行了预富集试验研究，并取得了良好的效果。

对于高压电脉冲破碎的放电过程研究，国内外研究者也做了大量的工作。由于在高压电脉冲破碎过程中，储能电容释放的能量在矿石颗粒发生电击穿后沉积到击穿通道内，引起击穿通道的内能、压力和密度等在瞬间发生巨大改变，向临近固体材料传递冲击波并导致颗粒解体。因此，高压电脉冲破碎的效率取决于脉冲能量沉积到击穿通道的比例和能量沉积的速率。随后，左蔚然等[35]对高压电脉冲破碎的脉冲波形参数及其对应的颗粒击穿类型和破碎程度进行了统计研究，发现脉冲波形参数可以反映颗粒性质、击穿类型和击穿通道的能量沉积效率。通过采用中试系统进行的试验研究，左蔚然等[35]提出了表征颗粒高压电脉冲破碎行为的 3 个指标（选择性破碎概率、破碎程度和预弱化程度），建立了能量输入、入料粒度和电压这 3 个指标关系的数学模型，并探讨了预测高压电脉冲破碎产品的预富集程度的数学模型。

2.4.3.3　高压电脉冲对选矿工艺指标的影响

对于如何科学利用高压电脉冲破碎技术提高选矿指标，研究人员做了大量的工作，主要表现在两个方面：其一，改善磨矿过程的能量消耗。在高压电脉冲破碎的产物中形成裂缝，这有助于降低后续细碎及磨矿作业的能量消耗。施逢年[39]基于 JK Sim-Met 软件，对磨矿流程进行了模拟、仿真，结果显示，与高压电脉冲破碎预弱化处理之前相比，半自磨系统的耗电量和矿石的磨矿功指数明显降低，矿石的力学性能得到显著改善，磨矿效率得到显著提高。基于高压电脉冲破碎对矿石颗粒裂缝密度和孔隙率均具有提高作用，即高压电脉冲破碎能够对金属矿石进行预弱化，降低矿石硬度和后续碎磨作业的能量消耗。其二，提高有用矿物的解离程度，进而有助于提高有价元素的回收率和产品品位，特别有助于提高难选多金属矿石中有价元素的回收率和产品品位。有研究表明，高压电脉冲破碎技术的运用对稀贵金属矿石及普通金属矿石中有用矿物的解离程度会有提高作用，高压电脉冲破碎产生的裂隙会促进可磨性的提高。左蔚然等[40]基于人造矿石的电冲击破碎研究，指出产品品位高低与高压电脉冲破碎产物粒度粗细呈负相关，提出在预富集工艺流程中添加电脉冲破碎与筛分工艺可达到改善产品指标的目的，这一结论得到了天然铜矿石高压电脉冲破碎试验的证实。对贵金属矿石的研究还表明，高压电脉冲破碎的金、银等矿石的浸出指标也有明显改善，在浸出过程中浸出液与金属颗粒接触的充分程度与回收率呈正相关。

2.4.3.4　高压电脉冲的潜在应用领域

目前，高压电脉冲破碎技术的应用领域主要包括金属矿石的破碎和煤层增透工艺。在金属矿石破碎中的应用，其核心目的是提高目标矿物的解离度，为磨浮作业创造条件。此外，高压电脉冲破碎技术在钻探、电子垃圾有价元素提取、石油与天然气资源提取等领域也有广阔的应用前景。

2.5　展　　望

选择性磨矿的效果受物料性质、磨机类型、磨机结构、操作参数、添加助磨剂、微波预处理、高压电脉冲等因素的影响，但这些因素间的协同影响只能定性判断，难以定量分析。因此，在实际生产中，应结合各因素的协同作用以及现场生产情况来合理控制磨矿条件，以优化磨矿产物粒度组成、提高磨矿效率以及降低能耗。研究中要秉持绿色、经济、可持续的理念进一步推广选择性磨矿技术的发展和应用，应加强以下领域的研究。

　　研究磨矿各因素之间的相互影响，加强高效助磨剂和复配助磨药剂的研发，开发能应用于多种物料的适应性强的助磨剂。加强微波助磨、高压电脉冲等改善选择性磨矿方法的研究，同时结合实际情况，攻克节能降耗和工程应用等方面的技术难题，探索出低能耗、针对性强、稳定性高、便于现场应用的助磨方法。

习　　题

（1）什么是选择性磨矿？

（2）有哪些因素会对选择性磨矿产生影响？请简要说明如何影响。

（3）选择性磨矿有哪些优点？请举例说明。

（4）简要说明磨矿动力学的优缺点。

（5）磨矿产品中各晶面的暴露程度对后续的分选过程造成什么影响？请举例说明。

参 考 文 献

[1] 朱朋岩，杨金林，马少健，等. 锡石多金属硫化矿磨矿优化试验研究 [J]. 有色金属（选矿部分），2022（3）：41-45，107.

[2] 李翠芬，苏成德. 萤石矿的选择性磨矿试验 [J]. 河北理工学院学报，2006，28（2）：7-10.

[3] 张国范，冯其明，陈启元，等. 铝土矿选择性磨矿中磨矿介质的研究 [J]. 中南大学学报（自然科学版），2004，35（4）：552-556.

[4] 陈勇，宋永胜，温建康，等. 磨矿介质运动状态对锡石多金属硫化物选择性磨矿的影响 [J]. 中国矿业，2021，30（12）：128-133.

[5] 曾茂青，赵培樑，刘全军，等. 磨矿动力学在氧化铅锌矿选择性磨矿中的应用 [J]. 矿冶，2020，29（4）：44-49. DOI：10.3969/j.issn.1005-7854.2020.04.009.

[6] 段希祥. 磨矿机的耗能特性与节能途径讨论 [J]. 昆明工学院学报，1986（1）：30-37.

[7] 段希祥，肖庆飞. 碎矿与磨矿 [M]. 3版. 北京：冶金工业出版社，2013.

[8] 张世礼. 振动粉碎理论及设备 [M]. 北京：冶金工业出版社，2005.

[9] 刘春，张一敏，包申旭，等. 选择性磨矿对含钒石煤单体解离的影响研究 [J]. 有色金属（选矿部分），2016（5）：39-44，87.

[10] 李文化. 甲玛多金属矿石的粉磨特性及其对浮选分离的影响 [D]. 沈阳：东北大学，2015.

[11] 曾桂忠，鲁顺利，段希祥. 磨机因素对选择性磨矿的影响分析 [J]. 矿山机械，2008，36（1）：55-57.

[12] 吴彩斌，周意超，程长敏，等. 不同接触方式磨矿介质的钨矿磨矿动力学分析 [J]. 有色金属工程，2016，6（4）：58-62.

[13] 罗春梅，肖庆飞，段希祥. 氧硫混合铅锌矿的选择性磨矿研究与实践 [J]. 矿产综合利用，2013（3）：26-30.

[14] 肖骁，张国旺，黄礼龙，等. 磨矿介质环境对微细粒辉钼矿可浮性的影响研究 [J]. 矿冶工程，2018，38（1）：41-45.

[15] 李鸿程，董为民，姚辉，等. 转速率与填充率对球磨机磨矿产品粒度影响的试验研究 [J]. 有色金属（选矿部分），2013（3）：45-48.

[16] 薛天利. 锡石多金属硫化矿选择性磨矿行为研究 [D]. 南宁：广西大学，2014.

[17] 段希祥. 选择性磨矿及其应用 [M]. 北京：冶金工业出版社，1991.

[18] 李炼. 赤铁矿磨矿助磨剂的试验研究 [D]. 武汉：武汉科技大学，2019.

［19］ 万丽，高玉德. 不同助磨剂对铝土矿选择性磨矿性能研究［J］. 现代矿业，2014，30（5）：65-66，100.

［20］ 李三华，张甲宝. 几种助磨剂在长石湿法磨矿中的应用效果研究［J］. 中国非金属矿工业导刊，2019（2）：22-24.

［21］ 李三华，周崇文，张甲宝. 复配助磨剂在长石湿法磨矿中的应用研究［J］. 矿产综合利用，2019（6）：129-131.

［22］ 王泽红，周鹏飞，高伟，等. 助磨剂对石英磨矿效果及浮选行为的影响［J］. 金属矿山，2020，49（3）：138-142.

［23］ 蔡先炎. 热处理-助磨剂对鲕状赤铁矿解离的影响［D］. 武汉：武汉科技大学，2019.

［24］ 徐宏达，孙体昌，马艺闻. 微波照射对鞍山式铁矿石磨矿效果的影响［J］. 金属矿山，2021（5）：86-90. DOI：10.19614/j. cnki. jsks. 202105011.

［25］ 焦鑫，戈保梁，翟德平，等. 陕西某低品位钼矿石微波预处理研究［J］. 矿冶，2018，27（3）：23-27.

［26］ 钟诚斌. 微波辅助磨矿对稀土矿矿物解离度的影响［D］. 武汉：武汉工程大学，2017.

［27］ 徐宏达，张新，马艺闻. 微波辐照预处理技术在难选铁矿石磨矿中的应用［J］. 现代矿业，2018，34（10）：238-241.

［28］ 王俊鹏，姜涛，刘亚静，等. 微波预处理对钒钛磁铁矿磨矿动力学的影响［J］. 东北大学学报（自然科学版），2019，40（5）：663-667.

［29］ 曹阳，刘殿文. 微波辅助矿石碎磨研究进展［J］. 化工矿物与加工，2022，51（10）：51-58.

［30］ 严妍，陈楷华，陈静，等. 低品位磁铁矿微波连续和脉冲加热辅助磨矿的对比研究［J］. 中国有色金属学报，2022，32（3）：883-894.

［31］ Salsman J B，Williamason R L，Tolley W K，et al. Short-pulse microwave treatment of disseminated sulfide ores［J］. Minerals Engineering，1996，9（1）：43-54.

［32］ Candan B. Microwave assisted limestone grinding［J］. Particulate Science and Technology，2022，40（2）：151-164.

［33］ 秦永红，高鹏，韩跃新，等. 高压脉冲放电作用下破碎产物分形规律［J］. 金属矿山，2019（2）：156-162.

［34］ 高鹏，韩力仁，袁帅，等. 基于高压电脉冲的磁铁石英岩预处理［J］. 东北大学学报（自然科学版），2020（4）：563-567.

［35］ Zuo W，He Z，Shi F，et al. Effect of spatial arrangement on breakdown characteristics of synthetic particle in high voltage pulsebreakage［J］. Minerals Engineering，2020，149：106241.

［36］ Huang W，Shi F. Selective breakage of mineralised synthetic particles by high voltage pulses. Part 1：Metalliferous grain-induced breakage in a two-particle paired system［J］. Minerals Engineering，2019，134：261-268.

［37］ Huang W，Shi F. Improving high voltage pulse selective breakage for ore pre-concentration using a multiple-particle treatment method［J］. Minerals Engineering，2018，128：195-201.

［38］ Yan G，Zhang B，Lv B，et al. Enrichment of chalcopyrite using high-voltage pulse discharge［J］. Powder Technology，2018，340：420-427.

［39］ 施逢年. 矿石的高压电脉冲预处理技术研究进展——昆士兰大学 JK 矿物中心 10 余年成果回顾［J］. 金属矿山，2019（5）：1-8.

［40］ 左蔚然，贺泽铭，印万忠，等. 多宝山铜矿石高压电脉冲破碎预处理试验研究［J］. 金属矿山，2019（8）：71-77.

3 粗颗粒分选进展

常规浮选能较好地处理颗粒粒度在 $10\sim150\mu m$ 之间的矿物，机械搅拌式浮选机正常工作的最佳粒度范围在 $5\sim75\mu m$ 之间[1]。高密度矿物的浮选粒度上限是 $0.1\sim0.3mm$；低密度矿物相应为 $0.3\sim0.5mm$。矿物粒度过细或过粗都不利于矿物的浮选回收。众多研究结果表明：锡石、黑钨矿、重晶石、萤石、石英等矿物的浮选粒度下限分别为 $3\sim20\mu m$、$20\sim50\mu m$、$10\sim30\mu m$、$10\sim90\mu m$、$9\sim50\mu m$。超出最佳粒度范围时，不论硫化矿还是氧化矿，其浮选指标均明显恶化。同时，不同粒级具有不同的浮选速率，最佳浮选粒度范围以外的粒级，浮选速率系数（数值）明显变小。对于该粒度范围外的粗颗粒，通常需要将其磨细至合适粒度才能进行有效浮选回收。在大部分选矿厂中，矿石粉磨阶段所消耗的电能占总消耗电能的 70%~75%，并且入料矿粒越粗，所需要消耗的能量也越高[2-3]。本章主要介绍了目前粗颗粒分选存在的问题及解决途径，大篇幅详细介绍了几种常用的粗颗粒分选方法，如机械搅拌式粗粒浮选、流化床浮选、泡沫分选等。

3.1 粗颗粒分选的问题及解决途径

在浮选中，矿物颗粒需要与气泡充分接触和附着，形成矿粒-气泡集合体后才能将矿物颗粒有效浮选出来，而在粗颗粒浮选中，矿物颗粒与气泡的作用较弱，粗颗粒浮选受到抑制，主要表现在以下几方面：

（1）矿粒与气泡接触黏着概率低。较粗颗粒与气泡碰撞后，气泡会产生较大变形，然后马上复原，该过程会产生弹性振动，使得颗粒与气泡黏附概率低，气泡的变形也会增大颗粒与气泡之间的间隙，中间会夹杂许多液相，若来不及排出，也会使得矿粒与气泡并未真正黏着。

（2）矿粒与气泡黏着牢固程度低。在浮选中，粗颗粒和超细颗粒（$<10\mu m$）的浮选速率常数低于中间粒级颗粒的浮选速率常数，对此有研究表明，当气泡被困在湍流中旋转涡流的中心时，气泡表面的粒子会受到离心力，如果离心力超过能使颗粒附着在气泡上的表面张力时，颗粒会脱离气泡。为了更好地表现这种现象，科学家们提出了一个临界无量纲值，即邦德数 *Bo*（分离离心力与毛细保持力的比值，可以定义矿粒-气泡集合体的稳定性），当 *Bo*>1 时，脱离发生[4]。再者，气泡要被成功矿化需要颗粒与气泡接触时间大于感应时间，颗粒越大，所需要的感应时间也越长，而粗颗粒不易满足该条件，因此难以形成颗粒-气泡集合体[5]。就当前的浮选设备而言，常规的机械搅拌浮选机通过强烈搅拌来产生强大的湍流，使矿粒充分悬浮，剪切和分散气泡，以及促进矿物颗粒、药剂和气泡间的相互作用，然而，这对于粗颗粒的回收是适得其反的，叶轮产生的湍流会在系统中产生涡流，而旋涡中心的气泡旋转得非常快，在离心力的影响下，粗颗粒会与气泡分离，因此它需要在相对静止系统中才能稳定黏附在气泡上，被有效回收[6]。

而粗颗粒浮选技术一般是指直接浮选回收粒度大于 150μm 的矿粒，它具有以下优势：

（1）对原矿进行预选抛尾，减少矿石处理量，并且可以提高后续磨浮工艺流程入料的品位，节省能量的消耗。

（2）使用粗颗粒浮选技术可以对粗粒尾矿如重选尾矿进行再选，以提高资源利用率，减少能耗，降低选矿成本。

（3）许多较脆的矿物如石墨和辉钼矿等，在碎磨过程中很容易发生过粉碎现象，这样不仅会造成能量的浪费，还会造成金属流失，而采用粗粒浮选技术，可以直接将部分解离的粗粒目标矿物选出，避免过磨，提高回收效率。

从基因矿物加工工程的角度来说，粗颗粒浮选过程中颗粒表面特性基因、泡沫特性基因是影响粗颗粒浮选特性的重要因素。扩大入选矿物料粒度范围，提高入选矿物浮选粒度上限和下限，本质上来说都是从颗粒表面特性基因和泡沫特性基因出发，研究粗颗粒和泡沫相互作用的机理[7]。在国内外学者的共同努力下，粗颗粒浮选在基础研究和工业应用方面取得了长足的进展。对于新时代的矿山，粗粒浮选的重要性愈加显著。粗颗粒浮选不仅可以缓解碎磨压力、节能降耗，而且有利于尾矿的资源化利用，为无尾或少尾矿山提供了新的解决方案，对于节能降耗、提高资源利用率和绿色矿山建设意义重大。国内外科研工作者针对粗颗粒难以常规浮选的难题开展了一系列研究。

20 世纪 60 年代开始，科研工作者们在机械搅拌式浮选体系下分析了影响粗粒浮选回收率的各因素，并通过优化浮选机结构和浮选工艺等不断提高了粗粒浮选的回收率，提出了闪速浮选工艺，进一步完善粗粒浮选体系。然而由于机械搅拌式浮选不稳定的水力环境，浮选粒度上限难以进一步提高。

20 世纪 80 年代，有科学家发现，在相对静态环境下浮选粗颗粒，最大可浮粒度可以提高到几毫米[8]。除了湍流之外，当处理粗矿粒时，目的矿物表面的解离度也很重要。一般地，矿物表面解离度随着其粒径的减小而增加，更大的解离度为气泡的附着提供了更多的位置，粗粒矿物粒度大，其解离度小。根据浮选原理以及上述对于粗颗粒难浮的原因分析，一般可以通过以下方式改善粗颗粒浮选：

（1）降低浮选机槽的深度，以缩短矿化气泡的浮升行程，尽可能及时排出上浮产品。

（2）加大充气量。能够增加气泡数量，提高矿粒与气泡的接触概率。

（3）适当提高浮选矿浆浓度，以增大矿粒的浮力。

（4）适当改进药剂制度。如适量添加中性油等辅助疏水药剂，以强化粗粒表面的疏水化和加强矿化气泡的黏着牢固度；提高捕收剂和起泡剂的浓度，此时脉石矿物的回收率也会得到提高。

近年来，从改善水力环境的角度出发，先后开发了流化床浮选法、泡沫中分选法（SIF 法）等，大幅提高了浮选粒度上限和浮选回收率。此外，研究人员还尝试了在粗颗粒浮选环境中引入微纳米气泡、超声波处理和表面改性等方法，为粗颗粒乃至超粗颗粒的浮选提供了多种技术思路，并取得了一定效果。

3.2　机械搅拌式粗粒浮选

较粗的矿粒在浮选机中不易悬浮，与气泡碰撞的概率低且极易从气泡上脱落，因而粗粒矿粒在常规工艺条件下浮选效果较差。根据浮选原理，可通过降低浮选机槽深和搅拌强度、增大浮选充气量、适当提高浮选浓度以及改进药剂制度等措施提高粗粒矿物的回收效果[9]。近年来各种粗粒浮选设备的成功研制，使高浓度粗粒级矿浆闪速浮选成为现实。

3.2.1 机械搅拌式粗粒浮选的影响因素

机械搅拌式粗粒浮选过程的影响因素众多，颗粒在浮选池中难以上浮的根本原因是颗粒没有与气泡结合或者是颗粒与气泡结合后发生了分离而没有成功地被气泡带到液面上。影响颗粒从气泡中分离的因素（收集区中的湍流、较长的诱导时间、颗粒气泡聚集体的浮力减小等）在粗粒浮选过程中是应该被重视的，因为如果在泡沫阶段发生脱离，则分离颗粒将排回到矿浆中，重新附着到另一个气泡或被捕获在泡沫中。如果颗粒过于粗大或致密，则更有可能流回矿浆。因此浮选对粒度因素较为敏感，细微的变化都可能导致粗颗粒流回到矿浆。

3.2.1.1 浮选药剂制度对粗颗粒浮选的影响

捕收剂、起泡剂以及矿浆浮选 pH 值等对浮选的影响是非常显著的。浮选条件的调整，例如试剂添加速率和 pH 值对粗颗粒浮选的影响比任何其他尺寸范围都大得多。通过研究镍黄铁矿和石英的合成混合物对 pH 值水平变化的尺寸响应[10]，得到的结果如图 3.1 所示，很明显，最粗的颗粒受 pH 值条件变化的影响最大。

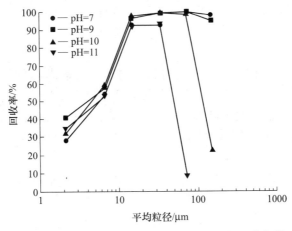

图 3.1 不同尺寸镍黄铁矿和石英的合成混合物在不同 pH 值条件下的回收率

捕收剂浓度已被证明会影响系统内粗颗粒的性能，许多学者指出粗颗粒浮选时捕收剂的添加要求较高，捕收剂的添加速率会对浮选结果产生较大影响。对 Pb/Zn/Ag 矿石浮选系统中各种尺寸颗粒的表面化学的大量研究表明，粗铅矿颗粒（+150mm）比中间尺寸颗粒需要更大的捕收剂表面覆盖率。除了需要增加试剂添加量，捕收剂的最小添加速率必须达到或超过一定界限才可以引发有意义的粗粒浮选。但是增加捕收剂浓度也会带来额外的缺点，为了改善目标矿物中粗颗粒的回收率，可以采用增加捕收剂添加量和活化剂添加量的方法，但这也会显著提高脉石矿物的回收率[11]。同时，起泡剂的添加速率、添加方式和起泡剂分子结构均会影响浮选可回收的尺寸范围。起泡剂的添加速率增加，可回收的颗粒尺寸上限提高；如果采用两段添加起泡剂的方式，浮选回收率会进一步增加[12]（见表 3.1）。此外，如果增加所使用的聚乙二醇链的长度，可回收的粒径上限也将增加。

表 3.1   起泡剂添加速率和添加方式对浮选回收率的影响

起泡剂添加速率/kg·s⁻¹	浮选回收率/%	
	单次添加	分两段添加
0.015	0.76	0.77
0.030	0.83	0.84
0.045	0.87	0.87

3.2.1.2   泡沫性质对粗颗粒浮选的影响

在粗粒浮选的过程当中，泡沫的稳定性与结构、泡沫深度、泡沫尺寸和泡沫含量等都对浮选结果有着显著的影响，因此诸多学者都对泡沫性质进行了详细的讨论。

（1）泡沫稳定性和结构的影响。在工业环境中，泡沫的稳定性和结构通常是很重要的一个性能指标。在泡沫明显不稳定的情况下，回收率通常会受到影响。由液态泡沫的动力学机制可以知道，任何一种能够改变泡沫排液速度和液膜稳定性的方法，均可以影响泡沫的稳定性。例如，通过表面活性剂的加入以改变液相的表面张力；通过水溶性聚合物的加入以改变液相黏度，减缓排液速度；通过疏水性颗粒在气液界面的黏附提高液膜的机械强度等。

泡沫稳定性已经显示出受到颗粒尺寸的显著影响，为了维持泡沫的稳定性，颗粒有一个最佳尺寸范围。在某一种条件下，特定尺寸的颗粒可以稳定泡沫，而在其他条件下它们可以导致泡沫不稳定。

颗粒对泡沫稳定性的影响与颗粒粒径相关，细颗粒显著影响泡沫稳定性，尽管在大多数情况下可能是这样，但在闪速浮选池中获得的稳定泡沫（其中细颗粒已通过循环去除）表明稳定的泡沫不一定需要通过细颗粒的作用。粗煤颗粒在较低的矿浆浓度下使泡沫失稳，但在较高的矿浆浓度下使泡沫稳定，因此在闪速浮选的高浓度矿浆条件下，粗颗粒可以增加泡沫稳定性[13]。

泡沫中的湿度也会影响不同大小颗粒的回收率。在较干燥的泡沫（如较清洁的泡沫）中，粗颗粒（150μm）独立于水，且不倾向于自由排水，而在较湿的泡沫（如较粗糙的泡沫）中，粗颗粒与泡沫内的水流相似。如果泡沫非常干燥，较粗的颗粒可能在泡沫表面形成"筏形物"，这将导致泡沫的局部坍塌，因此较湿的泡沫有利于粗粒浮选。

（2）泡沫高度的影响。泡沫高度可以定义为浮选槽边缘和泡沫/矿浆界面之间的距离，随着泡沫高度的增加，尺寸大于212μm以及尺寸在150~212μm之间的颗粒回收率明显降低，而更细的颗粒受气泡破碎的影响较小，因此回收率没有太大变化[14]，如图3.2所示。

图3.2表明泡沫高度对较粗尺寸颗粒的回收率有显著影响，随着较粗单元中泡沫高度的增加，气泡膜变薄，因此无法支撑较大的颗粒，其浓度随粒径的增加而降低。在7cm泡沫高度处2μm颗粒无法被支撑，在12cm泡沫高度处+150μm颗粒无法被支撑。粗颗粒需要较浅的泡沫才能有效回收，随着泡沫高度的增加，脱附的粗颗粒被截留在泡沫内的概率将随着泡沫膜变薄而增加。工业闪速浮选池通常采用浅泡沫层，从操作角度来看，这是为了最大限度地提高单位回收率，但也符合文献中的这些发现：浅泡沫层更有利于粗颗粒回收。

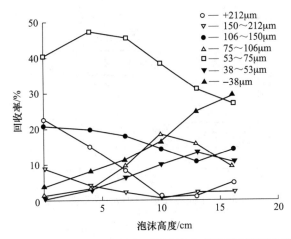

图 3.2 不同尺寸黄铁矿在不同泡沫高度情况下的回收率

通过对实际铜矿选矿厂的考察，发现泡沫高度对铜的总回收率和品位有显著影响[15]。随着泡沫高度从 600mm 增加到 900mm，铜的总回收率从 69% 下降到 46%，这表明泡沫高度是导致铜总回收率下降的原因；但同时铜的品位从 20% 上升到 44%，并且在相同条件下精矿中铜品位由 21.6% 提高到 23.5%，这表明泡沫高度的增加会对品位有积极影响。

（3）泡沫尺寸和含量的影响。多项研究表明，对于较粗颗粒，浮选所需的气泡较大。有学者在数学上证明了颗粒附着在气泡上的概率（PA）是关于气泡大小和颗粒大小的函数，随着颗粒粒径减小，PA 增大；而随着气泡尺寸减小，PA 减小，直到无法浮选[16]。

同时，搅拌强度会对气泡大小有影响，在使用细气泡的情况下，强搅拌是有害的；在使用较大气泡的情况下，强搅拌更有益。在闪速浮选环境中，搅拌速度必须足够高，以保持粗颗粒悬浮，因此粗颗粒需要较大的气泡，细颗粒应使用小气泡。浮选槽内的通气速率（或空气添加率）对回收率也有显著影响。随着空气添加率的增加，槽内的气体含量也随之增加。在低含气率下，较粗的黄铜矿颗粒的回收率比中间体或细粉低得多。这表明，粗粒的回收需要更高的通气率；然而，虽然增加空气添加率可以提高粗粒回收率，但这也存在最大值，在这个最大值之后，回收率将会下降，但是细颗粒回收效果似乎不会受到过量空气添加率的影响。

3.2.1.3 流体力学条件和矿浆密度的影响

一些学者指出，细颗粒浮选建议采用较慢的速度，但同时仍超过固体悬浮物的最低搅拌速度，如图 3.3 所示，对粗颗粒来说不满足最低搅拌速度无法发生浮选，但是搅拌速度过高会导致细颗粒从气泡上脱离。大多数浮选槽中都有不同尺寸的矿物颗粒，因此对整体来说不存在一个最佳叶轮搅拌速度[14]。

同时，矿浆密度也将影响可回收颗粒的大小，在一定范围内，随着矿浆密度的增加，粗颗粒的回收率增加，但矿浆密度过大时会导致矿浆与气泡不能自由流动，浮选过程中的气泡作用会变坏，从而降低回收率，因此控制矿浆密度大小对粗颗粒的成功浮选至关重要，对于粗粒来说，应该适当增加矿浆的质量分数以增加矿浆的浮力，但是又要避免矿浆浓度过大。

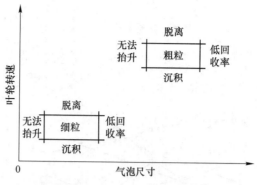

图 3.3　不同粒径颗粒的最佳浮选性能区

3.2.2　闪速浮选法

3.2.2.1　闪速浮选的基本原理

闪速浮选通常是在高浓度（65%～75%）条件下，浮选粗粒级矿物[17]。闪速浮选所处理的物料主要为磨矿分级回路中分级机的返砂，有时还会用于浮选分级机的溢流。由于分级机存在"富集"作用，而且分级机的溢流可以将绝大多数的微细矿泥排出，使得返砂都为高浓度、粗颗粒矿浆，且矿泥含量较少，又由于金属矿物的比重较大，使其容易进入沉砂，使得分级机返砂中有用矿物及含有用矿物连生体的浓度比脉石矿物的浓度大，所以相对较容易被捕收并浮出来，从而实现有用矿物与脉石快速分离并取得较高的精矿品位及精矿回收率的目的。

另外，由于闪速浮选的浮选时间很短，这就使得部分大粒的脉石没有足够时间上浮，从而保证了闪速浮选可获得合格的精矿品位，且还可以通过调整药剂制度、矿浆的 pH 值、泡沫层的厚度、充气量和补加水量来改变闪速浮选的精矿品位。

3.2.2.2　闪速浮选的优点

闪速浮选通常配置于磨矿分级作业回路中，在浮选矿浆较高浓度的条件下，浮选粗粒级的矿物，浮选出的精矿通常作为最终精矿，而尾矿则返回磨机，并由分级机分级，再进入常规的浮选流程中进行分选。由于闪速浮选有集粗选与精选于一体的特点，使得闪速浮选具有下列优点：

（1）由于提前浮选出已经单体解离的粗粒有用矿物，使得有用矿物的过粉碎现象减少，从而减少了有用矿物在矿泥中的损失，有效地提高了有用矿物的回收率。

（2）由于闪速浮选机起到"均质器"的作用，提前把高品位的矿石浮选出来，给常规浮选流程提供了稳定的入选品位，从而降低了由于高品位的给矿而引起常规浮选流程过负荷的可能性，改善了浮选流程的操控条件，使整个常规浮选流程中的各项参数指标更易于测定和调整。

（3）由于浮选的选择性较强，从而有利于精矿质量的改善。

（4）由于闪速浮选预先选出粗粒有用矿物，并有效减少了有用矿物的过磨，使常规浮选的给矿粒级变窄，并减少了浮选速度较慢的矿泥量，提高了整个浮选流程的浮选速率，减少了浮选时间，从而有效增加了传统浮选机的处理能力。

（5）由于闪速浮选所得合格精矿的回收率为20%左右，减少了磨矿作业的矿物循环量，有助于提高磨矿效率，同时减少了进入常规浮选流程的矿量，因而总的浮选时间可以减少，所需要的浮选机数量也可减少，从而新建选厂时可以节省基建投资，在投产的选厂可降低操作和维护费用。

（6）由于闪速浮选所得的精矿比常规浮选所得的精矿粗，使得最终的混合精矿中粗粒矿物含量增加，细泥含量减少。这使精矿更易于脱水，过滤后的精矿含水量下降，一般可降低2%左右，从而降低了脱水作业的成本。

3.2.3　机械搅拌式粗粒浮选相关设备

3.2.3.1　CGF型浮选机

CGF型宽粒级浮选机的结构如图3.4所示，该浮选机主要包含了叶轮、盖板、阻流栅板、中心筒、主轴、吸气管、电机装置、大皮带轮、轴承体和槽体部件等部分。

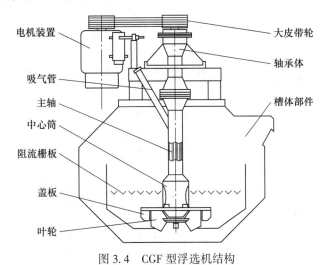

图3.4　CGF型浮选机结构

CGF型宽粒级机械搅拌式浮选机的叶轮在旋转的过程中通过离心力作用使矿浆向外甩出，在将矿浆甩出的同时由于叶轮区域处于低压状态并形成负压，此时将会吸入空气，吸入的空气和矿浆在该区域进行充分混合，再从叶轮的上半部分被甩出，较粗的矿粒被甩出后运动到阻流栅板的上方，形成泡沫层，然后通过刮板排出，从而完成浮选[18]。

3.2.3.2　BF型浮选机

BF型浮选机的结构如图3.5所示，主要由刮板、轴承体、电机、中心筒、吸气管、槽体、主轴、盖板和叶轮等部分构成。

该浮选机的叶轮结构是一种双锥盘的闭式结构。浮选机的槽体下部有较强的吸浆能力，粗颗粒组分因此可以得到充分的悬浮。BF型浮选机在进行分选的过程中具有吸浆吸气的功能，在进行浮选的过程中通过自吸作用实现矿浆的循环。

3.2.3.3　GF型浮选机

GF型浮选机是一种自吸气机械搅拌式浮选机，该设备的结构如图3.6所示，该浮选机主要由槽体、盖板、叶轮、中心筒、主轴、轴承体和皮带轮等几个部分构成。

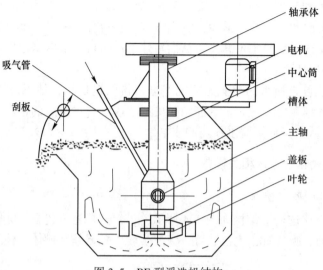

图 3.5　BF 型浮选机结构

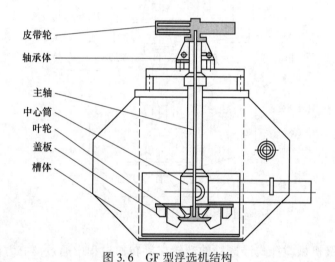

图 3.6　GF 型浮选机结构

在分选过程中，GF 型浮选机叶轮的上下两部分有着不同的功能，上部分用来吸入矿浆，下部分则用来吸入空气，上下叶片在旋转的过程中会产生压力差，从而使矿浆和空气在吸入之后被充分混合并产生大量矿化气泡，并在混合之后被离心力作用而甩出。被甩出的矿浆的一部分将会返回到叶轮中进行循环分选，而另一部分矿浆则流走再选或者排走，这样就可以避免在分选的过程中粗颗粒出现沉淀的现象[19]。

3.2.3.4　Bateman 浮选机

Bateman 浮选机是由澳大利亚的 Bateman 设备有限公司于 1993 年研发，而后设计制造并生产的，其结构如图 3.7 所示，主要由轴、轴承、竖管、定子挡板、定子叶片和叶轮等部分构成。

Bateman 浮选机中，空气是通过竖管进入叶轮中的，叶轮对矿浆和空气进行搅拌后将其甩出，在进行搅拌的过程中内部形成的大量直径较小的气泡会沿着叶片扩散开，在竖管

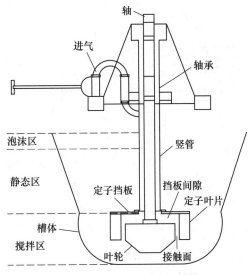

图 3.7 Bateman 浮选机结构

下方有一个水平方向的挡板，该挡板带有折流板，当矿浆被甩出以后水平挡板能够将湍流强度降低。Bateman 浮选机在进行浮选的过程中空气从上到下进行传输，而矿浆从下至上进行传输，因此两者将会在浮选机的中间部分相遇，实现固体颗粒的悬浮态，进而提高目的矿物的回收率。

3.2.3.5 棒型浮选机

棒型浮选机是国内研制的一种浅槽型自吸气机械搅拌式浮选机，其结构如图 3.8 所示，主要由槽体、轴承体、斜棒叶轮、稳流器、刮板、传动装置、提升叶轮、压盖、底盖以及导浆管几部分构成。

棒型浮选机能够产生高度分散的气泡，这主要是通过中轴的结构来实现的：叶轮在吸入空气后，空气被中轴分割形成高度分散的微小气泡，这对于粗颗粒浮选非常有利。叶轮将气泡和矿浆充分混合之后，将其推进到稳流器当中，并进行导流，使得矿浆均匀地分布在槽内，最终在稳流板和槽底以及槽壁上以 W 形进行流动。

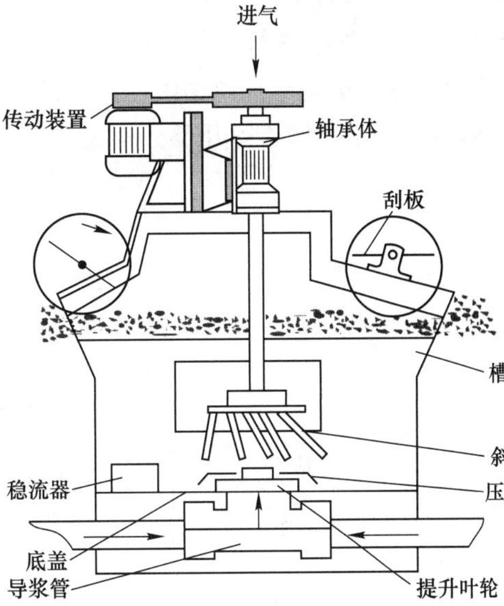

图 3.8 棒型浮选机结构

3.2.3.6 HCC 型浮选机

HCC 型浮选机是一种充气搅拌式浮选机，其结构如图 3.9 所示，主要由吸气管、槽体、导流台、叶轮、顶盘、稳流板、进浆室、进浆管、空心主轴、充气口和轴承座等部分构成。

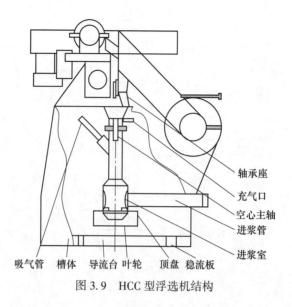

图 3.9   HCC 型浮选机结构

HCC 型浮选机有着带稳流装置的螺旋状叶轮，在叶轮的下部具有锥形的导流台，在槽体的内部有稳流板。在浮选机运行的过程中，吸浆管将矿浆吸入进浆室，吸气管吸入空气，HCC 型浮选机的叶轮有两个负压区，叶轮的一个负压区吸收矿浆，另一个负压区吸收空气，并能将矿浆和空气充分混合并甩出，被甩出的矿浆经过导流台进入槽底。同时，叶轮还能够实现矿浆的循环。

3.2.3.7   YX 型浮选机

YX 型预选浮选机是一种单槽闪速浮选设备，其结构如图 3.10 所示，该设备主要由电机、主轴部件、叶轮和槽体等几部分构成。

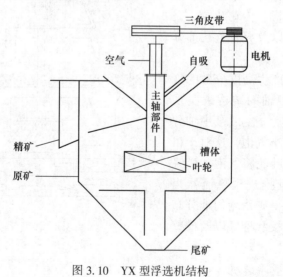

图 3.10   YX 型浮选机结构

YX 型预选浮选机的浮选槽是圆筒形的，倒圆锥形的筒底位于主轴叶轮正下方，矿浆通过槽底的抽吸作用吸入并让槽底的粗颗粒处于悬浮状态，有用矿物这时候就能够被闪速浮选。浮选槽内同样可发生矿浆循环从而保证分选效果。浮选槽内的循环通道还可以通过增加叶轮的搅拌强度来保证矿物颗粒均匀分布并与浮选药剂充分接触。

3.2.4　机械搅拌式浮选的优缺点

机械搅拌式浮选有着悠久的发展历程和丰富的发展经验，国内外学者几十年来通过不断的努力，改善和开发新的工艺和设备以适应粗粒浮选的要求。机械搅拌式浮选工艺较为成熟，人们对浮选过程当中各个参数对浮选效果的影响做了大量的考察工作，并据此改进工艺参数，甚至开发了如闪速浮选这样的新工艺流程，获得了显著的成效，积累了较丰富的经验。这是机械搅拌式粗粒浮选工艺的优点，无论是在国外还是国内，都可以利用成熟的工艺来进行大规模的生产。

在设备方面，机械搅拌式浮选设备的结构是在传统浮选机的基础上进行设计改造，设备结构较为简单，采用自吸浆式结构无需额外接入充气设备，设备的维修也比较方便，国内外的设备在设计制造上均积累了丰富的经验。

而机械搅拌式浮选有着明显的缺点：传统的浮选机需要依靠高速旋转的叶轮来产生气泡，同时维持颗粒与气泡在水中悬浮。给料粒度增大时，需要提高叶轮转速以维持粗颗粒的悬浮，这势必会导致高紊流度的水力学环境，而高紊流度的水力学环境将会导致气泡-粗颗粒结合体的分离[20]。无论设备和工艺如何优化，对于过粗的颗粒，机械搅拌式浮选已经难以进行。

正是因为机械搅拌式浮选本身存在的局限性，使得更粗的颗粒得不到分选，我们需要新的工艺和新的设备，跳出机械搅拌式浮选的框架处理过粗的颗粒以满足工业上的需求。

3.3　流化床浮选

流化床浮选是近15年来出现的一种有前途的浮选技术，其利用复合的力场与浮选相结合，维持大颗粒悬浮从而实现粗颗粒浮选。该技术已成功地应用于几个回收工业矿物的工厂，如磷酸盐、钾肥、硼辉石和钻石。南澳大利亚大学伊恩沃克研究所最近研究了流化床技术在贱金属硫化矿（黄铜矿和闪锌矿）浮选中的应用，其给料研磨粒度比通常在电解规模上的粗得多，目的是通过降低磨矿成本来降低能耗[21]。

3.3.1　流态化技术概述

3.3.1.1　流态化技术发展及应用

关于流态化技术的应用，宋应星早在《天工开物》中就记载采用不断颠簸的方法，用水淘洗铁砂，强烈震荡大幅减少粒子间内摩擦作用，将较轻的脉石洗掉，留下精铁矿的流态化分选过程，这一原理至今还在摇床选矿过程中应用[22-23]。流态化技术引入现代工业举足轻重的发展是石油的催化裂化和煤的气化，这两个领域的迅速发展激发了许多应用流态化技术的工业过程。现在流态化技术已广泛应用于现代能源、轻工、石油、化工、冶金、环保、材料等行业中。

流态化技术的原理：向上的流体流过固体颗粒堆积的床层，使固体颗粒悬浮，颗粒具有一般流体的性质，减小颗粒之间内摩擦力的作用。随着作用于颗粒群的流体流速的增加，流态化将从散式流态化，经历鼓泡流态化、湍动流态化（以上三者可以统称为传统流态化）以及快速流态化阶段，最终进入流化输送状态[24-25]。

散式流态化是指颗粒能够均匀分散在流体中的流态化体系，多为固-液体系。而大量应用的气-固流化床由于气泡的普遍存在，气固接触效率变差，传热、传质及反应速率降低，称鼓泡流化床，属于聚式流态化。有研究表明不是任何尺寸的固体颗粒都能被流化，一般适合流化的颗粒粒度在 30μm～3mm，6mm 左右的颗粒仍能被流化。随着研究的深入，流态化技术适用的颗粒粒径的范围在不断拓宽。

3.3.1.2 两相流态化技术进展

两相流态化技术在选矿领域中的应用主要体现在煤的分选过程以及矿物的焙烧过程。流态化技术因其独特的优势，气固和液固流态化技术解决了选煤过程中粗煤泥回收难的问题。具有典型代表性两相流化床分选设备有 TBS 分选机、CSS 分选机、FBCC 分选机、阻尼脉动液固流化床分选机、普通鼓泡流化床和振动流化床等。针对 TBS 分选机在宽粒级物料分选中存在的缺点，国内外专家基于不同流场和力场对其进行改造，出现了横流分选机、逆流分选机等设备[26]。

针对矿物焙烧过程，气固两相流态化的应用强化了焙烧过程传热与传质效率，具有典型代表性的设备是磁化焙烧炉、流态闪速焙烧炉、循环流态焙烧炉和气体悬浮焙烧炉。

由于有色金属矿分选的复杂性，两相流态化技术很难满足分选需要。三相流态化浮选技术因其融合了浮选技术的优势，因此开始成为研究的热点问题。同时国外研究学者已经率先开发出三相流态化浮选设备，针对三相流态化浮选理论进行深入研究，且此设备目前在磷矿、锂辉石矿、蛭石矿、钻石矿、钾盐矿、长石矿上有很好的应用。

3.3.2 多相流流化床与浮选的结合

多相流的似流体性质是多相流流化床的特性之一，也是将流化床技术应用于选矿领域的关键点[27]。诸多学者将流化床技术引入选矿领域，并得到了一定的成效。在流化床浮选技术方面，澳大利亚 Newcastle Jameson 教授在 2010 年研究设计了 NovaCell 浮选柱，其原理如图 3.11 所示，该设备主要由浮选柱体、泡沫槽、尾矿出口、中矿循环管路、矿气混合装置等部分组成，槽体的分选区域可以分为分离区和流态化区，在给矿和分离区部分，给料与空气一起经过矿气混合装置，矿浆进入槽体后，粒度大、密度大的颗粒形成流态化床层，细颗粒和部分被气泡黏附的疏水性粗颗粒穿过流态化区进入分离区，最终成为精矿[28]。

NovaCell 浮选柱对细颗粒同样具有好的分选效果，槽体的上部有一个细颗粒尾矿排出口用来排出细粒的脉石矿物，利用这一点可以在某种意义上进行"反浮选"来处理细颗粒的矿物。运用 NovaCell 浮选柱进行粗颗粒矿物分选，方铅矿和黄铜矿的最大可浮粒度上限被提升至 1.4mm，针对密度更小的煤的浮选，最大可浮粒度上限能达到 5mm。NovaCell能够对半自磨排矿的粗颗粒（-400μm）直接实现分选并提前抛尾，大大减少了下游球磨机的入磨量，节省功耗，减少球磨机的规格尺寸[29]。Jameson 设计的 NovaCell 能有效拓宽浮选粒度，浮选粒度上限是现有设备的 10 倍[20]。

Eriez 将三相流化床技术运用到选矿领域，设计研发出水力分选机 Hydrofloat，并得到了广泛应用，该设备在传统的流化床分选机中通过引入上升气泡流，当矿物颗粒与气泡结合成颗粒-气泡结合体后，结合体的有效密度降低，从而使得粗颗粒能在微弱的上升流中得到分选[20]。Hydrofloat 分选机具体原理如图 3.12 所示。

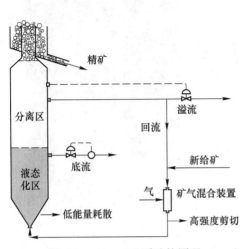

图 3.11　NovaCell 浮选柱原理

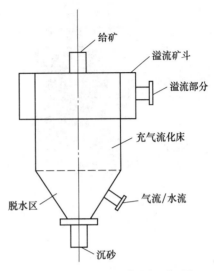

图 3.12　Hydrofloat 分选机原理图

分选槽由分选室和脱水锥构成，该装置的运行方式类似于传统的 TBS 分选机。流态化的水通过管道供应，管道网延伸到分离室整个横截面的底部；同时向流化水中注入压缩空气和少量起泡剂并进行持续充气，空气被分散成小气泡；气泡附着在疏水性颗粒上，从而降低了它们的有效密度，较轻的气泡-颗粒聚集物上升到顶部并溢出[30]。不附着在气泡上的亲水性颗粒继续向下穿过床层，并最终沉降到脱水锥中并排出。Hydrofloat 分选机使得颗粒分选的有效粒度达到 150～200μm，大大降低了研磨成本，在 Hydrofloat 分选过程中只需将原料研磨到足够与气泡接触的大小即可[31]；而同时，Hydrofloat 分选机既能回收粗、中粒物料，又具有较快的浮选速度，也能很好地适应闪速浮选的需要，因此可以优化闪速浮选过程。

流化床浮选将流化床技术与传统浮选技术相结合，大大降低了颗粒与气泡的脱落概率，有效提高了浮选粒度上限。

纽卡斯尔大学设计的回流浮选机（Reflux Flotation Cell，RFC）是一种新的流态化浮选设备，对不同粒级的颗粒均表现出较好的分选效果[32]。RFC 本质是一个倒置的流化床，其结构如图 3.13 所示，主要由三部分组成：下降管、逆向流化床和倾斜管道。下降管中的喷射器可以通过入料流量提供的高剪切速率在下降管中形成细密气泡，下降管中产生的紊流增大了颗粒气泡的碰撞概率。气泡随矿浆从下降管排出进入倾斜管道与尾矿流分离，上升的气泡将进入逆向流化床，RFC 顶部添加的清洗水流化上升的气泡并消除了传统的泡沫层，减少了粗颗粒穿越相界面造成的脱附。倾斜管道增强了气泡与矿浆相的分离，减少矿化气絮体的损失。RFC 通过倾斜管道和流化床的结合成功实现了回流机制，倾斜管道中分离的气泡分为两股流，一股气泡流继续上升至流化床，而另一股气泡流在流化床下部和倾斜管道之间再循环，这种回流有助于进一步回收有用矿物[33]。RFC 分选粒度上限可达 350μm，已在煤炭浮选中得到初步应用[34]。

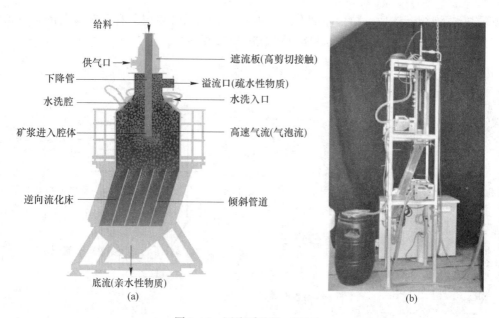

给料

供气口

下降管

水洗腔

矿浆进入腔体

逆向流化床

遮流板(高剪切接触)

溢流口(疏水性物质)

水洗入口

高速气流(气泡流)

倾斜管道

底流(亲水性物质)

(a)

(b)

图 3.13　回流浮选机（RFC）

（a）结构示意图；（b）实验室装置图

综上所述，目前对于气、液、固三相流态化浮选机理的研究仍不深入，更多集中在宏观参数对于浮选效果的影响，未来粗颗粒流态化浮选技术应主要从三个方面讨论：低紊流高相含率的浮选环境下浓相分选机理的深入研究，浓相大型流态化智能装备的开发以及流态化浮选技术引入后整个选厂工艺流程的变革。

3.3.3　流化床浮选法的优缺点

流化床浮选法有着诸多明显的优点：该方法能够进一步扩大可分选颗粒的粒度上限，国内外的研究均表明流化床浮选法能够达到很好的分选效果，并且回收率优于机械搅拌式浮选。而在设备方面，流化床浮选设备能耗低，设备内部环境稳定，能够满足粗颗粒分选的各种条件。

流化床浮选法的局限性在于，该方法是一种新的粗粒分选方法，发展历程较机械搅拌式浮选更短，国内外在流化床浮选的应用上并没有积累非常多的经验，尤其是在国内，无论是在设备还是工艺方面均不完善，国内并没有能够用于大规模生产的流化床浮选设备，并且对相关设备和工艺的研究极少，基本上没有工业应用的经验可以积累。

综合流化床浮选法的优缺点来看，研究流化床浮选法的工艺和设备在国内均有着良好的前景。

3.4　泡沫中分选法（SIF 法）

泡沫中分选法（SIF 法）是一种将矿物直接在泡沫层进行回收的分选方法。SIF 法的浮选矿粒粒度可比常规浮选最佳粒度上限粗 10 倍。与其他浮选方法相比，SIF 法是一种截然不同的浮选方法：在其他浮选法中，被回收的矿物从矿浆中通过捕收剂和气泡的作用上浮到泡沫相，而 SIF 法是矿粒直接给入泡沫中，疏水矿粒直接接触泡沫时立即就被回收[35]。1961 年，M. alinasky 在对铅-锌矿的试验研究中第一次提出将矿浆直接给到泡沫上。由于在实验室中对磷钙土的试验获得了良好的结果，所以 SIF 技术得到了迅速发展。

3.4.1 泡沫中分选法的应用

SIF 技术为粒度达几个毫米的粗粒矿物分选提供了一种有效的方法，SIF 技术能大幅度节省磨矿能耗和浮选药剂。J. O. Leppelen 等通过选矿厂的实验室和半工业测试研究了 SIF 技术的功能。除了对金刚石的基础研究之外，还对矿石和浮选尾矿中的磷灰石、方解石和硅酸盐矿物进行了实验研究。测试结果表明，如果矿物能够充分解离，并且待选矿物具有疏水性，则 SIF 方法可以选择性地回收粗品级的、小于 4mm 的不同矿物[36]。

无论是在研磨回路还是尾矿中，应用 SIF 方法都可以显著提高某些矿物质的总回收率，降低运营成本，并节省大量的能耗和浮选药剂。使用实验室和半工业 SIF 测试设备对磷灰石、方解石、硅酸盐矿物和钻石进行悬浮测试表明，如果粒度小于 3mm，则上述所有矿物均可以通过 SIF 方法成功悬浮[37]。在方解石分级回路中对粗粒度进行的测试表明，对于该粒度（尤其是 0.1~0.5mm 的范围内），SIF 法操作可得到的方解石精矿回收率超过90%。同样，粗磷灰石回收率可以更高，而不会破坏常规浮选所需的细度。当前，工业规模的 SIF 浮选机用于回收粗磷灰石[38]。

3.4.2 泡沫中分选法设备

1964 年的时候研发出来的一台泡沫分选机如图 3.14 所示。该分选机主要由喂料箱、倾斜折流板、分浆器、初步充气沟槽、喷嘴、充气器、溢流嘴、泡沫刮板、锥形箱等部分构成。

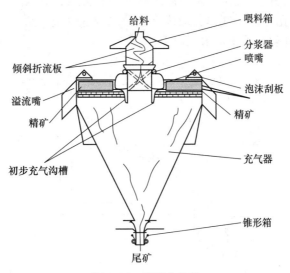

给料　喂料箱
倾斜折流板　分浆器　喷嘴
溢流嘴　泡沫刮板
精矿　精矿
初步充气沟槽　充气器
锥形箱
尾矿

图 3.14　泡沫分选机

该分选机将药剂和给矿充分混合后，从给料箱给入，然后将流板上的开关打开，这样能够保证流板处于倾斜状态。矿浆进入泡沫层中之后，相应的泡沫产品在充气器的作用下自己流出，或者也可以采用刮板将其刮出，而在室内的产品在锥形箱中聚集，最后通过尾矿排出口流出。

一种圆筒形泡沫分选机如图 3.15 所示。该设备可通过调节给矿装置和泡沫装置之间的角度从而提升分选的精确度，设备的充气器位于浮选槽的下部，矿浆进入圆筒内后给到上面的泡沫层中，充气器也将产生相应的气体给到泡沫层中并与矿浆进行充分混合。矿化泡沫可通过分选槽排出，脉石由尾矿口排出。

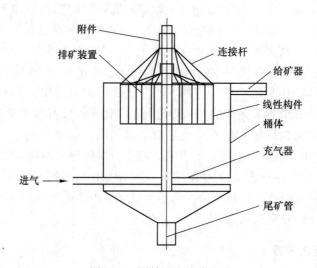

图 3.15　圆筒形泡沫分选机

一种浅槽充气式粗粒浮选机如图 3.16 所示，它是一种由美国研制成功的单槽式浮选设备，浮选槽底部安装有充气器，充气器用倾斜安装方式，其表面主要由平均尺寸 5μm 的微孔组成，这些微孔可以让气体分散成微小、均匀的气泡。给料器位于充气器上部约 50mm 的位置，可直接将矿浆给在泡沫层上[39]。

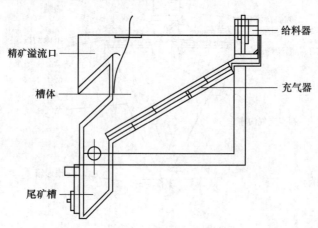

图 3.16　浅槽充气式粗粒浮选机

图 3.17 所示为由澳大利亚的 G. J. Jameson 与 MIM 公司联合研制的 Jameson 浮选槽[40-41]，它是一种结构紧凑、高效率的浮选设备。接触区和分离区为浮选槽的两个主要

部分，高压泵首先将所有的矿浆送到入料口处，然后通过分配器来进行相应的分配以后流入到下冲管连接接触区，该部分中的喷嘴将会以高速喷出的形式将煤泥进行喷出，在进行喷射过程中，管中的空气将会产生负压，下冲管从外部吸收空气，并且矿粒和气泡在下冲管中进行接触以后产生矿化的现象，然后进入分离区中，而气泡将上升到分离区的上面从而形成一定的泡沫层，然后使用清水来对精矿进行冲洗以后将其排出，尾矿从分离区底部的锥口排出。

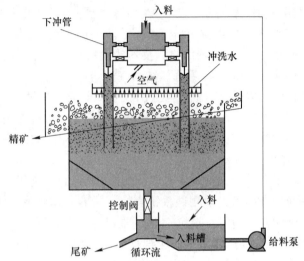

图 3.17 Jameson 浮选槽工作原理图

Jameson 浮选槽在进行分选的过程中与传统的分选机相比具有很多优势：（1）该分选机在进行设计的过程中将浮选区域和矿化区域进行分隔，从而达到矿化区和稳定的泡沫区在该浮选槽内同时存在；（2）气泡在矿化区内直径很小，使得分选粒度上限可达 1mm；（3）具有较为简单的安装和操作，较低的保养费用以及运行的成本；（4）该机械中的结构是比较紧凑的，因此在使用的过程中不需要占据很大的空间，并且能够实现高度的自动化。

3.4.3 泡沫中分选法的优缺点

泡沫中分选法最大的特点在于疏水矿粒与气泡直接接触，并且浮选速度快，没有矿粒—气泡集合体的上浮过程，因此具有以下优点：（1）原矿在泡沫层上方水平给入，疏水矿粒与气泡能够长时间接触，气泡可以被充分矿化。（2）泡沫层无湍流脉动，防止矿粒从气泡上脱落。（3）泡沫层对矿浆有过滤作用，使疏水矿粒与亲水矿粒能够良好分离。（4）分选速度快，疏水矿粒可在 3~5s 内回收。（5）适合处理各种浓度的矿浆。

另外，泡沫中分选法设备的能耗低、处理能力大并且选别过程中的大部分水可循环利用，设备没有运转部件，磨损量小，维修方便。其缺点在于，由于矿粒给入后与气泡直接接触便被回收，因此该方法对于矿物的疏水性要求很高，只适合处理特定的矿物，对于矿物的适应性较差，需要配合高效的起泡剂，并且该技术对细粒级矿物的选择性较差，特别是当细粒级与粗粒级同时浮选时，由于矿粒在泡沫中的大量夹带，会选出大量非目的细粒矿物。

3.5 其他方法

3.5.1 微纳米气泡浮选

气泡产生时直径在数十微米到数百纳米之间的气泡称为微纳米气泡,由于微纳米气泡具有比表面积大、生存周期长等优势,在浮选领域开始受到广泛关注[42]。微纳米气泡优先在固体表面成核,使原来的固-液界面转变为气-液界面,界面间相互作用发生质的改变,能够促进气泡的矿化[43]。随着表面检测技术的发展,通过原子力显微镜、电子显微镜及光散射等技术,证明了某些固-液界面微纳米气泡的存在。

微纳米气泡已被证明可以强化粗颗粒浮选回收率,即强化黏附、抑制脱附。微纳米气泡强化浮选黏附机制主要包括:微纳米气泡的引入促进颗粒-气泡碰撞黏附过程中的排液;微纳米气泡桥接作用使颗粒-气泡间出现长程引力,促进颗粒间的团簇作用及颗粒气泡的黏附[44-45],图 3.18 为微纳米气泡强化颗粒-气泡黏附示意图。有团队[46]使用颗粒-气泡振荡脱附观测平台研究了微纳米气泡对颗粒-气泡分离行为的影响,使用临界分离振幅评估气絮体稳定性,并使用微纳米力学测试系统直接测量有无微纳米气泡时的颗粒-气泡脱附力,结果表明存在微纳米气泡时,颗粒-气泡的临界分离振幅更大,且颗粒脱附力更大,其作用机理如图 3.19 所示,浮选体系中的宏观气泡与颗粒表面上的微纳米气泡聚结,增加了三相接触线的钉扎并增大接触角。即引入微纳米气泡浮选,可以提高粗颗粒与气泡的黏附强度,降低粗颗粒的脱附概率,从而有效提升粗颗粒的浮选回收率[47]。

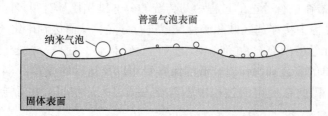

图 3.18 微纳米气泡强化颗粒-气泡黏附示意图

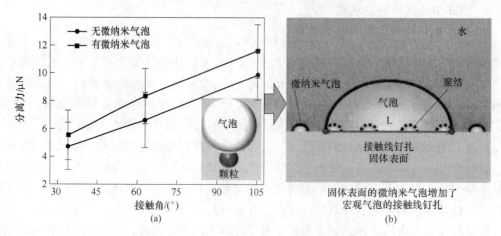

图 3.19 微纳米气泡在增大接触角中的作用

(a) 接触角与分离力的关系;(b) 微纳米气泡与宏观气泡的作用

总的来说，经过多年对微纳米气泡性质及其对浮选的影响研究，对微纳米气泡-微细颗粒浮选已经有了一定的理论研究基础。但仍存在许多不足，如微纳米气泡如何影响浮选过程，微纳米气泡对矿物颗粒的作用机理还不够深入和透彻，所开展的研究还不足以指导实际浮选工艺等。同时，微纳米气泡技术多与浮选柱结合，少有与浮选槽结合使用。微纳米气泡-细粒煤颗粒浮选技术中仍有需要解决的问题，对于细粒煤颗粒浮选体系，通过研究不同疏水性微细煤颗粒与微纳米气泡的相互作用，来分析微纳米气泡对不同疏水性煤颗粒的聚团浮选效果是很有必要的。

3.5.2 表面改性

目前，粗粒级浮选表面改性主要被应用在粗粒煤的浮选中。浮选煤通常用辅助剂和乳化剂分散油类捕收剂使之成细小珠滴均匀分布在浮选浆中，以提高产率。根据浮选动力学原理，通过增加油滴的数量来增加矿浆中煤粒与捕收剂接触的可能性。乳化剂同样也减小了油-水界面的张力，即降低了油类捕收剂充分分散在煤粒表面所需要的能量，从而加大煤粒的疏水性，利于煤粒与气泡附着。市场上常见的乳化剂为非离子型，由一烷基链在可变长度的乙氧基链上键合而成。这些分子黏着在油-水界面，乙氧基朝向水相，在单层覆盖的情况下会形成亲水性表面。因此，在浮选体系中加过量的乳化剂，会润湿油-煤表面，减少气泡与这二者表面间的吸附进而延缓浮选过程。

众多学者研究过充气量、刮板速度、泡沫层厚度等因素对粗粒煤产率的影响。其研究结论是，只有提高粗粒中煤物料的产率，才能提高粗粒煤的产率，也就是说必须加大碳质-矿物的连生体表面疏水性。通过使用乳化剂使捕收剂易于扩散到中煤煤粒表面以提高粗粒煤的产率。

乳化剂易吸附在油-水界面，属于低泡表面活性剂，对稳定泡沫层的作用不大，而且只在低浓度下才能起作用。由于泡沫体积不增加，因而产生夹带作用的可能性极小。

在油类捕收剂中，加入聚乙烯壬基酚这类非离子型乳化剂能减小油-水界面张力，降低油类捕收剂在浆中分散所需要的能量，从而可提高粗粒煤的浮选产率，乳化剂浓度是最大限度提高浮选产率的关键因素。目前有研究发现，乳化剂浓度大于临界胶束浓度时，浮选产率开始回升。但这是出乎意料的，因为高乳化剂浓度下，出现以下任一种情况都会降低浮选产率，煤表面润湿，乳化剂的胶束化或油粒表面的润湿。但泡沫层高度测定结果表明：高浓度下乳化剂吸附在气-水界面，增强了泡沫层的稳定性，因而可增加浮选产率。

3.5.3 超声波处理

研究显示，超声波的空化作用是改善浮选效果的主要原因。液体中的声空化过程就是集中声场能量并迅速释放的过程。当足够强度的超声波通过液体时，在声波负压半周期时，存在于液体中的微小气泡就会迅速增大，在相继而来的声波正压周期中气泡又绝热压缩而崩溃，在崩溃瞬间产生极短暂的强压力脉冲，气泡中心会产生接近 5000K 的高温，压力超过 50MPa，并伴有强烈的冲击波和微射流。冲击波和微射流会在界面之间形成强烈的机械搅拌效应。研究表明，超声处理既可以改变矿石颗粒性质，又可以改变矿浆性质，增大了目的矿物和非目的矿物性质的差异。

3.5.3.1　超声波对粗颗粒的作用

超声波对粗颗粒的作用如下:

(1) 超声波对矿物的清洗作用。在浮选过程中,有时超细的黏土或脉石会附着在目的矿物表面,通常被称为细泥"罩盖",影响颗粒与气泡或浮选剂之间的黏附,对浮选产生不利影响。超声空化的清洗作用可以将矿泥从矿石表面清除。目前有研究表明,随着超声波功率的增加,矿石表面被清洗的效果增强,从而提高了接触角,使得超声波浮选的产率和选择性远大于常规浮选。

(2) 超声波的去氧化膜作用。对于煤或硫化物的浮选,颗粒表面的氧化膜是影响浮选效率的重要原因,特别是对于煤炭,在运输和储存过程中可能被氧化,在煤表面形成了亲水的含氧官能团,导致煤表面疏水性降低,浮选效率下降。为解决这一问题,采用超声波去除颗粒表面的氧化膜。

(3) 超声波的破碎作用。由于超声空化产生冲击波和微射流,直接作用在粗颗粒表面,声空化能将矿粒破碎成更小的颗粒;另外,冲击波和微射流还能激发颗粒之间的碰撞,导致颗粒进一步破碎。关于石墨浮选的超声波预处理研究表明,超声处理后粗粒级产率明显降低,而且粒度越大,产率降低幅度越大。

(4) 超声波改变矿石表面电位。超声空化气泡内的气相区由空化气体和水蒸气组成,由于处于空化的中心,在空化气泡崩裂的极短时间内,气泡内的水蒸气可发生热分解反应,产生 OH^- 和 H^+ 自由基,矿浆中这些自由基会与粗颗粒表面发生一系列的反应,改变表面电位。

3.5.3.2　超声波对矿浆体系的影响

超声波对矿浆体系的影响如下:

(1) 超声波对矿浆中药剂的乳化作用。超声波的频率一般在 20kHz 以上,说明声波在油-水界面上每秒至少振动 2 万次以上,能使药剂均匀地分散在水中,具有较好的乳化作用。超声乳化液油滴的直径小而均匀,用乳化后的药剂浮选,可提高矿物的浮选效率。超声乳化药剂过程中受许多因素的影响,如超声波参数、表面活性剂、温度、压力等。

(2) 超声波改变矿浆性质。浮选是由气、固、液三相构成的分选系统,其中液相为水,水和固体的混合物为矿浆,如果超声波在空化过程中产生的 OH^- 和 H^+ 自由基与矿浆中的离子作用,将会改变矿浆的性质。

习　题

(1) 粗粒级的评价标准是什么,为什么在当前选矿体系中难以有效分选?
(2) 适用于粗粒级的选矿机与传统选矿机的主要区别是什么,为什么能够有效分选粗粒级矿物?
(3) 闪速浮选工艺的优势是什么,为什么闪速浮选对粗粒级矿物作用较好?
(4) 实现粗粒级矿物有效分选对于当前选矿体系的意义是什么?

参 考 文 献

[1] Jameson G J. New directions in flotation machine design [J]. Minerals Engineering, 2010, 23: 835-841.

［2］ Musa F, Morrison R. A more sustainable approach to assessing comminution efficiency ［J］. Minerals Engineering, 2009, 22: 593-601.

［3］ Norgate T, Jahanshahi S. Improving the sustainability of primary metal production——the need for a life cycle approach ［C］ // Brisbane, XXV International Mineral Processing Conference (IMPC), 2010.

［4］ Goel S, Jameson G J. Detachment of particles from bubbles in an agitated vessel ［J］. Minerals Engineering, 2012 (32/38): 324-330.

［5］ 沈政昌. 浮选机理论与技术 ［M］. 北京: 冶金工业出版社, 2012.

［6］ Soto H, Barbery G. Flotation of coarse particles in a counter current column cell ［J］. Miner. Metall. Process, 1991, 8 (1): 16-21.

［7］ 刘惠林, 刘振春, 王勇, 等. 粗颗粒浮选机的研制与应用 ［J］. 矿冶, 1998 (2): 59-63.

［8］ Schulze H J. Physic-chemical elementary processes in flotation: an analysis from the point of view of colloid science including process engineering considerations/Hans Joachim schulze (translated by manfred hecker) ［R］. Elsevier, Amsterdam, New York: 1984.

［9］ 李成秀. 卡房高砷锡石硫化铜矿粗粒浮选新工艺研究 ［D］. 昆明: 昆明理工大学, 2005.

［10］ Senior G D, Shannon L K, Trahar W J. The flotation of pentlandite from pyrrhotite with particular reference to the effects of particle size ［J］. Minerals Processing, 1994, 42: 169-190.

［11］ Vianna S. The Effect of Particle Size, Collector Coverage and Liberation on the Floatability of Galena Particles in an Ore ［D］. Queensland: University of Queensland, 2004.

［12］ Klimpel R R, Isherwood S. Some industrial implications of changing frother chemical structure ［J］. Mineral Processing, 1991, 33: 369-381.

［13］ Tao D, Luttrell G, Yoon R H. A parametric study of froth stability and it effect on column flotation of fine particles ［J］. International Journal of Mineral Processing, 2000, 59: 25-43.

［14］ Bianca N D, Bradshaw E W. Flash flotation and the plight of the coarse particle ［J］. Minerals Engineering, 2012 (34): 1-10.

［15］ Seher A, Graeme J J. Recovery of coarse particles in the froth phase: A case study ［J］. Minerals Engineering, 2013, 45: 1245-1253.

［16］ Yoon R H. The role of hydrodynamic and surface forces in bubble particle interaction ［J］. Minerals Processing, 2000, 58: 129-143.

［17］ Bianca N D, Bradshaw E W. The hydrodynamics of an operating flash flotation cell ［J］. Minerals Engineering, 2013 (41): 86-96.

［18］ 董干国, 卢世杰, 杨丽君, 等. CCF 型宽粒级机械搅拌式浮选机研制及应用 ［J］. 有色金属: 选矿部分, 2013 (5): 50-53.

［19］ 孟玮, 吴峰, 刘利敏, 等. GF-10 型浮选机在武山铜矿工业应用研究 ［J］. 有色金属: 选矿部分, 2013 (S): 202-205.

［20］ 王冬冬, 王怀法. 粗颗粒煤炭流化床浮选试验研究 ［J］. 煤炭工程, 2018, 50 (5): 123-126.

［21］ 肖遥, 韩海生, 孙伟, 等. 粗颗粒浮选技术与装备研究进展与趋势 ［J］. 金属矿山, 2020 (6): 9-23. DOI: 10. 19614/j. cnki. jsks. 202006002.

［22］ 张祥. 二维气固湍动流化床流动特性的数值模拟 ［D］. 自贡: 四川理工学院, 2010.

［23］ 刁润丽. 磁场协助作用下纳米颗粒的流态化研究 ［D］. 长沙: 中南大学, 2009.

［24］ 韩超. 细颗粒声场流态化特性研究 ［D］. 杭州: 浙江大学, 2008.

［25］ 李洪钟, 郭慕孙. 回眸与展望流态化科学与技术 ［J］. 化工学报, 2013, 64 (1): 52-62.

［26］ 徐凤, 张晓洲, 李云红, 等. 干扰床分选机 (TBS) 的评述 ［J］. 煤炭加工与综合利用, 2008 (3): 1-5, 60. DOI: 10. 16200/j. cnki. 11-2627/td. 2008. 03. 006.

［27］ 王冬冬，王怀法．粗颗粒煤炭流化床浮选试验研究［J］．煤炭工程，2018，50（5）：123-126，130.

［28］ 沈政昌，罗世瑶，杨义红，等．流态化浮选技术概述［J］．有色金属：选矿部分，2019（5）：20-26.

［29］ 梁殿印，史帅星，冉红想．大型浮选及磁选设备新进展［J］．矿业装备，2015（4）：41-43.

［30］ 卢特雷 G H，谢贤，童雄，等．高效水力分级机的研究［J］．国外金属矿选矿，2008（3）：18-23.

［31］ HydroFloat from Eriez recovers coarse particles up to 6mm［J］．Mining Engineering，2014，66（11）：91.

［32］ Cole M J，Dickinson J E，Galvin K P．The effect of feed solids concentration on flotation performance using the Reflux Flotation Cell［J］．Fuel，2022，320：123931.

［33］ Chen J，Chimonyo W，Peng Y．Flotation behaviour in reflux flotation cell——A critical review［J］．Minerals Engineering，2022，181：107519.

［34］ Kromah V，Powoe S B，Khosravi R，et al．Coarse particle separation by fluidized-bed flotation：A comprehensive review［J］．Powder Technology，2022，409：117831.

［35］ 列皮伦 J O，刘万峰，肖力子．粗粒浮选的有效技术——泡沫中分选［J］．国外金属矿选矿，2004（9）：9-14.

［36］ 王燕玲．扩展煤浮选粒度上限的初步研究［D］．太原：太原理工大学，2007.

［37］ 李振，刘炯天，王永田，等．浮选技术的发展现状及展望［J］．金属矿山，2008（1）：1-6.

［38］ 邱冠周，伍喜庆，王毓华，等．近年浮选进展［J］．金属矿山，2006（1）：41-52.

［39］ 王泓皓．宽粒级煤泥浮选机试验研究与流场分析［D］．太原：太原理工大学，2013.

［40］ 潘文娟，何卫红，王利红．杰姆森槽式浮选技术及其在澳大利亚选煤工业中的应用［J］．山东煤炭科技，2005（4）：13-15.

［41］ 焦红光，涂必训，梁增田．应用 Jameson 浮选槽分选无烟煤泥的实践［J］．煤炭工程，2007（8）：95-97.

［42］ 刘力铭．微纳米气泡与矿物颗粒的多相界面作用研究［D］．哈尔滨：哈尔滨工业大学，2020．DOI：10.27061/d.cnki.ghgdu.2020.002386.

［43］ 杨海昌，郭涵，邢耀文，等．固-液界面纳米气泡稳定性及其强化浮选黏附机制研究进展［J］．煤炭学报，2022，47（6）：2455-2471．DOI：10.13225/j.cnki.jccs.FX21.1147.

［44］ Tao D．Role of bubble size in flotation of coarse and fine particles——A review［J］．Separation Science and Technology，2004，39（4）：741-760.

［45］ 邢耀文，桂夏辉，曹亦俊，等．相互作用力及液膜排液动力学研究进展［J］．煤炭学报，2019，44（10）：3185-3192．DOI：10.13225/j.cnki.jccs.2018.0445.

［46］ Ding S，Xing Y，Zheng X，et al．New insights into the role of surface nanobubbles in bubble-particle detachment［J］．Langmuir：the ACS journal of surfaces and colloids，2020，36（16）：4339-4346.

［47］ 韩峰，刘安，樊民强．微纳米气泡对粗粒煤浮选的效果研究［J］．矿业研究与开发，2020，40（9）：111-116．DOI：10.13827/j.cnki.kyyk.2020.09.021.

4 细粒浮选技术

本章教学视频

我国矿产总量丰富，但随着矿产资源的长期开采利用，富矿与粗粒嵌布矿物资源的日益匮乏，矿产资源贫、细、杂化的局面已经十分凸显，细粒特别是微细粒氧化矿物的有效分选和回收成为我国矿产资源利用面临的重大问题。本章将针对细粒难选问题，详细介绍近年来细粒浮选技术的发展。

4.1 细粒难选的原因

细粒矿物的主要特性是质量小、比表面积大、表面能高，并由此产生一系列浮选问题。造成细粒矿物分选效果差的本质原因主要有以下5个方面[1]：

（1）体积小、质量小造成了细矿粒在浮选矿浆中的动量小，与气泡的碰撞概率小，难以克服矿粒与气泡之间的能垒而无法黏附于气泡表面，浮选回收率低。

（2）细粒矿物比表面积大、表面能高，容易造成脉石矿粒与有用矿粒之间的非选择性团聚，影响浮选的选择性，不利于浮选。

（3）细颗粒改变了矿浆的流变性，导致浮选矿浆黏度高、气泡过度稳定和浮选选择性低等不可控现象；细粒存在于矿浆体系中还会产生矿泥罩盖，对常规粒度颗粒的分选也会产生恶劣影响。

（4）由于细粒矿物的粒度小、比表面积大，因此在矿浆中的溶解度更大，产生的难免离子更多，难免离子可能与捕收剂发生竞争吸附或沉淀捕收剂，影响药剂与矿物之间的作用，进而影响矿物的浮选。

（5）随着颗粒尺寸的减小，矿物颗粒的比表面积增加引起高的药剂消耗，大大增加了生产成本。未能得到有效分选的金属以及过剩的药剂进入尾矿库后会污染周围的水土及生态系统，对环境产生巨大的不利影响。

由此可见，细粒矿物的浮选分离是一个亟待解决却又十分棘手的世界性难题，开展细粒矿物浮选强化分离研究具有重大意义。

下面我们将从增大颗粒表观粒径、减小气泡尺寸、开发新型浮选药剂等角度详细介绍解决细粒难选的途径。

4.2 增大颗粒表观粒径途径

针对细粒矿物"体积小、质量小、动量小，与气泡的碰撞概率小，难以克服矿粒与气泡之间的能垒而无法黏附于气泡表面"的问题，若浮选前可以通过增大颗粒粒径使其与气泡碰撞的概率增大，细粒矿物的回收将会出现较大的改观。

近些年研究者在进行细粒级矿物浮选时，往往通过增大细颗粒表观粒径的思路来改善浮选效果，即预处理细矿物颗粒，使其絮凝或团聚后来进行常规浮选分离，将细粒浮选的问题转化为常规粒度颗粒的浮选，如剪切絮凝浮选、载体浮选和选择性絮凝浮选。

4.2.1 剪切絮凝浮选技术

剪切絮凝浮选技术是利用对矿浆进行较强烈搅拌而产生的剪切力和捕收剂在矿粒表面吸附所产生的疏水键合力，使微细矿粒形成絮团，进行分离回收的浮选方法。高强度的剪切搅拌为微粒提供足够的动能来克服静电排斥力及微细粒矿物间的能量壁垒，同时加强捕收剂在粒子表面的吸附提高粒子间的表面疏水作用能，使微细颗粒结合生成絮团。在上述过程中，如果絮体的平均粒径越大，就会获得越高的浮选回收概率；絮团在形成以后，无论是延长搅拌的时间，还是增强搅拌的速度，都不会对回收率产生影响。由此可见，浮选的回收概率取决于生成的絮团。

许多学者将剪切絮凝技术应用在不同的领域，取得了较好的结果。杨俊彦等[2]回收氰化尾渣中的锌矿物时，采用六偏磷酸钠为分散剂、1200 r/min 的搅拌强度，并通过闭路试验达到锌精矿锌品位 42.55%、锌回收率 75.00% 的良好指标。梁龙等[3]在采用剪切絮凝浮选技术降低精煤灰分时发现：剪切速率高于 $46s^{-1}$ 时，煤炭絮团被完全破坏，而石英絮团仅被部分破坏，通过调控剪切速率使石英选择性絮凝，煤炭的浮选效果得到明显改善，浮选精煤灰分由 11.28% 降低至 9.03%，同时精煤产率略有升高。罗惠华等[4]在浮选磷矿时发现：适当增加矿浆搅拌强度有利于浮选，但过强的搅拌会破坏颗粒聚团，反而使精矿回收率下降；搅拌时间逐渐增加有利于捕收剂吸附目的矿物，提高精矿回收率；且不同叶轮形状、直径对剪切絮凝浮选的影响也不同。

剪切絮凝浮选过程中，流体力学条件影响微细颗粒的絮凝，它可以影响颗粒与颗粒、矿粒与絮团之间的有效碰撞和相互渗透，从而影响絮团的性状。流体剪切力的大小取决于搅拌的强弱程度，水流剪切力过大会使絮凝剂的分子链断裂以及使已形成的絮团破裂，导致絮凝体的粒径减小，恶化絮凝效果，因此，搅拌强度是影响絮团形成的一个重要因素[5]。此外，在调浆过程中，设备、叶轮、搅拌转速都会影响矿浆搅拌时的剪切力，进而影响絮凝体的絮凝。

总之，剪切絮凝-浮选法能够明显增大颗粒的表观粒径，与单一浮选法相比可以获得更高的回收率。可以通过调控微细粒矿浆的流变性去改善剪切絮凝-浮选的选择性。研究表明，多种因素都会影响矿浆的流变性，如矿物种类[6]、表面电荷以及 pH 值等。所以，在矿浆中加入流变性功能材料或调控颗粒表面电荷及矿浆 pH 值等因素控制矿浆流变性，提高浮选的选择性，都是剪切絮凝-浮选发展的新思路[7]。

4.2.2 载体浮选技术

载体浮选技术是指利用粗颗粒作为载体，使目的细粒矿物在捕收剂的作用下依靠颗粒间的疏水相互作用黏附或覆盖在粗粒载体上，形成疏水的聚团，使颗粒表观粒径增大，然后采用常规浮选法分选出来。目的超细粒矿物黏附于粗粒载体形成聚团体，是在有效的表面活性剂和剪切力场的作用下利用粗粒载体与目标微细粒矿物之间的疏水吸引作用而获得的。

用异类物质作为载体的载体浮选存在着目的矿物的分离以及载体回收再利用的问题。

若采用同种矿物的粗颗粒作为载体，即自载体浮选，可以规避目的矿物与载体分离作业及载体回收的问题，改善载体浮选处理微细粒的应用前景。

诸多学者把载体浮选技术应用在煤气化细渣、白钨矿等领域，均改善了浮选效果。王晓波等[8]在浮选煤气化细渣时通过粒度分析发现气化细渣中粒度大于 0.125mm 的粗颗粒占 14.73%，而加入载体中煤的气化细渣中大于 0.125mm 的粗颗粒含量为 22.36%，加入载体可以增加矿浆中粗颗粒的含量，进而加大矿浆中颗粒之间的碰撞，改善浮选效果。王纪镇等[9]浮选$-10\mu m$ 白钨矿时在碳酸钠和油酸钠作用下采用 $(-74+38.5)\mu m$ 自载体时，浮选得到白钨矿总回收率高达 84.99%；但白钨矿自载体浮选必须在合适的载体粒度以及载体比例的条件下才具有明显效果，否则将起到负面效果，降低粗粒载体的回收率。秦永红等[10]以混磁精矿作为 1 号样品，重选精矿筛下作为混磁精矿浮选的载体，按照混磁精矿与重选精矿筛下质量比为 40∶12.75＝3.14∶1 的配比混合均匀，作为 2 号样品，进行载体浮选与常规浮选比较，发现载体浮选指标得到了显著改善，精矿 TFe 品位提高了 1.12 个百分点。

载体浮选之所以提高微细粒矿物回收率，一方面是因为粗粒载体的"载体效应"，可背负超细的矿粒上浮；另一方面归因于"中间粒级聚集体"的生成。中间粒级颗粒生成机理有两种：一种机理是粗粒的"助凝作用"，粗粒在紊流中的运动轨迹形成的漩涡增强了微细粒间的碰撞凝聚；另一种机理是粗粒的"中介—裂解作用"，紊流剪切力场中，在剪切和磨剥作用下黏附在粗粒上的细粒聚集体脱附成为中间体，或较大细粒聚集体裂解成小的聚集体[11]。

"载体效应"以及"中间粒级效应"是载体浮选能否取得成效的关键，两者都依赖于表面活性剂同时对载体和微细粒目的矿物的选择性疏水化进而在高能搅拌下实现相互碰撞——疏水聚团。但是现阶段载体浮选的应用也有一定的局限，如分支自载体浮选技术目前只应用于几种特定的矿物，载体粒度、比例以及搅拌时间等影响因素难以确定都是微细粒载体浮选存在的问题。

4.2.3 选择性絮凝浮选技术

选择性絮凝浮选技术是指用高分子絮凝剂使矿浆中的微细矿粒选择性地絮凝成粒度较大的絮团，加以分离回收的浮选方法。选择性絮凝浮选法联合采用高分子絮凝剂和捕收剂，前者用来使稳定分散于矿浆中的目的微细矿粒选择性地絮凝成粒度较大的絮团，而呈现常规粒级矿物的特性，后者则用来使目的矿物絮团表面疏水，随后气泡携带目的矿粒絮团上升，与仍处于分散状态的脉石矿物分离。为取得良好的絮凝效果，首先使矿浆呈分散状态，其次絮凝剂应有选择性，仅吸附在目的矿物颗粒上，最后还要使絮团能从矿浆中有效地分离出来。可用的絮凝剂为含有官能团的高分子有机聚合物，在水中可伸展和挠曲，能在目的矿粒间架桥，使之桥联形成絮团。

选择性絮凝浮选分为以下 3 个步骤：

（1）分散。在加入分散剂以后，矿物得到充分分散，避免不同的矿物出现凝结，或者有用矿物与脉石矿物相互之间出现背负情况，然后准备絮凝剂的选择性吸附工作。

（2）絮凝剂。要想使微细矿粒絮凝，必须加入絮凝剂，从而使矿物颗粒的表观粒径增加。

（3）浮选。运用常规浮选方法，促进矿物絮团进入泡沫，真正从分散状态中的非目的矿物中分离。

魏宗武等[12]浮选微细粒锡石时，在 pH 值为 6.5 的环境下，依次添加组合调整剂 CMC+水玻璃（300 g/t+900 g/t）和絮凝剂 PAMS（20 g/t）进行预处理，对矿浆中的微细粒矿物进行选择性絮凝与分散，随后采用组合捕收剂水杨羟肟酸+氧肟酸+P86（600 g/t+500 g/t+80 g/t），起泡剂 2 号油（40 g/t）进行一次粗选、两次扫选、三次精选的闭路试验，最终得到锡精矿品位为 9.35%、回收率为 81.80%、富集比为 17.64 的良好指标。吴敏等[13]针对含有 32.33%稀土氧化物的某废弃荧光粉，在研究分散—絮凝行为的基础上，采用选择性絮凝浮选法进行稀土元素的预富集；分别以碳酸钠、阳离子聚丙烯酰胺和十二胺为分散剂、絮凝剂和捕收剂，pH=9、絮凝剂用量和捕收剂用量分别为 100 g/t 和 800 g/t 的条件下，选择性絮凝浮选可将稀土氧化品位提高至 43.65%，显著提高了稀土元素品位，实现了废弃荧光粉中稀土元素的预富集。杨招君等[14]对锡石品位仅为 0.4%的锡细泥进行浮选，在矿浆 pH 值为 6.5 的环境下，添加分散剂水玻璃+CMC、絮凝剂 APAM 进行预处理，实现微细矿粒选择性分散—絮凝，之后采用组合捕收剂 BY-9+P86，经过"一粗二精一扫"闭路浮选流程，最终得到品位 10.34%、回收率 80.83%的锡精矿。

选择性絮凝浮选的核心作用机理主要是高分子絮凝剂的吸附桥联作用。通过高分子絮凝剂的长链吸附在多个固体颗粒表面上，通过桥联作用将它们联结在一起形成相对较大的絮团。因此，该技术应用的关键就在于浮选前絮凝剂的选择性作用。选择合适的高分子絮凝剂可以通过多个官能团吸附在目标颗粒表面上形成桥联作用而选择性地增大目标颗粒的表观粒径，是一种可行的方法。在高分子絮凝剂作用下形成的絮团表观粒度增大，可以作为常规粒度的目的矿物进行浮选，可明显提高颗粒与气泡的碰撞概率，从而改善微细粒矿物的回收。但高分子絮凝剂在矿物表面吸附的形式多种、吸附机理复杂，而且用作选择性絮凝剂的聚合物需要保证链要足够长的同时，使其能够在矿浆中充分分散，并与矿物作用，所以筛选出对目的矿物具有高度选择性的絮凝剂具有一定的难度，也使得工业应用受到了限制。

在对选择性絮凝浮选技术进行研究的过程中，通常只关注如何对矿物进行分离，现阶段需要朝着大规模工业化发展的方向开展继续研究：

（1）研制或者寻找更有效的选择性絮凝剂以及分散剂。

（2）对分离絮团相关技术进行适当筛选。

（3）对于选择性絮凝各个环节的影响因素及其规律进行研究，例如矿浆的酸碱度、药剂添加数量、药剂浓度等。

（4）为了使经济效益最大限度提升，需要对分散剂的投入量进行精确控制。

（5）对于高分散药剂悬浮液进行固体和液体的分离，以及复用净化水相关技术，应当进行深入研究，在必要情况下添加额外的絮凝剂，促进分散的颗粒出现聚沉现象。

（6）对于絮凝过程中出现的夹带、卷裹问题，需要采取措施使其减轻。

4.3　减小气泡尺寸途径

解决细粒矿物难浮问题，除了增大颗粒表观粒径的方法之外，还可以以气泡为切入点进行改善。在采用常规尺寸的气泡进行微细粒浮选时，矿化过程中细颗粒的运动主要依靠黏性阻力，而不是惯性力，这使得细颗粒倾向于随大气泡周围的流线运动，碰撞概率较低[15]。由此可以推断出，要在超细粒级矿物浮选的研究中增加颗粒与气泡之间的碰撞黏附概率，除增大超细粒级矿物的表观粒径外，减小浮选过程中的气泡尺寸（如微泡浮选法）也是一条有效的途径。

4.3.1 微泡浮选技术

微泡通常是指小于几百微米的微小气泡。由于微泡具有独特的表面物理化学性质，如比表面积大、生存周期长等，它可以扩展众多矿物有效浮选的粒度下限。

4.3.1.1 微泡的生成

常见的生成微泡的方法有以下几种[16]：

（1）射流发泡：射流发泡是一种常见的微泡生成方式，矿浆通过喷嘴收敛加速，形成高速射流，气体在液体射流的抽吸压缩作用下生成气泡，并被劈分为微泡。射流发泡主要应用在浮选柱的气泡发生器和詹姆森浮选柱中。

（2）微孔介质发泡：微孔介质发泡是指压缩空气经过微孔介质，被其上的微孔切割生成微泡。在此过程中，气泡的形成分为四个阶段：膨胀阶段、拉伸阶段、分离阶段和上升阶段。在膨胀阶段，气体被引入气泡，气泡开始径向生长；在拉伸阶段，气泡持续增长，但仍未脱离微孔；在分离阶段，随着气泡的持续拉伸，气泡与微孔的孔口分离，并逐渐向上运动；在上升阶段，气泡持续上升，并与周围介质相互运动，直至达到平衡状态。微孔介质对产生的气泡特征有显著影响，一般常见的微孔介质包括塑料、卵石层、微孔金属膜管和微孔陶瓷膜管等。

（3）加压溶气析出发泡：加压溶气析出发泡是指，在加压条件下，将空气导入盛有液体的密闭空间内并使其达到饱和状态，大量空气溶解在矿浆内，溶气矿浆被送至浮选槽后，由于骤然降至常压，导致空气的溶解度降低，溶气矿浆中过饱和的空气便以微泡的形式逸出。压强是加压溶气发泡的重要影响因素，若气压过低，则溶解的空气量少，产生的微泡数量少；若气压过高，溶解的空气量过高，降压后生成的气泡过多，会在矿浆中形成紊流，同时，过多的微泡之间存在强烈的相互碰撞，导致气泡兼并，增大气泡直径，均不利于浮选过程的进行。大量研究表明，使用加压溶气析出发泡产生的气泡的直径为 $10 \sim 120 \mu m$。

（4）减压真空析出发泡：减压真空析出发泡是指通过在矿浆表面形成负压，自溶于矿浆中的空气在真空状态下析出生成微泡，其发泡机制类似于加压溶气析出发泡过程，但生成的微泡相对稳定。

（5）超声波发泡：超声波发泡是指超声波在含有气体和杂质的水中通过空化生成微泡。在 $20 \sim 40 kHz$ 之间的低频范围内，超声波可以产生微泡。超声波在介质传输中产生两种形式的机械振荡，即横波和纵波，超声波的纵向振荡在矿浆传播中会引起液体质点的纵向振动，从而交替产生压缩相和稀疏相。波的正半周产生压强，负半周形成拉力。当声压值超过液体承受的阈值时，液体中的气体在稀疏相所形成的高负压影响下过饱和析出，由于强大的拉应力，液体分子间的键力被破坏，液体被"撕开"成一空洞，因而产生大量的微泡。

（6）电解发泡：电解发泡是指在外加电场作用下，矿浆中的水通过电解析出平均直

径为 $17 \sim 105 \mu m$ 的微泡。在电解发泡过程中，气泡经历成核、成长及脱离电极等阶段。当气泡半径达到临界气泡半径时，电极表面发生气泡成核现象；在成长阶段，当气泡尺寸大于临界气泡尺寸，产生的气体连续进入气泡，且气泡与电极表面其他气泡聚集，不断增大；在分离阶段，气泡受到浮力、气泡内部的压力、分离力以及气泡与电极间的附着力，当分离力大于附着力时，气泡从电极表面脱落。

4.3.1.2　微泡浮选技术应用及机理

利用微泡发生器产生微泡，使泡沫的比表面积变得更大，能够使气泡与疏水性目的矿物之间的黏附、碰撞概率得到增强，从根本上避免脉石矿粒与目的矿粒之间出现的非选择性团聚现象，进而提高浮选的富集效果，即为微泡浮选。利用微米级气泡取代传统的常规尺寸气泡，然后将微泡作为载体对矿粒进行捕捉，使微细矿粒的捕集概率提升，就是微泡浮选相关技术的核心。

陈国浩等[17]对 $-10 \mu m$ 锡石进行浮选时发现，在最佳浮选条件下，微泡活化前后的细粒锡石浮选回收率分别为 84.20% 和 86.90%，微泡活化提高了浮选回收率。任浏祎等[18]在浮选微细粒锡石时引入微纳米气泡，发现在 pH=9、辛基异羟肟酸浓度为 50mg/L 的条件下，$-10 \mu m$ 粒级锡石的微泡浮选回收率最高可达 94.05%，较常规浮选提高了约 7%。

陈晓东[19]采用气泡直径仅为 0.3mm 的精锐微泡浮选机，对河南某金矿微细粒回收，发现精锐微泡浮选机对于微细粒的回收明显优于浮选柱，有效地回收了微细粒 Au、Ag、Cu、Pb、Zn 等有价金属。

对于细颗粒而言，微泡可以通过增加颗粒气泡间碰撞概率和黏附概率，降低脱附概率，从而实现浮选速率和浮选回收率的增加。从理论角度，微泡对粗颗粒的颗粒气泡间相互作用的影响与细颗粒相同，但微泡没有足够的浮力携带粗颗粒上浮，从而影响浮选效率。与传统的气泡浮选技术相比，微泡的有效回收率更高，而且有着更宽阔的分选下限，这也是微泡优于传统的气泡浮选技术的关键所在。除此之外，微泡浮选相关技术直接催生了更多新的高效柱选设备的出现，如充填介质浮选柱、溶气式浮选柱、旋流静态微泡浮选柱、喷射式浮选柱、CPT 等，在工业领域的应用效果良好。

但是，微泡如何对复杂微细粒级矿物颗粒浮选体系中颗粒的浮选行为进行影响，同时如何对微泡的形成方式进行控制，从而使微细矿粒增加可浮性，依旧处于持续探索的状态。且在实际浮选过程中，微泡直径及运动特征受溶液环境、能量输入等多因素协同影响，因而多因素耦合的微泡调控技术，具有一定的发展前景。

4.3.2　纳米气泡浮选技术

纳米气泡是指尺寸在 $1 \sim 100 nm$ 之间的气泡，空化作用产生纳米气泡是形成纳米气泡的主要方式（水力空化、光空化和超声空化等）。以往的研究表明，在含有饱和空气或二氧化碳的矿浆中高强度搅拌可以产生大量微小纳米泡。

4.3.2.1　纳米气泡的生成

空化现象是指液体内局部压力降低时，液体内部或固-液交界面上气体形成空穴（空泡）、发展变大，并最终溃灭的过程。根据降低压力的方式不同，可以将空化分为水动力空化和声空化[20]。

（1）水动力空化：当运动的流体受到的压力减小时，会出现汽化并产生气泡。局部压力的增加会使产生的气泡内爆，形成水动力空腔，这一过程产生的气泡的大小可以通过控制施加在流体上的压力、温度等来实现。同时，基于水动力空化原理的机械切割法因其具有较低能耗及较高产量，被广泛应用于体相纳米气泡的制备。机械切割法的原理是通过高速搅拌溶液，使有限空间内的气体和液体能够充分混合并进一步空化形成气泡。

（2）声动力空化：在超声波的作用下，液体内部出现局域性的拉伸应力，进而形成负压，压强的降低使得本来溶解在溶液中的气体变成过饱和状态，从溶液中析出成核，形成小气泡；当拉伸应力过大时，甚至可以直接将溶液撕开形成空洞，从而利用空化效应制备体相纳米气泡。

（3）减压法：减压法是一种实验室常用的制备体相纳米气泡的方法，原理是通过增加和降低压力来改变气体溶解，进而控制纳米气泡的产生。当压力增加时，气体的溶解度增加，更多的气体以溶解的形式储存在液体中；当压力迅速降低时，气体会从溶液中析出，并形成气泡。

（4）周期性压力变化法：周期性压力变化法是在减压法基础上进一步发展的新方法，主要是通过前后移动活塞来产生体相纳米气泡。活塞的往复运动周期性地改变 U 形管内的压力，压力的变化导致气体溶解和析出。值得注意的是，这种方法需要被压缩的溶液提前达到气体饱和状态。

（5）多孔膜吸附透气法：多孔膜吸附透气法制备体相纳米气泡的思路来源于目前已经广泛应用的微米或大气泡的制备方法，原理是以膜作为液体和气体分离的介质，通过多孔膜的孔将气体压入流动的液体中。注入气体的压力会影响体相气泡的尺寸和 Zeta 电位，且体相纳米气泡的尺寸会随膜孔径的增大而增大，采用疏水性孔膜会使产生的体相纳米气泡尺寸减小，Zeta 电位降低[21]。

4.3.2.2 纳米气泡浮选技术的应用及机理

纳米气泡可以在超细颗粒表面上成核，提高$-10\mu m$的磷酸盐矿物和煤等颗粒的浮选回收率。Fatemeh Taghavi 等[22]对磷酸盐细粒物浮选时发现，在纳米气泡存在下，磷酸盐细粒物的机械浮选回收率和柱浮选回收率分别比不存在纳米气泡时提高了 11.3% 和 8.5%。

马芳源[23]在对细鳞片石墨浮选时实现了以纳米气泡浮选为核心技术的短流程浮选，使磨矿和浮选段数减少至 3 段，精矿品位提高 0.2 个百分点，回收率提高了 14.73 个百分点，大片石墨（$+150\mu m$）产率提高了 1.5 个百分点，有效回收了微细颗粒石墨，降低了浮选药剂的用量。

张喆怡等[24]在浮选细粒金红石时引入了纳米气泡进行预处理，发现纳米气泡的引入提高了细粒金红石浮选的回收率和速率，减少了药剂的用量，并通过高速摄像发现加入纳米气泡后出现明显的团聚现象，在颗粒与气泡碰撞过程中，纳米气泡可以提高水化膜的减薄速度，有助于金红石黏附在气泡上，且纳米气泡可以充当"空气桥"，增强颗粒之间的相互作用，从而增加金红石的疏水性。

纳米气泡改善微细粒浮选的机理，一方面纳米气泡减小了气泡尺寸，增大了矿物颗粒-气泡之间的碰撞概率，另一方面纳米气泡的比表面积大、表面能高，选择性比一般气泡更高。除了与微泡浮选类似的"气泡尺寸减小效应"以外，大量微小纳米气泡还可以起到"气桥"作用，增强微细颗粒间的相互作用力，改善微细粒矿物浮选。纳米气泡的本质虽是气泡，但其性质可类比于浮选药剂，从本质上来说，它是直径在纳米级别的气泡，即微泡；从性质上来说，它是存在于纳米级别具有能够调整促进颗粒-颗粒以及颗粒-气泡之间相互作用的高度分散、相对稳定的气体物质，它的促进作用源自纳米气泡聚集过程中产生的"纳米气泡桥毛细作用力"，类比于浮选药剂可通过吸附于矿物表面调节矿粒的界面性质，他们的促进作用源自药剂与表面的作用力，主要包括化学力（共价键，配位键）、氢键、静电作用力、疏水缔合力以及分子键等。因此，未来在微细粒矿物浮选过程中拟通过纳米气泡调节对矿粒界面性质进行调控，促进颗粒-颗粒、颗粒-气泡间的相互作用。

不过，纳米气泡浮选技术存在着纳米气泡上升速率低，致使矿浆在浮选回路停留时间过长引起浮选速率低的问题，如何解决浮选速率低的问题是纳米气泡在微细粒浮选中进一步应用推广的关键。

4.3.3　微纳米气泡和常规气泡协同作用

针对常规气泡浮选微细粒时上升速度快但二者碰撞概率低，而微纳米气泡能够增大碰撞概率但上升速度低，进而浮选速率低的问题，也有人试图尝试微纳米气泡和常规气泡协同强化细粒浮选。目前，有学者提出纳米气泡和常规气泡共同作用的两步附着模型，在该模型中发生的不是传统常规浮选中的气泡/颗粒附着，而是气泡/气泡/颗粒的附着。其中，常规气泡上升速率快，浮选体系中附着有纳米气泡的颗粒进一步附着在常规尺寸的气泡并上浮，气泡/气泡/颗粒发生附着，可以增加矿物的浮选效率，效果远远优于单一采用常规尺寸气泡或微泡。类似地，Rosa 等[25]研究结果表明，矿浆体系中同时存在纳米气泡（150~200nm）、微泡（70μm 左右）和常规气泡（1mm 左右）时浮选效果最好。

基于上述结论，开发能够同时产生多种尺寸气泡的浮选设备，保证在微细矿粒浮选中能够同时引入不同尺寸的气泡，并探讨常规气泡、微泡和纳米气泡的协同作用，同时保证浮选效率和回收率，对纳米气泡浮选技术应用于微细矿粒分选有巨大推进作用。此外，将纳米气泡浮选技术与其他工艺组合（如在剪切絮凝浮选中引入微泡、载体浮选中注入纳米气泡[26]等），必定也是未来微细粒矿物分选的重要方向。

4.4　开发新型浮选药剂途径

细粒浮选的核心是如何控制各种界面相互作用力，以实现微细有用矿物的选择性凝聚。根据扩展的 DLVO 理论，浮选体系中颗粒间的相互作用主要包括静电力、范德华力、水化力、疏水力及空间作用力等。疏水颗粒之间及其与气泡间存在的长程疏水力（疏水表面的微粒之间除 DLVO 综合作用力之外的额外吸引力），在颗粒间的团聚以及气泡与颗粒的碰撞吸附过程中发挥了重要的作用。因此，微细颗粒的表面强化疏水是实现微细有用矿物的选择性凝聚的重要途径，其关键就是开发具有高选择性、强捕收能力的新型浮选捕收剂和强化疏水技术。

4.4.1　新型高效捕收剂

在新型高效捕收剂的设计与研制中，多数研究者使用分子模拟技术构建药剂分子与矿物表面的作用构型并计算其相互作用能，同时从药剂与不同矿物表面作用的差异性方面保证新型捕收剂的选择性，在一定程度上实现了药剂的高效设计与筛选。

王帅等[27]根据基团电负性理论和碎片学说设计并合成了一系列有机磷捕收剂。其中磷酸酯捕收剂主要有磷酸单酯和磷酸二酯，它们不仅具有捕收能力，还具有一定的起泡性。Liu 等[28]研究了十二烷基磷酸酯钾对菱锌矿的浮选性能，结果表明，在 pH=3~6 时对菱锌矿的浮选性能较好。孙青等[29]研究了十二烷基磷酸酯钾对菱锌矿的浮选效果及其作用机理，研究认为，十二烷基磷酸酯钾在菱锌矿表面发生了化学吸附，可能形成了螯合物。Fan 等[30]研究了磷酸二酯对孔雀石、方解石和石英的浮选性能的影响，发现在 pH=6.0~9.0 的范围内，磷酸二酯对孔雀石的浮选回收率较高。

基于金属离子配位调控分子组装的理念，中南大学首次将 Pb-BHA 金属-有机配合物作为一种新型捕收剂应用于白钨矿和黑钨矿等的浮选中，开发了黑白钨混合浮选新技术[31]，解决了高钙、低品位、强蚀变黑白钨锡伴生资源的高效综合回收难题。Cao 等[32]以 BHA 与油酸组合，开发了一种新型捕收剂 Yb105，对钾长石进行浮选，可以得到铁品位为 0.23%、K$_2$O 品位为 12.59%、Na$_2$O 品位为 0.26% 的优质钾长石精矿，精矿产率为82.55%。梁欢等[33]通过对棕榈酸进行结构功能修饰和功能团的衍生，合成了 α-磺酸基棕榈酸钠（SPA）捕收剂，研究了新型 α-磺酸基棕榈酸钠捕收剂对氟磷灰石和白云石的单矿物浮选性能，发现当浮选 pH=4.9，α-磺酸基棕榈酸钠捕收剂用量为 6×10^{-5} mol/L时，其对白云石的回收率为 87.65%，而对氟磷灰石仅为 35.63%，白云石和氟磷灰石回收率差值为 52.02%，分选差异性明显优于传统脂肪酸。

在微细颗粒的表面强化疏水方面，新型捕收剂的开发必不可少。尽管开发新型捕收剂这一途径实际上并不是针对微细颗粒的特性来改善其浮选，但是新型捕收剂在其他技术的应用中必定能起到锦上添花的作用。作为微细粒浮选领域的研究重点，新型高效捕收剂的设计与开发未来应当结合量子化学计算与各种先进检测手段，高效且准确地预测判断新型药剂的理化性质及对矿物界面的作用，进一步推动微细粒强化浮选的发展。

4.4.2 药剂协同作用

微细颗粒的特性导致药剂吸附能力降低，采用传统单一捕收剂浮选微细粒矿物时颗粒表面的有效疏水化效果不佳，回收率往往不高。众多研究及实践证明，微细粒矿物浮选中按照一定比例将不同捕收剂组合，进行浮选药剂的组合使用后，其捕收效果往往会显著优于使用单一捕收剂。

罗思岗等[34]将新型捕收剂 BKG721 与黄药类捕收剂组合使用，BKG721 在金矿和铂钯矿的试验结果表明，在贵金属矿浮选时可获得较高的精矿品位和回收率。黄庆柒等[35]采用不同的药剂及组合药剂浮选回收卡林型金矿，发现在相同用量下组合药剂的捕收能力明显优于单一药剂。邢喜峰等[36]在炉渣选矿过程中采用 Z-200 与戊黄药的组合药剂，发现类水冷渣可以稳定获得铜精矿品位为 21.9%、回收率为 71.135% 的选别指标，此时尾矿品位为 0.35%，效果大大好于使用单一丁黄药与 Z-200 的情况，且浮选泡沫性状稳定，利于后续作业。

组合捕收剂可通过共吸附、疏水端加长、促进吸附或改善溶液环境产生协同效应，降低溶液的表面张力和临界胶束浓度[37]，改善捕收剂的定向吸附，并提高药剂在矿物表面活性位点的吸附量，进而提高细粒矿物的浮选回收效果。

两种及以上的药剂组合使用，在性能方面可以取长补短，相互补充，得到较好的浮选指标，同时还可以降低成本，减少毒性药剂的使用量，这是因为药剂间或药剂与矿物表面之间产生了协同效应，故组合药剂在生产实践中的应用越来越多。现有药剂的组合使用是提高细粒矿物回收利用的重要手段之一，具有见效快、容易实现的特点。许多药剂间虽然都存在着协同效应，但并非所有药剂的组合使用都可以提高浮选指标，要注意消除这种不利于浮选的反协同作用，故在加强各类药剂组合使用的同时也应加强药剂之间的协同效应研究，规避反协同作用，增强正协同作用。要想在细粒级矿物的回收中取得重大突破，强化组合捕收剂吸附机理的研究，尽可能总结出一套关于药剂组合使用的配方理论，是未来组合捕收剂应用于微细粒浮选的重要方向。

4.5　展　　望

微细粒矿物的典型特点是质量小和比表面积大，决定了其高效分离难度大。浮选分离技术作为主体分离技术，可以通过增大颗粒粒径、减小气泡尺寸、组合新型高效捕收剂来强化浮选等方式，实现了矿物浮选粒度下限的突破，是未来微细粒矿物高效综合利用的关键技术之一。

习　题

（1）简述影响细粒浮选的因素。
（2）简述如何改善细粒浮选。
（3）简述微纳米气泡浮选原理及其影响因素。
（4）通过查阅文献举例说明当下细粒浮选案例。

参考文献

［1］陈文胜，付君浩，韩海生，等．微细粒矿物分选技术研究进展［J］．矿产保护与利用，2020，40（4）：134-145.

［2］杨俊彦，孙浩杰，李雪林，等．剪切絮凝浮选工艺回收氰化尾渣中铜铅锌试验研究［J］．黄金，2022，43（2）：94-99.

［3］梁龙，田枫，王梦蝶，等．基于剪切速率调控强化煤炭浮选中石英的选择性絮凝［J］．中国矿业大学学报，2022，51（5）：988-997.

［4］罗惠华，赵泽阳，蔡忠俊，等．剪切搅拌絮凝浮选回收晋宁低品位堆存磷矿［J］．化工矿物与加工，2021，50（7）：26-30.

［5］冯骞，薛朝霞，汪岁羽，等．水流剪切力对活性污泥特性影响的试验研究［J］．河海大学学报（自然科学版），2006（4）：374-377.

［6］Chen W，Chen F，Bu X，et al. A significant improvement of fine scheelite flotation through rheological control of flotation pulp by using garnet［J］. Minerals Engineering，2019，138：257-266.

［7］赵艳宾，刘璇遥，于鸿宾，等．某微细粒含砷含碳难处理金矿浮选试验研究［J］．矿冶，2019，28（5）：32-37.

［8］王晓波，符剑刚，赵迪，等．煤气化细渣载体浮选提质研究［J］．煤炭工程，2021，53（1）：155-159.

［9］ 王纪镇，印万忠，孙忠梅．碳酸钠对白钨矿自载体浮选的影响及机理［J］．工程科学学报，2019，41（2）：174-180.

［10］ 秦永红，杨光，马自飞，等．某微细粒级混磁精矿载体浮选试验研究［J］．金属矿山，2019（2）：76-80.

［11］ 邱冠周，胡岳华，王淀佐．微细粒赤铁矿载体浮选机理研究［J］．有色金属，1994（4）：23-28.

［12］ 魏宗武，高场，杨梅金，等．微细粒锡石的选择性絮凝浮选［J］．矿业研究与开发，2022，42（1）：42-46.

［13］ 吴敏，于明明，梅光军，等．荧光粉分散——絮凝行为及废弃荧光粉选择性絮凝浮选试验研究［J］．金属矿山，2022（3）：220-226.

［14］ 杨招君，徐晓衣，袁祥奕．低品位锡细泥选择性絮凝浮选试验研究［J］．中国矿业，2019，28（S1）：212-215，219.

［15］ Xing Y, Gui X, Pan L, et al. Recent experimental advances for understanding bubble-particle attachment in flotation［J］. Advances in Colloid and Interface Science, 2017, 246：105-132.

［16］ 梁艳男，王海楠，周若谦，等．浮选微泡调控及其作用机制的研究进展［J］．矿产综合利用，2022（2）：158-166.

［17］ 陈国浩，任浏祎，曾维能，等．微细粒锡石的微泡浮选及动力学研究［J］．有色金属：选矿部分，2022（3）：20-25.

［18］ 任浏祎，曾维能，张喆怡，等．微纳米气泡对微细粒锡石团聚影响的可视化研究［J］．中国有色金属学报，2022，32（5）：1479-1490.

［19］ 陈晓东．精锐微泡浮选机强化微细粒浮选的机理与实践［J］．有色金属：选矿部分，2021（1）：112-116.

［20］ 原恺薇，王兴亚．纳米气泡制备和检测方法研究进展［J］．净水技术，2021，40（2）：53-66.

［21］ Ahmed A K A, Sun C, Hua L, et al. Generation of nanobubbles by ceramic membrane filters：The dependence of bubble size and zeta potential on surface coating, pore size and injected gas pressure［J］. Chemosphere, 2018, 203：327-335.

［22］ Fatemeh T, Mohammad N, Ziaeddin P, et al. Comparison of mechanical and column flotation performances on recovery of phosphate slimes in presence of nano-microbubbles［J］. Journal of Central South University, 2022, 29（1）：102-115.

［23］ 马芳源．石墨矿纳米气泡高效浮选及其机理研究［D］．徐州：中国矿业大学（徐州），2021.

［24］ Zhang Z, Ren L, Zhang Y. Role of nanobubbles in the flotation of fine rutile particles［J］. Minerals Engineering, 2021, 172：107140.

［25］ Rosa A F, Rubio J. On the role of nanobubbles in particle-bubble adhesion for the flotation of quartz and apatitic minerals［J］. Minerals Engineering, 2018, 127：178-184.

［26］ Zhou S, Wang X, Bu X, et al. A novel flotation technique combining carrier flotation and cavitation bubbles to enhance separation efficiency of ultra-fine particles［J］. Ultrasonics Sonochemistry, 2020, 64（105005）：105005.

［27］ 王帅，王明月，杨佳，等．有机磷选冶药剂的合成与应用［J］．矿产保护与利用，2020，40（2）：1-9.

［28］ Liu W P, Wang Z X, Wang X M, et al. Smithsonite flotation with lauryl phosphate［J］. Minerals Engineering, 2020, 147：106155.

［29］ 孙青，冯其明，石晴．十二烷基磷酸酯钾在菱锌矿表面的吸附机理［J］．中南大学学报（自然科学版），2018，49（8）：1845-1850.

［30］ Fan H L, Qin J Q, Liu J, et al. Investigation into the flotation of malachite, calcite and quartz with three phosphate surfactants [J]. Journal of Materials Research and Technology, 2019, 8 (6): 5140-5148.

[31] Han H, Xiao Y, Hu Y, et al. Replacing Petrov's process with atmospheric flotation using Pb-BHA complexes for separating scheelite from fluorite [J]. Minerals Engineering, 2020, 145: 106053.

[32] Cao Z, Qiu P, Wang S, et al. Benzohydroxamic acid to improve iron removal from potash feldspar ores [J]. Journal of Central South University, 2018, 25 (9): 2190-2198.

[33] 梁欢, 代典, 何东升, 等. α-磺酸基棕榈酸捕收剂的合成及其对白云石和氟磷灰石的分选性能研究 [J]. 矿产保护与利用, 2020, 40 (2): 23-29.

[34] 罗思岗, 赵志强, 刘建远, 等. 新型捕收剂 BKG721 在贵金属矿浮选中的应用研究 [J]. 有色金属: 选矿部分, 2018 (4): 85-88.

[35] 黄庆柒, 廖幸锦, 韦连军. 广西含碳型卡林金矿组合药剂高效浮选回收金试验研究 [J]. 湖南有色金属, 2022, 38 (5): 16-19.

[36] 邢喜峰, 王雄伟. 炉渣选矿中组合药剂使用试验研究 [J]. 有色矿冶, 2020, 36 (5): 17-19.

[37] 徐龙华, 田佳, 巫侯琴, 等. 组合捕收剂在矿物表面的协同效应及其浮选应用综述 [J]. 矿产保护与利用, 2017 (2): 107-112.

5 化学的矿物加工技术

近几十年来，矿物加工技术得到了极其迅速的发展，为了解决人类面临的资源短缺、能源匮乏和环境保护等问题，在矿物加工领域内出现了许多新的分选方法和分选工艺。目前，除利用矿物物理性质的差异进行物理分选外，物理选矿法和化学选矿法的联合流程得到了普遍的重视和应用。事实证明，突破原有的物理选矿方法，单独使用化学选矿法或将其与物理选矿法组成联合流程，是解决矿物资源贫、细、杂等难选课题和使未利用资源资源化的重要途径。随着人类对自然矿物资源需求量的不断增长，为了在现有技术、经济条件下最大限度地综合利用矿物资源，提高矿物加工过程的经济效益和环境效益，一系列化学的矿物加工技术就应运而生了。随着社会生产和科学技术的不断进步和发展，化学选矿的应用范围越来越广，其方法和工艺也日益完善。

5.1 化学的矿物加工技术概述

化学选矿是基于矿物和矿物组分的化学性质的差异，利用化学方法改变矿物组成，然后用相应方法使目的组分富集的矿物加工工艺。它是处理和综合利用某些贫、细、杂等难选矿物原料的有效方法之一，也是使难利用资源有效利用、解决固废问题及保护环境的重要方法之一。在处理对象与目的方面，它与物理选矿法相同，都是处理矿物原料和使组分富集、分离及综合利用矿物资源，但其应用范围较物理选矿法宽，除处理难选原矿外，还可处理物理选矿的中间产品，物理选矿的尾矿、粗精矿、混合精矿及可从三废中回收有用组分。而在方法原理及产品形态方面，化学选矿法与物理选矿法完全不同。物理选矿是仅利用矿物物理性质的差异而不改变矿物组成的矿物分选过程，用的是物理方法，而化学选矿则是利用矿物和矿物组分化学性质的差异而改变矿物组成的分选过程，用的是化学方法。前者得到矿物精矿，后者则得到化学精矿，通常这两种精矿均需送冶炼处理才能得到金属。化学选矿法在原理上与处理矿物精矿的经典冶金（水法或火法）有许多相似之处，都是利用化学、物理化学和化工的基本原理解决矿物加工中的有关工艺问题，但其处理对象、产品形态和具体工艺又有很大差异。化学选矿处理的矿物原料，一般有用组分的含量低，杂质含量高，组成复杂，各组分共生关系密切，一般只得到供冶炼处理的化学精矿。冶炼处理的原料一般为选矿的精矿，组成简单，有用组分含量高，得到的产品为供用户使用的纯金属。因此，化学选矿过程较冶金过程承受更大的经济上和技术上的"压力"，它必须采用有别于冶金常用的工艺和方法，才能在处理低价值的难选矿物原料中取得经济效益，这样就形成了化学选矿自身的独特工艺和方法。故不可将化学选矿和冶金等同起来，化学选矿是介于原物理选矿与冶金间的过渡性学科，是组成现代矿物工程学的重要内容之一。

典型的化学选矿过程一般包括6个主要作业：

（1）原料准备：包括矿物原料的破碎筛分、磨矿分级、配料混匀等作业，目的是使物料碎磨至一定的粒度，为后续作业准备细度、浓度合适的物料或混合料，以使物料分解更完全。有时还需用物理选矿方法除去某些有害杂质，使目的矿物预先富集，使矿物原料与化学试剂配料、混匀，为后续作业创造较有利的条件。

（2）焙烧：焙烧的目的是使目的组分矿物转变为易浸或易于物理分选的形态，使部分杂质分解挥发或转变为难浸的形态，且可改变原料的结构构造，为后续作业准备条件。焙烧产物有焙砂、干尘、湿法收尘液和泥浆，可根据其组成及性质采用相应方法从中回收各有用组分。

（3）浸出：可根据原料性质和工艺要求，使有用组分或杂质组分选择性地溶于浸出溶剂中，从而使有用组分与杂质组分相分离或使有用组分相分离。一般条件下是浸出含量少的组分。浸出时可直接浸出矿物原料，也可浸出焙烧后的焙砂、烟尘等物料。可采用相应的方法从浸出液和浸出渣中回收有用组分。

（4）固液分离：采用沉降倾析、过滤和分级等方法处理浸出矿浆，以获得供后续处理的澄清溶液或含少量细矿粒的稀矿浆。固液分离的方法除用于处理浸出矿浆外，还常用于化学选矿的其他作业，使沉淀悬浮物与溶液分离。

（5）浸出液的净化：为了获得高品位的化学精矿，浸出液常采用化学沉淀法、离子交换法或溶剂萃取法等进行净化分离，以除去杂质，得到有用组分含量较高的净化溶液。

（6）制取化学精矿：从净化液中沉淀析出化学精矿一般可采用化学沉淀法、金属置换法、电积法和物理选矿法等。

有时可采用炭浆法、矿浆树脂法、矿浆直接电积法或物理选矿法直接从浸出矿浆中提取有用组分、省去或简化固液分离作业。有时也可采用上述方法将浸出、净化和制取化学精矿等作业组合在一起，以提高化学选矿过程的技术经济指标。

浮选或磁选作业前有时采用酸或碱等化学试剂处理矿物原料以改变矿物表面性质的过程不应属于化学选矿的范畴，因其不改变矿物组成而仅改变矿物表面的物理化学性质，故一般将其从属于物理选矿过程进行讨论。但也有人认为这些改变矿物表面物理化学性质的化学处理过程仍应属于化学选矿的内容[1]。

由于近年来的不断研究和实践，目前化学选矿已被成功地用于处理某些难选的黑色、有色、稀有金属和非金属矿物原料，如铁、锰、钛、铜、铅、锌、钨、钼、锡、金、银、钽、铌、钴、镍、铀、钍、稀土、磷、铝、石墨、金刚石、高岭土等矿物原料。除已大规模地用于从物理选矿尾矿、难选中矿、难选原矿、粗精矿、表外矿、废石等固体矿物原料中回收某些有用组分外，还可从矿坑水、洗矿水和海水中提取某些有用组分，其应用范围正日益扩大，现已成为处理某些难选矿物原料和治理三废的常规方法之一。

湿法冶金是利用浸出剂将矿石、精矿、焙砂及其他物料中有价金属组分溶解在溶液中或以新的固相析出，进行金属分离、富集和提取的科学技术。由于这种冶金过程大都是在水溶液中进行，故称湿法冶金。本章主要阐述传统湿法冶金前沿技术。

5.2　加压浸出

加压浸出是强化浸出的重要方法，过去由于制备设备复杂及材质腐蚀问题不易解决，在发展中遇到了一定的困难。在今天由于制造业的发展及耐腐蚀材料的研究，上述困难大大减少，为高压浸出提供了广阔的机遇。加压浸出可分为加压盐浸、加压碱浸、加压酸浸。从应用领域来看，目前加压浸出最为人们关注的是：

(1) 硫化铜精矿的加压浸出；

(2) 硫化锌精矿的加压浸出；

(3) 钨、钼矿的加压浸出；

(4) 镍、钴矿的加压浸出；

(5) 铝土矿加压水化学法生产氧化铝；

(6) 加压浸出富集铂族金属及难处理金矿的加压浸出等。

5.2.1 酸浸

王恒辉等[2]在硫化铜精矿加压浸出降酸工艺的原生产系统增加加压浸出液返回上一工序的循环环节，减少了废电解液的循环量，从源头降低加压浸出过程酸量，减少了后续石灰石用量，降低中和渣带走的铜损失量；发现了中温中压条件有利于硫化铜精矿中铜的高效浸出，也能有效控制元素硫的氧化，再辅以适量的表面活性剂木质素磺酸钙，改善了硫黄包裹含铜矿物现象，提高含铜矿物中铜的浸出效率。研究发现控制合适的浸出条件，加压浸出液返回率为40%～50%时，铜浸出率可达98.5%以上，浸出液终酸可降至30g/L，中和渣中 Cu 含量低于1.5%。

周龙等[3]采用加温加压强化手段浸出某难浸碱渣中铀，研究了难浸碱渣粒度、用水量、浸出温度、浸出时间对铀浸出率的影响。研究发现，在难浸碱渣原样粒度 −0.074mm、碱渣质量∶浓硝酸体积∶用水量为1∶5∶6、浸出温度150℃、浸出时间2h时加压加温浸出，难浸碱渣的质量从100g 降到45g 以下，渣中铀含量由1.47%降到0.52%以下，铀浸出率可达85%。此工艺具有铀浸出率高、渣易过滤的特点，对现场处理难浸渣具有指导意义。

汪虎等[4]发现随着石煤钒矿采矿深度的增加，原来的单一硫酸浸出工艺已显露出其不足，钒的浸出率只能达到70%。通过实验研究，开发出高效混合助浸剂与硫酸联合的全湿法浸出工艺，浸出液固比为1∶1，浸出硫酸用量18%，浸出助浸剂用量3.0%A+0.4%B，浸出温度90℃，浸出时间24h，按照上述工艺条件操作，钒的浸出率可达80%以上，满足工业生产要求。解决了石煤钒矿湿法提钒工艺中钒浸出率低、硫酸消耗量大等技术难题，为实现石煤矿产资源高效利用、建设环境友好型企业奠定了坚实的技术基础。

5.2.2 碱浸

碱性浸出为有色冶金中应用较广的浸出方法之一，它主要用于从两性金属氧化矿或冶金中间产品中浸出有色金属。

唐丁玲等[5]就针对不同 NaOH 浓度和浸出温度进行碱浸提取废弃脱硝催化剂中的钒、钨进行了实验研究。实验发现 WO_3 的碱浸效率受 NaOH 浓度、碱浸温度影响较大，而 V_2O_5 低碱液浓度、低温下碱浸也可以达到较好的效果。在 NaOH 浓度为7.5mol/L，碱浸温度100℃的条件下，V_2O_5 和 WO_3 的碱浸效率可达到92.94%和97.30%；且基于液-固浸出过程中的核收缩模型研究了碱浸过程中钒、钨的浸出动力学，考察了 NaOH 浓度、碱浸温度对 V_2O_5、WO_3 浸出反应速率的影响，进而确定浸出过程中的控制步骤。因而发现了提高碱浸温度，提高 NaOH 浓度，都将使 V_2O_5 和 WO_3 的碱浸效率升高。

袁杰等[6]对比了不同碱浸工艺处理氧化锌矿。通过超声波辅助和常规机械搅拌碱浸处理氧化锌矿对比实验，考查实验因素温度、时间、初始碱浓度、超声波功率/搅拌速率等对锌浸出率的影响。研究发现，超声波辅助浸出效果优于常规浸出，在较优实验参数超声波功率 400W、温度 65℃、时间 40min、初始碱浓度 4mol/L、液固比 10∶1 下重复实验，Zn 平均浸出率为 91.62%。得出了超声波辅助浸出可大幅缩短反应时间并在浸出提取锌的过程中发挥了重要作用。

5.2.3　盐浸

20 世纪中期，地质勘探专家在我国江西、广东、广西、福建以及湖南等地区发现了风化壳淋积型稀土矿，这些地区发现的稀土矿具有储量丰富，稀土配分齐全，中、重稀土元素富集程度高以及放射性低等优势，且截至目前这种类型的稀土矿资源仅存于我国南方部分地区。在风化壳淋积型稀土矿中，稀土矿物中的稀土绝大部分以阳离子状态吸附在某些矿物载体上，这就导致传统的选矿技术无法应用。为了解决稀土元素的分离问题，我国稀土科学技术人员历经了 30 余年，先后开发了 3 代稀土矿提取工艺，最终找到了一种通过含特定成分的电解质溶液以离子交换的方式提取出稀土矿中稀土元素的方法——原地浸出工艺。该工艺相较于其他选矿技术，不会对稀土矿区地表植被造成严重的破坏。向高位水池注入浸出液后浸出液会经注液井扩散至矿体的孔隙中，使得以离子状态吸附在黏土表面的稀土资源得以分离，稀土母液汇集后经集液沟进入沉淀池内，通过在沉淀池中添加沉淀剂与除杂剂可以将稀土母液中的稀土资源富集、沉淀，提取沉淀物经灼烧后产生混合稀土氧化物。在稀土矿开采中，原地浸出法作为其中一种典型的化学采矿工艺在风化壳淋积型稀土矿开采中体现出了较强的适用性，可以在不破坏生态环境的情况下实现较高的资源利用率。但是，该工艺在埋藏较深的厚矿体与地表风化壳中部贫矿等复杂矿的开采中适用性较差[7]。

孙朴等[8]以尾矿经二次选矿获得的铅锌混合精矿（硫化锌精矿）为主要研究对象，针对其含铅高、含铁较低的特点，对比研究了不同硫化锌精矿的氧压浸出效果，分析了高铅低铁硫化锌精矿的氧压浸出行为。研究发现，低铁锌精矿需在二段补加 5g/L 的二价铁离子盐传递氧，锌浸出率达 99% 以上，铜浸出率约 90%。铁大多以二价铁的形式随锌进入浸出液，少部分入渣，以黄铁矿的形式存在，并有少量的铁氧化物；铅、银、硅沉淀入渣，并在渣中富集，浸出渣可实现铅、银等有价金属的回收，精矿中的硫主要以单质硫的形式入渣。在两段氧压逆流浸出中，二段浸出液中的铜会沉淀进入一段渣，在系统里循环累积，直至平衡，终渣含铜 0.16%，一段浸出液含铜 1.00g/L，具有较高回收价值。

5.3　选择性浸出技术

选择性浸出是指利用物料中有关组分在溶液中的特性差异，通过控制工艺条件使目的成分溶解，其他成分留存于残渣中的浸出方法，可同时达到溶出和分离两个目的。目前，选择性浸出的相关研究均将重点放在协同强化浸出机理上，以寻求合适的强化机制降低能耗、提高浸出率等。因此，本书将重点放在选择性浸出强化协同上。

张一敏教授首次提出超声波强化钒页岩的选择性浸出，其学生袁益忠[9]找到了钒页岩微波焙烧-酸浸的最佳工艺参数为：钒页岩粒级为1~3mm、微波功率为1500W、微波焙烧温度为785℃、微波焙烧时间为28min、H_2SO_4浓度（体积分数）为25%、浸出温度为95℃、浸出时间为6h、液固比为1.5∶1（mL/g），此时的钒浸出率为93.44%。在钒浸出率相当的情况下与常规焙烧—酸浸工艺相比，焙烧温度降低115℃，焙烧时间缩短32min，H_2SO_4浓度（体积分数）降低10%，浸出时间缩短4h。

胡鹏程等[10]以某钒石煤为原料，对比研究草酸直接浸出和硫酸直接浸出工艺，在CaF_2用量为原矿质量5%（质量分数）的条件下，考查了H^+用量、浸出时间、浸出温度和水矿比对钒和铁浸出率的影响。研究表明：在浸出条件均为H^+用量12mol/kg、浸出时间6h、浸出温度95℃、水矿比1.5∶1.0（L/kg）条件下，草酸浸出和硫酸浸出过程中钒的浸出率分别为71.5%和74.1%，而铁的浸出率分别为3.4%和13.0%，草酸浸出铁的量仅为硫酸浸出铁的量的26.2%，实现了石煤中钒的选择性浸出。

刘志雄等[11]以过硫酸钠（$Na_2S_2O_8$）为氧化剂，研究了次级铜精矿中钼和硅的氧化剂协同强化碱浸行为。探讨了搅拌速度、$Na_2S_2O_8$和氢氧化钠的初始浓度、浸出时间、温度和液固比（L/S）等因素对次级铜精矿中钼和硅浸出行为的影响。结果表明，次级铜精矿的氧化碱浸优化条件为：搅拌速度500r/min、温度50℃、NaOH初始浓度2mol/L、$Na_2S_2O_8$初始浓度0.5mol/L、液固比10（mL/g）、浸出时间3h。在此条件下可获得合格铜精矿，次级铜精矿中钼浸出率达到96.85%，硅浸出率为28.87%，实现了高选择性分离浸出钼，铝和锌基本脱除，硅和硫部分脱除的目的。

徐平等[12]系统开展了碳硫协同强化退役锂离子电池中锂选择性浸出的工艺优化研究，重点考察了硫酸添加量、焙烧温度、焙烧时间和废石墨添加量对退役锂离子电池中锂选择性浸出的影响，获得了最佳工艺条件。研究结果表明，高温过程能够直接影响退役锂离子电池中锂的选择性浸出，通过高温转化，锂转化为易溶于水的硫酸锂，而钴转化为不溶于水的氧化钴。在焙烧温度为600℃、焙烧时间为120min、石墨含量为20%（质量分数）、$LiCoO_2$与H_2SO_4的摩尔比为2∶1的最佳焙烧条件下，通过水浸硫化焙烧产物即可选择性提取93%的Li，而Co则完全进入渣相。

李崇等[13]对某硅质低品位石煤钒矿采用助浸剂强化钒的浸出开展了多因素酸浸过程特征试验。结果表明：该矿石中钒浸出率与浸出温度、浸出时间、硫酸浓度、助浸剂掺量正相关；在硫酸浓度为20%、浸出温度为90℃，添加1.5%NaF浸出60min条件下，钒浸出率高达90.89%。以NaF为助浸剂浸出后矿石颗粒表面结构破坏显著，助浸剂强化浸出与直接酸浸相比浸出率升幅大于40%，这说明钒元素在NaF协同硫酸强化浸出作用下迁移效果明显。

5.4　固液分离技术

固液分离是将浸出液分离成液相和固相的过程，常用的固液分离方法有沉降分离和过滤两种方法，过滤通常又有离心分离和过滤分离。现有的传统固液分离技术主要集中在压滤、过滤、重力沉降等方面，它广泛地应用于医药卫生、造纸、环境保护、食品、发酵等各大行业。

5.4.1　沉降技术

沉降分离技术的发展除了设计使用不同机械原理的沉淀、澄清、浓缩设备外，主要集中于絮凝剂的开发上。当物料粒度很细时，特别是粒度小于 5～10μm 的矿泥，细小颗粒之间由于范德华力的相互作用使其吸引，经常呈无选择的黏附状态。又由于细粒物料本身具有很大的比表面、质量小、表面能高，属于热力学不稳定体系，故细粒微料之间的黏附现象经常可以自发产生。

絮凝剂的研究和开发在固液分离技术中深受重视并取得了较大进展。如苟鹏等分别对长焰煤和无烟煤的煤泥水的性质、煤泥颗粒的粒度分布及干煤泥的矿物组成进行分析，对煤泥水采用混凝沉淀法处理进行了对比试验，最终确定了煤泥水处理用药剂及最佳试验条件。研究表明，洗选不同原煤所产生的煤泥水都是带负电的胶体分散体系，通过投加混凝剂降低了煤泥胶体颗粒表面的丢电位，形成了较小的絮体；高分子絮凝剂聚丙烯酰胺加入后，通过架桥作用，絮体体积进一步增大，出水效果明显，有效地降低了煤泥水悬浮物浓度。

周芝兰[14]研究了用壳聚糖与丙烯酰胺接枝共聚物作为絮凝剂对印染废水的絮凝处理，并与壳聚糖进行了絮凝效果比较，考查 pH 值、无机絮凝剂、有机絮凝剂等因素对处理效果的影响。实验结果表明，在 pH 值为 5～8，PAC 用量为 500mg/L，壳聚糖改性絮凝剂用量为 60mg/L 时，染料废水的脱色率可达 95% 以上，COD 去除率达 76%，其絮凝效果明显好于壳聚糖。

5.4.2　过滤技术

在金属矿山中，随着选矿工业的发展，矿产资源日益贫化、细化，一些选矿厂采用了细磨工艺，细黏物料日益增加，使浮选过滤变得更加困难。选煤也是如此，小于 0.5mm 粒级煤的含量逐年增加。因此，精矿和精煤脱水问题日益突出，是亟待解决的问题，引起有关人员的关注。国内外有关科研院所、制造厂和使用部门在不断改进连续真空过滤机，连续加压过滤机在许多公司得到成功应用。而且在工艺和节能方面得到某些优化和改进的基础上，发展了蒸汽加压过滤技术和陶瓷过滤技术，出现了新型过滤机。这些新型连续式过滤设备具有滤饼水分低、形成快、处理能力大、压气消耗少、能耗低等优点，在生产时间中取得了良好的效果。

5.4.2.1　盘式真空过滤机

盘式真空过滤机结构简单紧凑、占地面积小、处理量大、价格低、维修工作量小，初期投资比其他脱水方式都低。但对黏性微细物料脱水效果差。为此，挪威海德拉力夫特公司斯坎梅克选矿分公司对盘式真空过滤机进行技术改造，将过滤机蜗轮蜗杆驱动装置改用链条驱动；加大管路直径和头部外形尺寸；扇形过滤板用聚氨酯或模铸橡胶制造。从而降低流速，提高过滤效率，降低滤饼水分，便于维修。改造后的斯坎梅克盘式真空过滤机有 22 台用于美国明尼苏达梅萨比铁矿区，对铁精矿过滤，滤饼水分为 9.2%。

5.4.2.2　陶瓷过滤机

陶瓷过滤机首由芬兰 Valmetoy 公司研制成功，20 世纪 80 年代中期芬兰 OutoKumpu-mintec 公司购置制造陶瓷片的专利，90 年代出了以毛细作用为原理的 CC 系列陶瓷过滤机以来，在各地有色金属选矿厂对铜、锌、铝、铅、镍及硫等精矿脱水过滤中获得广泛应用。该机兼备了常规真空盘式过滤机和压滤机两者的优点，结构简单，滤饼水分低，能耗低，滤液清澈，自动化程度高，处理能力大（一般为圆盘式真空过滤机的 3 倍），无滤布损耗，减少维修费用，设备结构紧凑，安装费用低，且生产成本更低。

陶瓷过滤机独特之处是利用毛细效应原理用于脱水过滤，用亲水性材料烧结氧化铝制成陶瓷过滤板上布满了直径 $1.5\mu m$ 和 $2\mu m$ 小孔，每小孔即相当一个毛细管。这种过滤板经与真空系统连接后，当水浇注到陶瓷过滤板时液体将从微孔中通过，直到所有游离水消失为止。而微孔中水阻止气体通过，形成了无空气消耗的过滤过程，当陶瓷过滤板浸入过滤矿浆中时，在无外力作用下，借助毛细效应产生自然力进行脱水过程，过滤板堆积固体颗粒形成滤饼，滤液通过滤盘进入滤液管连续排出，直到排干为止。整个过程只需一台很小的真空泵，就能达到处理能力大、滤饼水分低的效果。

目前又开发出加压型陶瓷过滤机以满足高海拔地区使用。其过滤机理和工艺效果有新的突破。我国是能源相对短缺的国家，开发低能耗陶瓷过滤机，潜在市场很大，势在必行。

5.4.2.3 蒸汽过滤技术与设备

蒸汽过滤是为解决细黏物料在常温下过滤效率低的问题而提供的一种新的过滤途径，可以进一步降低滤饼水分，从而节省干燥作业费用。

蒸汽加压过滤机就是把机械和热力过程结合到同一过滤设备上，在温度较低的滤饼表面，蒸汽冷凝形成冷层，进而从滤饼中排出毛细水。

德国 BOKELA 机械工艺技术工程师协会的博特博士进行了蒸汽加压过滤机实验研究。他将真空过滤机置于加压容器中，驱动装置安装在压力容器外部，对高温引起变化要格外注意，如过滤机控制头、滤布、滤饼、排出机构等。在压力容器中充以压缩空气，蒸汽室充以蒸汽，并减少了热辐射而引起蒸汽损失。通过压差控制使蒸汽室蒸汽压力稍高于压力容器中压气压力，以防止进入蒸汽过滤区域。压力容器内仪器设施不接触高温与蒸汽室相隔离。容器中悬浮液的表面只与压气接触，并主要靠压气过滤形成滤饼，这样就较大限度降低了由于冷凝而损失的蒸汽。

5.4.2.4 带式压榨过滤机

带式压榨过滤机是上一种发展较快的污泥脱水设备，它结构简单、操作方便、能耗低、噪声小、可连续作业，因而美国、英国、德国以及奥地利等国相继对它进行了研究和开发应用。应用范围除了城市下水污泥处理外，已普及到造纸和纸浆、选矿、选煤、化工、食品等行业，以及工业废水污泥处理。

提高自动化操作水平始终是带式压榨过滤机高效率化的重要研究课题。因此，近几年国外一些公司进行了以调节污泥性状为主的、监控脱水操作过程的自动控制系统的研究，如美国 VonRoll 公司和日本（株）神户制钢所，它们研究出了由微机辅助的自动控制系统。这种自动控制系统由传感元件和控制台所组成，用来控制和调节絮凝剂的添加量，污泥的投放量以及脱水操作过程等。

滤带再生效果的好坏将影响到滤饼剥离和脱水效率。传统采用高压水喷洗滤带的方法。这种方法的缺点是用水量大，每小时需 $5\sim10t/m$（水压 $0.8\sim160MPa$），清洗下来的污泥混入清洗液回流，增加了水处理系统的负荷。国外开发出了一种滤带超声波清洗新技术。这种超声波清洗机构装置在滤带返回的一定部位，部分返回滤带浸入清洗水槽内，由超声波发振装置发出的振波从行走着的滤带反面（非滤带承载面）向滤带辐射，使附着在滤带面上的污泥浮离于水槽水中，然后由设在超声波发振器后的高压清洗喷嘴辅助喷洗，使滤带完全再生。

目前，带式压榨过滤机已由普及型向高效率化方向发展。这一发展趋势的主要标志是：

（1）整机结构的紧凑化；

（2）滤饼低含液量及脱水操作的高效化；

（3）自动控制系统化等。

5.4.3　膜分离技术

膜分离技术发明后，随着新型高分子材料的开发，分离功能材料在功能高分子材料中已占有十分重要的地位。膜分离技术是用人工或天然合成的高分子分离膜，借助于化学位差或外界能量的推动力对双组分或多组分的溶质和溶剂进行分离、提纯和富集的方法，以压力差为推动力的膜分离过程可分为微滤、超滤、反渗透等。由于使传统的分离工序发生革命性的变化，所以高分子分离膜广泛地应用于化学工程、生物技术、医学、食品工业、环境保护、石油探测等众多领域内，在当代高新技术领域内，膜分离技术将作为开发的重点，对其研究的主要方向集中在膜材的研制和膜应用的研究。新型膜材有：

（1）聚砜超滤膜。聚砜膜为一种性能优良的膜，膜厚 $<40\mu m$，内层空隙率高，孔规则且无致密外层的特点。聚砜膜可制成三层结构的膜，锭状孔的内表层，圆形孔的外表层和枝形孔的中间层。使用氯甲基化聚砜为原料，采用干湿法纺制中空纤维膜。采用聚砜反渗透膜成功地用于工业废水和废液处理，是它比较有希望的应用领域之一。

（2）纳滤膜。纳滤膜介于反渗透与超滤膜之间，由于该过滤过程的膜孔径处在纳米级内，截留分子是在百量级，因此称为"纳滤"。其对 NaCl 的截留率为 50%～70%，对有机物的截留率为 90%。

（3）聚乙烯醇膜。聚乙烯醇由聚乙酸乙烯醇解制成。我国为聚乙烯醇生产的大国，具有原料易得的生产优势。聚乙烯醇膜的制备可分为交联法和交联前先共聚两种，采用的共聚单体可以是甲醛丙烯酸甲酯、丙烯酸甲酯、丙烯腈等。

（4）中空纤维富氧复合膜。中空纤维复合膜直径小，可紧密排列，在膜分离器内装填密度大，可使设备更加小型化，结构简单化。由于中空纤维具有大的比表面积和自我支撑特点，适于制成小型装置，特别适应于医药和生物工程中等不同物质的分离。中空纤维富氧复合膜具有高的富氧能力，其通量远大于均质中空纤维膜和不对称中空纤维膜，且耐压性好，为中空纤维膜。

5.4.4　超声分离技术

在化学研究和化工生产中常常要把浮在液体中的固体粒子清除，为此需要相应的分离技术。传统的方法是使用各种类型与规格不同的过滤膜或过滤网，滤除粒子；或者是采用离心分离器、旋流分离器，利用离心力分离固体粒子。前者因常常出现过滤阻塞，因此不得不定期清理或更换滤膜；后者因为要使液体产生高速运动，所以能耗较大，特别在分离细小粒子时就更为困难。如果能使固液分离过程避免过滤阻塞，保持连续工作，又能使分离所用能耗较大幅度降低，这将会带来明显的经济效益。应用功率超声可为解决这个问题提供理想的途径，超声分离能够彻底革除过滤这道工序，因此与过滤阻塞有关的一切问题自然不复存在，超声分离无需使液体产生高速运动，故而能耗较低。

超声分离的原理是利用液体中两个不同频率、振动方向、相对方向传播的两个平面声波，在传播过程中叠加，产生若干个振动速度为零的点，并且此点以一定速度向某一方向移动。而液体中的固体粒子在声波作用下总是在振动速度为零处聚集，并随此点运动而运动，聚集在装置的一侧，从而使固液分离得以实现。

超声频率、声强的选择是相关联的。一定频率、一定声强的波作用于液体，有时会产生超声空化，从而使液体中的固体粒子被粉碎，这是分离过程不希望发生的。实验证明：频率越高、声强越小的平面波在液体中越不会产生空化现象，且声强比频率对空化的产生影响较大。但声强较小时，液体对固体粒子的推动力就小，因此两个换能器的频率和声强的选择依据是：

（1）在此频率下，液体中微小质点受声波作用，产生相对运动互相碰撞，使之产生凝聚。

（2）在此频率和声强下，液体不会产生空化现象，固体粒子不会被粉碎。

5.4.5 磁滤技术

近 20 年来，国外高梯度磁过滤技术的研究十分活跃，已用于解决许多环境和工业问题。例如：核反应堆冷却水的过滤，水中磷酸盐的脱除，赤铁矿和铬铁粉末及超细粉末的回收，废水中重金属的脱除等，并从分离强磁性大颗粒发展到去除弱磁性反磁性低浓度小颗粒，因而该技术引起了国内外科技工作者的普遍关注。

高梯度过滤技术（HGMF），即让滤浆流过高梯度磁过滤器，利用高梯度磁场产生的强大的磁场力，脱除滤浆中的固相。从滤浆中去除磁性固相，如铁、镍、钴等比较简单，使滤浆直接流过高梯度磁过滤器即可实现。而去除非磁性及反磁性固相，如十氧化硅、有机物、藻类、酵母和细菌，则需先投加磁种（高磁化率的颗粒）与待分离颗粒形成顺磁性凝聚物，然后用高梯度磁过滤器脱除，这个过程称为磁种过滤。

高梯度过滤技术的特点是：

（1）处理滤浆速度快，能力大，效率高。

（2）设备简单，操作简便，维修费用低。

（3）易再生，可在高温下（可达 600K）使用。

（4）可减少或不使用化学药品，消除二次污染。

（5）适宜处理固相为微米级的低浓度（可达 $10^{-5} \sim 10^{-3}$ mg/kg）悬浮液，且温度及气候的变化不影响处理效果。

为了使高梯度磁过滤技术在分离领域中获得更广泛的应用，以下几个动向值得重视。

（1）目前研究的主要对象是如何改善过滤性能，改善的方法是增加磁场梯度和提高过滤能力，而这两点均与过滤介质材料有关。

（2）用极廉价的顺磁性材料（如炼炉的粉尘）代替强磁材料做磁种处理含非磁性物质的废水，用后与滤渣一并废弃，省去了磁种回收工艺，可以大大节省费用。钢铁生产中的废水，含有磁铁类粒子，特别适合用于高梯度磁过滤过程，这是以废治废的有效措施。

（3）把高梯度磁过滤技术应用到生物分离过程，以简化工艺，提高产品回收率，降低生产成本，将会给生物下游加工技术带来新的发展。

（4）超导磁过滤技术是未来高梯度磁过滤技术的发展方向。通常，提高磁场强度即可提高流速，增加滤浆处理量，而不影响高梯度磁过滤器的性能。但是，随着处理量的增加，过滤器成本与耗电量也显著增加。而且，若超过一定流速，高梯度磁过滤器控制过滤的能力就要下降。超导磁过滤器可克服上述缺陷。其磁场强度可高达 14T，由于超导体在临界温度以下无电阻。因此，运行时，耗电极低。它能在较大的空间范围内提供强磁场及高梯度磁场，因而可提高处理量。由于超导磁过滤器能够产生很高的磁场强度，可使悬浮液中的顺磁性颗粒充分极化，从而可直接去除顺磁性固相，而不要投加磁种。

（5）高梯度磁过滤机理模型的构建，改变当前关联各种具体参数的局面，考虑关联一组无因次参数，例如：取无因次速度、雷诺数、无因次长度为一组参数进行关联，事实上这一组参数包括了磁过滤体系所有参数，从而建立起普遍化机理模型。

5.5　化学选矿技术应用

5.5.1　化学选矿技术在稀土业中的应用

20 世纪中期，地质勘探专家在我国江西、广东、广西、福建以及湖南等地区发现了风化壳淋积型稀土矿，这些地区发现的稀土矿具有储量丰富，稀土分配齐全，中、重稀土元素富集程度高以及放射性低等优势，且截至目前这种类型的稀土矿资源仅存于我国南方部分地区[15]。在风化壳淋积型稀土矿中，稀土矿物中的稀土绝大部分以阳离子状态吸附在某些矿物载体上，这就导致传统的选矿技术无法应用。为了解决稀土元素的分离问题，我国稀土科学技术人员历经 30 余年，先后开发了 3 代稀土矿提取工艺，最终找到了一种通过含特定成分的电解质溶液以离子交换的方式提取出稀土矿中稀土元素的方法——原地浸出工艺。该工艺相较于其他选矿技术，不会对稀土矿区地表植被造成严重的破坏。向高位水池注入浸出液后浸出液会经注液井扩散至矿体的孔隙中，使得以离子状态吸附在黏土表面的稀土资源得以分离，稀土母液汇集后经集液沟进入沉淀池内，通过在沉淀池中添加沉淀剂与除杂剂可以将稀土母液中的稀土资源富集、沉淀，提取沉淀物经灼烧后产生混合稀土氧化物。在稀土矿开采中，原地浸出法作为其中一种典型的化学采矿工艺在风化壳淋积型稀土矿开采中体现出了较强的适用性，可以在不破坏生态环境的情况下实现较高的资源利用率。但是，该工艺在埋藏较深的厚矿体与地表风化壳中部贫矿等复杂矿的开采中适用性较差[16]。工艺流程如图 5.1 所示。

5.5.2　化学选矿技术在锰开采中的应用

我国锰矿资源储量丰富，但统计，在我国已发现的锰矿中，平均品位只有 21.4%，其中富锰矿（氧化锰矿 Mn 品位>30%、碳酸锰矿 Mn 品位>25%）仅为 6.4%，其中 Mn 品位>48%的（国际商品级）几乎没有，贫锰矿占 93.6%。此外，我国目前已经发现的锰矿中铁元素、硅元素以及磷元素等杂质含量较高，仅有约一半的锰矿床中磷元素的含量低于

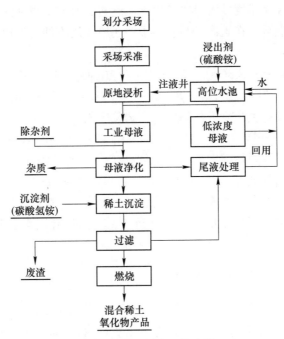

图 5.1 原地浸出工艺流程

0.003%，SiO_2 占比低于 30% 的只占三成左右。总的来说，我国锰矿分布呈现出明显的矿区结构复杂、原矿石杂质含量高以及贫矿多、富矿少等特点[17]。为了提高低品位锰矿的开采效率与资源化处理率，陈泽宗等[18]研究了某低品位氧化锰矿的回转窑还原焙烧—除铁净化选冶联合处理工艺，回转窑还原焙烧动态连续试验结果表明：在焙烧温度为 700℃（对应焙烧时间 60min），给矿粒度为 0~6mm 及配煤量为 10% 的条件下生产的焙烧矿经酸浸可获得含锰和铁分别为 34.33g/L 和 3.68g/L 的浸出液，其中锰的浸出率均值为 94.11%。除铁流程试验结果表明：氧化锰矿焙烧后采用浸出—净化流程处理优于直接弱磁选流程。浸出液净化后锰回收率达 90.91%，而铁降 1.05mg/L，可满足电解金属锰对溶液的要求。张文山等[19]开发出了一种焙烧与酸浸相结合的分离工艺。将原矿石在 700℃温度下焙烧 1h 后经酸浸处理可以得到含锰浸出液与含铁浸出液，经过工艺升级目前已经能够实现 94% 的锰浸出率。此外，对于一些 SO_2 含量较高的 MnO_2 矿，可以在将锰粉调浆后使用 SO_2 与之发生化学反应，得到纯度较高的 Mn_2SO_4 与 Mn_2SO_6。

该工艺涉及的化学反应如下：

$$SO_2 + H_2O \longrightarrow H_2SO_3$$
$$MnO_2 + H_2SO_3 \longrightarrow MnSO_4 + H_2O$$
$$MnO_2 + 2H_2SO_3 \longrightarrow MnS_2O_6 + 2H_2O$$

在高温条件下或酸性环境中，MnS_2O_6 易发生如下反应：

$$MnS_2O_6 \longrightarrow MnSO_4 + SO_2$$
$$MnO_2 + SO_2 \longrightarrow MnSO_4$$

以上生产工艺具有操作简单、原料来源广以及可以消耗污染性气体 SO_2 等优点，可以在实现较高 Mn 回收率的同时达到保护大气的效果。但是，以上锰矿选矿工艺综合能耗水平较高，生产成本控制难度较大。除了以上工艺外，还可以按照特定的比例将软锰矿、黄铁矿以及硫酸充分混合，在硫离子与铁离子的还原作用下即可生成低价锰离子溶液，化学反应过程如下所示：

$$MnO_2 + 2Fe_2SO_4 + 2H_2SO_4 \longrightarrow MnSO_4 + Fe_2(SO_4)_3 + 2H_2O$$

$$FeS_2 + 7Fe_2(SO_4)_3 + 8H_2O \longrightarrow 15FeSO_4 + 8H_2SO_4$$

将以上反应过程进行整合，可得到如下化学反应式：

$$2FeS_2 + 15MnO_2 + 14H_2SO_4 \longrightarrow 15MnSO_4 + Fe_2(SO_4)_3 + 14H_2O$$

该化学选矿技术在我国湖南省衡阳市的软锰矿中得到了较好的应用，在液固比为5，浸出温度为90℃的条件下持续进行4h的浸出，可以达到93%的浸出率。该工艺具有原料易获得、能耗水平低、综合生产成本低以及普遍适用性好等特点。需要注意的是，使用以上工艺处理低品位锰矿时浸出温度、反应时间以及酸用量等因素会对锰浸出率产生较大影响。

5.5.3　化学选矿技术在钨开采中的应用

中国钨冶炼企业无论以黑钨还是白钨为原料，大多使用钨精矿，其 WO_3 品位要求不低于65%。矿山要将 WO_3 品位不到1%的原矿富集到 WO_3 品位在65%以上的精矿，需经过破碎、预选、重选、浮选、磁选等工序，选矿技术难度大，加工成本较高，选矿回收率较低。近年来，很多学者开始将化学选矿法引入选矿过程，成功减小了矿山的选矿难度，降低选矿成本，提高钨资源综合回收率。魏庆玉[20]对国内多地的白钨中矿进行盐酸化学预处理，能将伴生的钙质碳酸盐和有害杂质 SiO_2、P、As、Fe、Mn、Mo 等进一步降低，得到适合钨浸出工艺要求的高质量白钨精矿。预处理后的原料经浸出工艺与浓缩蒸发后可以得到质量较高的高纯度白钨和可用于建筑的二水氯化钙。工艺流程图如图5.2所示。

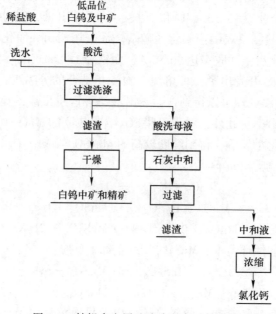

图 5.2　钨锡多金属矿选冶联合工艺流程

林日孝[21]研究了湖南某含硫的钨锡多金属矿的矿石性质，开发出"优选浮硫—白钨常温浮选—钨精矿酸浸除磷—浮钨尾矿重选回收锡"的选矿工艺流程。对含 WO_3 为 0.617%、Sn 为 0.0427%的原矿，获得精矿品位 $WO_3$65.65%、回收率 85.09%的白钨精矿。该工艺流程所获得的选矿指标较高，且工艺流程稳定性好，药剂制度简单，生产易于实现。该工艺在选矿流程中引入浸出工序，同时采用自行开发的 ZL 药剂作捕收剂，能够得到品位较高的白钨精矿，同时实现较高的钨回收率。但该工艺的锡回收率较低，对于锡含量较高的原矿，其经济适用性有待进一步验证。

5.5.4 化学选矿技术在铜开采中的应用

我国铜资源较贫乏，已探明的铜资源普遍具有品位低、氧化程度高、矿石性质复杂等特点，采用常规浮选工艺往往难以获得理想的选矿指标。化学选矿法可以选择性地溶解矿物原料中的铜，使其以离子形式转入溶液，为有效分离铜与杂质组分或脉石组分创造条件。习泳等[22]探究了江西某低品位氧化铜矿石硫酸堆浸工艺矿石粒级与铜浸出率的关系。结果表明，在一定范围内，矿石粒径越小，矿石与溶浸液接触越充分，铜浸出率越高；矿石粒径过小、泥化严重会堵塞渗流通道，不利于浸出过程的进行。铜浸出率 y(%) 与矿石颗粒粒径 x(mm) 的关系可描述为 $y = 1.31 \times 2 - 12.59x + 54.52%$。某氧化铜矿石中主要铜矿物为赤铜矿和硅孔雀石，属高结合率、高氧化率铜矿石。吕晋芳等[23]对此矿石进行了硫酸浸出工艺研究。结果表明，在矿石磨矿细度为-0.074mm 的占 60%，硫酸用量为 185.6kg/t，矿浆浓度为 35%，浸出时间为 1.5h 情况下，铜的浸出率 95.51%。新疆滴水氧化铜矿石是典型的高碱性（钙镁等碱性脉石矿物含量高）低品位氧化铜矿石，褚亦功等[24]在硫酸铵—氨水浸出体系中，分别考察了矿石磨矿细度、浸出时间、总氨浓度、氧化剂硫酸铵用量、NH_4^+ 与 NH_3 物质的量之比等因素对铜浸出率的影响。结果表明，在硫酸铵—氨水浸出体系中进行强氧化浸出，最佳工艺条件下的铜回收率超过 86%，尾矿铜品位可降至 0.09%，实现了该矿石中铜的有效回收。毛莹博等[25]采用搅拌浸出方法比较了氨—氨基甲酸铵、氨—碳酸铵、氨—氯化铵、氨—氟化铵、氨—碳酸氢铵、氨—硫酸铵 6 种浸出体系对矿石铜浸出率的影响。结果表明，在氨—氨基甲酸铵浸出体系中，NH_4^+ 与 NH_3 质量浓度比为 0.6 时，铜浸出率可达 85.25%。说明氨浸法可处理高碱性低品位氧化铜矿石。

随着铜资源需求量的不断提升和国内易选铜矿石资源越来越少，我国铜消费对国外矿石的依赖程度越来越高。为了争取主动权，不少国内企业选择购买国外优质铜矿资源采矿权。与此同时，我们也应重视国内低品位复杂难选氧化铜矿石的开发利用工作，以应付复杂多变的国际市场形势。而化学选矿法在处理低品位难选氧化铜矿石方面具有工艺流程简单、环境污染小、经济效益好等优点，因而将在铜矿资源的开发利用上发挥越来越重要的作用。

5.5.5 化学选矿技术在钛开采中的应用

钛在金属中具有最高的强度-重量比，同时具有抗腐蚀性等特点，被广泛应用于航空航天、生物医疗、信息技术、高端装备制造等领域，被美誉为"海洋金属""太空金属"和"全能金属"。钛是一种推动尖端科学技术发展的重要新型金属原材料。全球钛资源分布广泛，按成因可分为岩浆型矿床、火山沉积型矿床、变质矿床、残积（风化壳）矿床、砂矿床，主要工业类型矿床为砂矿床、岩浆矿床和变质矿床。其中，残积（风化壳）矿床和沉积矿床在钛资源中具有独特的性质，长期以来相应的选矿技术发展较为缓慢，甚至沉积型锐钛矿被业内人士认为是"呆滞"矿石。自然界中，钛铁矿和金红石是工业提取钛资源的主要来源，我国含钛资源90%以上为钛铁矿，主要采用重磁浮联合工艺进行处理，但是制备高品质的钛产品主要依赖金红石类矿物，导致我国高品质钛精矿对外依存度已经超过50%。

沉积型锐钛矿在钛资源选矿技术发展中长期以来基本处于空白状态，甚至被业内研究人员认为是呆滞资源。四川某含铁高岭土型锐钛矿为典型的该类矿石，含 TFe 18.88%、TiO_2 6.19%、Al_2O_3 21.39%。蒋朋等[26]针对该矿石性质，进行了不同硫酸浸出工艺的化学选矿探索性实验。实验结果表明，硫酸化焙烧—水浸工艺和硫酸直接浸出工艺均能对矿石中钛和铝有较好的浸出效果。探索实验获得的浸出实验结果：钛浸出率分别为68.66%和52.78%，铝铁浸出率均在90%以上。实验结果为该类沉积型钛矿的利用指明了方向。

李望等[27]研究了盐酸浸出赤泥中杂质成分制备富钛渣的方法，考察了盐酸浓度、浸出温度、液固比和浸出时间对富钛渣中 TiO_2 品位的影响，通过 ICP-AES 和 XRD 检测手段分析了该酸浸过程的物相变化和作用机理，得到了在盐酸浓度30%、浸出温度80℃、液固比7:1和浸出时间60min 的条件下，富钛渣中 TiO_2 品位可达24%。随着盐酸浓度的提高，赤泥中方解石消失，赤铁矿、钙霞石和钙钛矿逐渐溶解，而板钛矿和石英基本没有溶解的结论。

5.6　展　　望

经过长时间的开采后，我国矿产资源储量不断下降，特别是高品质原矿的可开采量显著降低。将传统的物理选矿工艺应用于贫细杂矿，存在选矿回收率低与成本支出高等问题。通过应用化学选矿技术可以有效提高低品位钨、锰以及稀土矿等贵金属（或元素）的资源回收率，进而提升我国现存低品位原矿的开采价值，提高矿业企业的经济效益。需要注意的是，化学选矿技术的应用会消耗较多的化学原料，其中一些酸性试剂要求反应设备具有良好的耐酸性且使用化学选矿技术时固液分离的要求相对更高。此外，若控制不当还可能会造成化学试剂对环境的污染。因此，使用化学选矿技术时应重点关注环保问题，同时，加强与物理选矿技术的融合，通过物理选矿技术与化学选矿技术的整合实现更好的选矿环保性与高效性。

先进的方法、流程或工艺，除技术上先进外，经济上还必须合理。化学选矿法虽然是处理贫、细、杂等难选矿物原料和使未利用资源资源化的有效方法，综合利用系数也较高，但化学选矿过程需要消耗大量的化学试剂，因而在通常条件下应尽可能利用现有的物理选矿方法处理矿物原料，仅在用物理选矿法无法处理或得不到满意的技术经济指标时，才考虑采用化学选矿工艺。采用化学选矿工艺时，也应尽可能采用物理选矿和化学选矿的联合流程，即采用多种选矿方法和工艺，以期最经济合理地综合利用矿物资源。采用选矿联合流程时，物理选矿作业可位于化学选矿作业之前，也可在其间或其后，这取决于原料特性和对产品形态的要求。此外，还应尽可能地采用闭路流程，使试剂充分再生回收和使水循环使用，以降低化学选矿的成本和减少环境污染，取得最好的经济效益、社会效益和环境效益。只有在化学选矿工艺具有明显的技术经济效益的前提下，才单独采用化学选矿工艺处理某些矿物原料，此时除设法降低试剂耗量、降低能耗外，还应同时考虑化学选矿过程的"三废"处理问题。

习 题

(1) 常见的浸出方式有哪些，区别是什么，如何选择？
(2) 什么是化学选矿，你对化学选矿有了什么新的认识？
(3) 化学选矿和物理选矿的相同与不同点在哪里？
(4) 化学选矿的主要影响因素有哪些？

参 考 文 献

[1] 何东升. 化学选矿 [M]. 北京：化学工业出版社，2019.
[2] 王恒辉. 硫化铜精矿加压浸出降酸工艺及试验分析 [J]. 中国有色冶金，2021，50 (5)：24-27，39.
[3] 周龙，王清良，刘进平，等. 含铀难浸碱渣加温加压强化浸出试验研究 [J]. 矿冶工程，2022，42 (3)：96-99.
[4] 汪虎，左恒，陈超. 石煤钒矿中钒高效浸出新技术研究 [J]. 石油石化物资采购，2020 (8)：59-60.
[5] 唐丁玲，宋浩，刘丁丁，等. 废弃脱硝催化剂碱浸提取钒和钨的浸出动力学研究 [J]. 环境工程学报，2017，11 (2)：1093-1100.
[6] 袁杰，陈媛媛，周明芹，等. 不同碱浸工艺处理氧化锌矿的对比研究 [J]. 矿产综合利用，2022 (4)：65-70.
[7] 池汝安，张臻悦，余军霞，等. 风化壳淋积型稀土矿研究进展 [J]. 中国矿业大学学报，2022，51 (6)：1178-1192.
[8] 孙朴，邓志敢，魏昶，等. 复杂高铅低铁硫化锌精矿氧压浸出 [J]. 有色金属工程，2021，11 (10)：54-63.
[9] 袁益忠. 外场微波选择性热效应下页岩钒提取工艺及机理研究 [D]. 武汉：武汉科技大学，2017.
[10] 胡鹏程，张一敏，刘涛，等. 草酸选择性直接浸出石煤中钒的研究 [J]. 稀有金属，2017，41 (8)：918-924.
[11] 刘志雄，李飞，王铁墨，等. 氧化碱浸体系下次级铜精矿中钼和硅的浸出行为 [J]. 有色金属工程，2022，12 (6)：68-74.
[12] 徐平. 碳硫协同强化退役锂离子电池中锂选择性浸出的基础研究 [D]. 上海：上海第二工业大学，2021.
[13] 李崇. 助浸剂强化浸出低品位石煤钒矿的试验研究 [D]. 西安：西安建筑科技大学，2021.
[14] 周芝兰. 壳聚糖改性絮凝剂处理印染废水的研究 [J]. 广西轻工业，2010 (12)：20-21.
[15] 饶振华，冯绍健. 离子型稀土矿发现、命名与提取工艺发明大解密 [J]. 稀土信息，2007 (8)：28-31.
[16] 罗仙平，翁存建，徐晶，等. 离子型稀土矿开发技术研究进展及发展方向 [J]. 金属矿山，2014 (6)：83-90.
[17] 黄琨，张亚辉，梨贵亮，等. 锰矿资源及化学选矿研究现状 [J]. 湿法冶金，2013，32 (4)：

207-212.

[18] 陈泽宗. 某低品位氧化锰矿选冶联合处理工艺研究 [J]. 中国锰业, 2013, 31 (1): 36-40.

[19] 张文山. SO_2 还原 MnO_2 矿制取硫酸锰的研究 [J]. 中国锰业, 2009, 27 (4): 7-8.

[20] 魏庆玉. 白钨的化学选矿 [J]. 中国钨业, 2000, 15 (4): 26-28.

[21] 林日孝. 湖南某多金属矿综合回收白钨和锡的试验研究 [J]. 中国钨业, 2011, 26 (2): 22-26.

[22] 习泳, 吴爱祥, 朱志根, 等. 堆浸工艺中氧化铜矿石粒级与浸出率相关性研究 [J]. 金属矿山, 2006 (9): 49-52.

[23] 吕晋芳, 简胜, 杨林, 等. 某高结合率氧化铜矿石酸浸试验 [J]. 金属矿山, 2013, 42 (7): 89-90.

[24] 褚亦功, 赵洪冬, 刘新刚, 等. 新疆滴水低品位氧化铜矿常温氧化氨浸工艺研究 [J]. 矿冶工程, 2014, 34 (5): 100-104.

[25] 毛莹博, 方建军, 文娅, 等. 不同氨-铵浸出体系对氧化铜矿铜浸出率影响规律的研究 [J]. 矿冶, 2012, 21 (1): 42-45.

[26] 蒋朋, 张裕书. 四川某沉积型钛矿化学选矿工艺探讨 [J]. 矿产综合利用, 2021 (5): 168-172.

[27] 李望, 朱晓波, 管学茂. 赤泥化学选矿制备富钛渣的研究 [J]. 稀有金属与硬质合金, 2016, 44 (4): 25-27, 72.

本章教学视频

6 生物选矿技术

随着科技的进步和可持续发展的需要，世界各国都在尝试用更环保、更高效的方法改造传统矿物加工技术。对于一些低品位、难处理的矿石，在传统的分选中往往被忽略甚至浪费，采用新型的矿物加工技术能够既经济又环保地将其充分利用。这就是本章要介绍的微生物矿物加工技术。

6.1 微生物矿物加工技术的发展

美国的学者们首先考虑生物技术应用于矿物分选领域，并在 20 世纪 50 年代兴起并逐渐发展起来，他们于 20 世纪 80 年代开始将一些代表性的微生物应用于生物浮选、生物冶金，开拓了矿业生物技术（Mineral Biotechnology），经过逐步地完善和突破，已经成为现代矿物加工技术的重要分支，并在许多领域开始了工业应用（见图 6.1）。

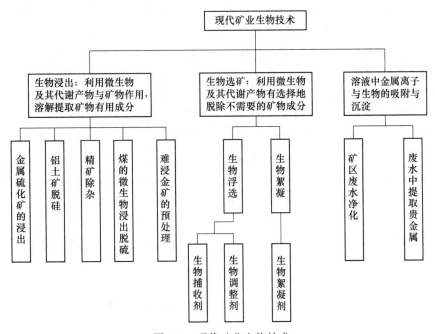

图 6.1　现代矿业生物技术

现代矿业生物技术是综合应用生物化学和工程学原理来研究微生物与矿物之间发生的生化反应过程，从而改善微生物在矿物加工等过程中作用的一门应用生物技术。矿业生物技术依托工业微生物学，所选用的微生物一般都来源于空气、水体或土壤矿物本身，对于环境的污染很小，能够被自然降解或代谢。与使用大量化学药剂的传统工艺相比，矿业生物技术不仅成本低、能耗小、易操作，更重要的是其对环境友好，这是矿业生物技术最显著的优势，它是一项绿色环保的矿物资源高效利用新技术。通过微生物对某些矿物的选择性吸附或氧化还原反应来提取矿石中的有用组分或除去有害杂质的一门技术，是矿物加工技术与微生物技术的结合。该技术一问世，便以成本低、能耗少、投资省、效果好、不污染环境等显著优点而引起世界各国矿冶工作者的重视。20余年来，它已成为矿物加工领域的热门研究课题。美国、加拿大、苏联、澳大利亚、日本、中国等对它进行了大量研究工作，取得了不少成果，使这一新技术得到了较迅速的发展。研究的对象主要集中于金属矿，特别是铜、铀、金矿，这些矿种在一些国家已实现了工业化生产。

矿物的微生物浸出技术[1]研究较早，研究最多，发展较快。它是利用微生物与矿物之间的深度作用，使矿物晶格破坏，从而使有用组分溶解出来的一门提取技术。美国在1958年就发表了世界上第一个细菌浸铜专利，1966年加拿大采用细菌浸铀成功，以后有30多个国家相继开展了微生物浸出技术的研究，矿种扩大到10余种，主要是有色金属、稀有金属和贵金属。我国于1958年在中国科学院微生物研究所的倡导下开始进行细菌浸铜的研究。经过多年努力，在铜、铀、锰矿进行了工业性或半工业性试验，并获得成功。20世纪80年代以来，我国把注意力集中在难选金矿的氧化预处理方面，取得了重要进展，工业性试验成功，目前正处于由工业性试验向工业化生产的过渡阶段。

矿物的微生物浮选技术研究较晚，20世纪80年代前后才见有国外研究成果报导。它是利用微生物与矿物之间的浅度作用（吸附作用），改变矿物的表面性质，然后浮选，从而实现不同矿物分选的一门分离技术[2]。目前，主要应用于煤的浮选脱硫中[3]。关于微生物浮选技术，美国、苏联、加拿大等国家研究较多，我国在微生物浮选技术的研究方面尚处于起步阶段，目前关于这方面的研究成果报道不多，其中引人注目的是武汉工程大学近年来进行了细菌对硫化矿可浮性影响的研究。他们的研究工作不是局限于矿物—细菌之间的作用，而是扩展到矿物—细菌—浮选药剂三者之间的作用，得出了一些有益的结论。

现阶段的微生物浮选技术基本处在实验室前期研究阶段，但是在一些特定的领域里也有获得成功。（1）利用微生物对矿物表面作用，改变矿物的表面物化性质，使矿物颗粒之间产生差异性达到分离选别的目的；（2）洗煤工业利用微生物进行脱硫已获得成功[4]，部分已经商业应用；（3）将微生物以及它的代谢产物进行简单加工，然后作为选矿用的捕收剂、抑制剂、絮凝剂等；（4）利用微生物或其代谢产物对传统的选矿药剂进行改性，得到性质更加优良的选矿药剂，或者通过微生物对选矿废水进行生物吸附分解，消除其中含有的重金属、有机物、剩余选矿药剂等达到对选矿废水的治理效果。

6.2　矿物加工中常见微生物

在自然界有一种微生物，可以直接或间接地参与金属硫化矿物的氧化和溶浸过程，通常称为浸矿微生物或浸矿细菌，常用于难处理金矿细菌氧化工艺，按营养类型可将自然界的微生物分为自养型微生物和异养型微生物，和矿物浸出有关的微生物大部分属于自养微生物。这类微生物在生长繁殖中不需要任何有机营养，完全靠各种矿物盐而生存，异养微生物则与之相反，需要提供有机营养物质才能生存[5]。

在我们赖以生存的自然环境中有着许多微生物具备浸出金属能力。在这些微生物中，化能营养型微生物占着主导地位，其拥有的金属浸出能力最强。

化能营养型微生物中因其菌种类别的不同，各自对生存的环境温度也有着不同的要求，我们根据其生存的适宜环境，又将其分为三种。第一种是适宜 28℃ 至 45℃ 的嗜中温菌；第二种是适宜温度为 45℃ 至 55℃ 的中等嗜热菌；第三种是适宜温度在 55℃ 至 80℃ 的极端嗜热菌。表 6.1 为矿物加工领域的常见微生物。

表 6.1 运用于矿产加工领域的部分微生物

菌 种	运用领域	备注
氧化铁硫杆菌、氧化亚铁硫杆菌、氧化硫杆菌	选煤、硫化矿抑制剂、硫化矿浸出	氧化硫化物以硫、铁离子为原料获取能源
草分枝杆菌	赤铁矿捕收剂、絮凝剂等	吸附于矿物表面，改变矿物表面性质
细螺旋氧化铁杆菌、硫杆菌、嗜酸硫叶菌属	硫化矿浸出、煤和原油脱硫	强酸性条件
MBX 芽孢杆菌、天色杆菌属、环状芽孢杆菌	对难处理的含锰银矿	浸出 Ag、Mn、Cu，将高价锰还原为低价锰
假单胞菌、地衣芽孢杆菌、显微菌及青霉	捕收剂	代谢产物做捕收剂、饱和脂肪酸脱氢为不饱和酸
海藻、蓝藻、中虫、草履虫	生物吸附剂、絮凝剂、废水氧化治理	水净化、对浮选药剂起降解作用
曲霉属菌、清美属菌	非硫化矿浸出	无

（1）嗜中温菌。常见的嗜中温菌主要有三种，分别是氧化亚铁硫杆菌、氧化亚铁钩端螺旋菌以及氧化硫硫杆菌。

氧化亚铁硫杆菌是浸矿细菌中发现最早最常使用的一种自养菌，它可以氧化金属硫化矿物、硫代硫酸盐、元素硫及亚铁离子，在含有 Fe^{2+} 液体营养基中培养，由于亚铁被氧化使培养基变成红棕色，最后由于在一定的 pH 值条件下 Fe^{3+} 水解生成氢氧化物或铁矾而产生沉淀，在固体培养基上培养可生成棕色菌落，如用不含铁的液体培养基，由于硫代硫酸盐氧化生成硫酸，使培养基酸度升高。

氧化硫硫杆菌发现也较早，通常以单个或成双链存在，在菌体两端各有一油滴可将培养基中的元素硫吸入油滴再吸入体内氧化。该菌不能在金属硫化矿上生长，也不能氧化金属硫化物矿，但它可以氧化金属硫化物氧化过程中产生的元素硫，也可以氧化硫代硫酸盐，且氧化元素硫的能力比氧化硫矿物的能力强，可以产生许多酸并有较强耐酸性能。

同时，我们对不同温度、不同浓度下的铁离子进行试验，可以发现，当温度较低以及铁离子浓度低的情况下，适宜采用氧化亚铁硫杆菌及氧化硫硫杆菌来进行微生物浸出，若是环境温度略高以及铁离子浓度高，则适宜氧化亚铁钩端螺菌来进行微生物浸出。

（2）中等嗜热菌。常见的中等嗜热菌主要有四种，分别是嗜酸硫化芽孢杆菌、嗜铁钩端螺旋菌、嗜酸嗜热硫杆菌、嗜酸氢杆菌等。

嗜酸硫化芽孢杆菌分布广泛，以 Fe^{2+} 或硫元素及其相关化合物中获得能源物质，属于化能自养兼性菌、革兰氏阳性菌，适合生长 pH = 1.4～1.8，可氧化黄铁矿、黄铜矿以及砷黄铁矿等。嗜酸嗜热硫杆菌以硫元素作为能量来源，二氧化碳作为碳源自养生长。相比之下，嗜铁钩端螺旋菌可忍受较高氧化还原电位和较低 pH 值生长范围，与 Fe^{2+} 有较高的亲和力，对 Fe^{3+} 的耐受力更高，可有效浸出黄铜矿中铁和硫元素。

嗜酸嗜热硫杆菌与以上两种相比，它的氧化还原电位较高，同时 pH 值较低，对二价铁离子带有亲和力，因此在进行黄铜矿开采的时候，可以有效地对硫元素和铁元素进行浸出。

嗜酸氢杆菌的分布比较广泛，适宜的酸度 pH 值大于 1.4、小于 1.8，同时，因为其能量来源主要来自硫元素，所以嗜酸硫化芽孢杆菌在黄铜矿以及黄铁矿等矿开采中，氧化还原能力强，有着很好的浸出效果。

（3）极端嗜热菌。极端嗜热菌主要包括嗜酸热硫化叶菌、嗜热古菌、硫化裂片菌、嗜热菌属硫叶菌、布氏酸菌、新型硫化叶菌、勤奋金属球菌等。

其中嗜酸热硫化叶菌、嗜热古菌和布氏酸菌研究较多，为化能自养兼性菌，最适生长温度 65~72℃，最适宜 pH = 1.6~2.0。

然而，极端嗜热菌对矿浆浓度、金属浓度和 pH 值等变化极为敏感，因此中等嗜热菌的浸矿效应更受青睐。

以上几种细菌均属于化能自养菌，它们靠氧化培养基中的亚铁离子、元素硫或硫化矿物取得能量，以空气中的 CO_2 作为碳源，并吸收培养基中的氮磷等无机盐营养，合成菌体细胞。这些菌在生长过程中需要氧气，属于好氧菌，它们广泛生活于金属硫化矿和煤矿等矿山的酸性矿坑水中或者潮湿的矿泥中。

6.3　微生物浸出工艺

最早的微生物主要用于冶金，因此它还有着一个别称：湿式冶金技术，即通过利用微生物生命活动中的氧化以及还原特性来实现铜矿资源的开采。所谓生物冶金，就是利用某些微生物或其代谢产物对某些矿物的化学作用，从矿石中将有价元素选择性浸出并提取的新技术，通俗地讲就是用含细菌的菌液进行浸泡。这些微生物大多是一些化能自养菌，它们以矿石为食，通过氧化获取能量，这些矿石由于被氧化，从不溶于水变成可溶，人们就能够从溶液中提取出矿物。

微生物浸出技术[6]最早是被应用于贫矿中对金属的回收，比如铀、铜、金等。在使用微生物技术进行金属回收时，其产量可以达到总量的 15% 左右，因此在 1970 年时，我国在贫铀矿的开采实验中，首次采用微生物浸出技术来探究其铀矿开采的实用性。目前，在铀矿资源的开采中，微生物浸出技术被广泛地应用在铀矿资源的生产中。

依据矿石的类型与品位不同，微生物浸出方式主要有 4 种：渗滤槽浸、搅拌槽浸、堆浸和就地浸出。

6.3.1　渗滤槽浸

渗滤槽浸是早期湿法炼铜中普遍采用的一种浸出方式，一般是在浸出槽中用较浓的硫酸（含 H_2SO_4 50~100g/L）浸出含铜 1% 以上的氧化矿。浸出液中铜浓度较高，可直接用来电积铜。但由于溶液中杂质较高，所产铜达不到 1 号铜的标准。

我国某厂的浸矿槽用花岗岩砖砌成，内衬沥青和沥青纸防腐，容量有 $30m^3$ 和 $100m^3$

的粒矿装满浸出槽，用含 H_2SO_4 30g/L 的电积尾液灌槽，再用泵将浸出液循环，液固比为 3:5，可得到含 Cu 43~49g/L 的溶液直接电积。为提高浸出率，浸出新矿的溶液酸度为 60~70g/L，以后保持 20~30g/L。铁也被部分浸出来，浸出液中铁以每天 0.4~0.7g/L 的速度增长，必须定期抽出部分溶液除铁。大槽和小槽相比，小槽的浸出效果较好。大槽由于流动不好，溶液易形成短路。

我国还有用采矿坑内的探矿天井做浸出槽的，先把天井清除干净，在上部建漏斗，从上部装低品位氧化矿石，装满后从上部喷淋浸出液，在天井下部收集含铜浸出液。浸出一定时间后，把浸出完的矿石放出，再装矿浸出。

6.3.2 搅拌槽浸

搅拌槽浸相对于渗滤槽浸而言，是一种带有搅拌的浸出方式。搅拌浸出是在装有搅拌装置的浸出槽中，用较浓的硫酸溶液（含 H_2SO_4 50~100g/L）浸出细粒（小于 75μm 占 90% 以上的氧化矿或硫化矿的焙砂），一般含铜品位较高。搅拌槽浸具有比渗滤槽浸速度快、浸出率高等优点，但设备运转能耗高。

搅拌浸出的优点为：浸出时间短，一般 2~4h；浸出率高，可达 85%~98%；浸出液铜浓度可以控制，含铜比堆浸高；试验室试验结果的放大可靠性好；投产后全流程完成所需时间短；浸出渣排放可以起到杂质开路作用。

搅拌槽浸出缺点为：需磨矿，耗水、电、酸、劳动力都比堆浸大，生产费用高；浸出矿浆需浓密-过滤，进入萃取前料液还需澄清设备；耗酸及溶液杂质含量比堆浸的高；需要较大的浸出渣堆放场地；必须使用絮凝剂，如选择不当将会使溶剂萃取出现麻烦。搅拌槽浸设备有机械搅拌与空气搅拌（巴秋卡槽）两种方式。

6.3.3 堆浸

堆浸常用于贫铜表外矿和铜矿废石的浸出。浸出场地多选在不透水的山坡处，将开采出的废矿石破碎到一定粒度筑堆。在矿堆表面喷洒浸出剂，浸出剂渗过矿堆时铜被浸出，浸出液返流到集液池回收。堆浸的特点是浸出设备投资少，运行费用低。氧化矿的堆浸已进行了多年，技术已有较大的改进。近年来，由于细菌浸矿技术的发展，硫化矿和混合矿也可进行堆浸。甚至最难浸出的黄铜矿，也可引入菌后堆浸。

堆浸厂已遍及各个地区，不受地理位置和气候条件的限制。高纬度、高海拔、降雨量少的沙漠和雨量充沛的地区都可建厂。堆浸和选矿一样有明确的边界品位，所定界限以经济上有利可图为原则，一般为 0.04%~0.15%。

随着浸出—萃取—电积技术的发展，堆浸技术已从过去粗放的废石堆浸向铜矿原矿堆浸发展。

按浸出对象不同，可以把堆浸分为原矿堆浸、废石堆浸和尾矿堆浸。

6.3.4 就地浸出

就地浸出又称为地下浸出，可用于处理矿山的残留矿石或未开采的氧化铜矿和贫铜矿。地下浸出是通过钻孔或爆破后将溶浸剂注入天然埋藏条件下的矿体中，有选择性地浸出有用成分（铜），并将含有价成分的溶液通过抽液钻孔抽到地表面后输送到萃取电积厂处理。地下浸出工艺能否实现，主要取决于矿层中矿石和围岩的渗透系数、有效孔隙度、孔隙度及矿石渗透系数对围岩渗透系数之比。应用地下浸出处理那些地质条件好但矿石埋藏较深、采矿费用较高的矿体具有很好的经济效益。

就地浸出有两种类型：

（1）未开发的矿床。就地浸出通常应用于储量不大、难于用常规方法开采或是采矿环境恶劣以及对人类活动产生环境影响的矿床。对这些矿体通常采取钻孔方式建立注液井和收集井。为提高溶浸矿床渗透率，有时需对矿床进行爆破松动。在应用就地浸出时，对岩石解理发育情况、地下水文地质都要深入了解。如果是硫化铜矿，还需要加入细菌，认真控制供氧、溶液的 pH 值和温度等条件。

（2）矿山陷落区矿体的就地浸出。有不少矿山，上部是氧化矿，下部深处是硫化矿。当下部以崩落法进行的地下开采结束后，上部的氧化矿下陷，无法进行露天开采。这种情况下，用就地浸出的方法来回收上部陷落的氧化矿体是最适合的。如美国亚利桑那州的 San Manuel 铜矿的大型斑岩铜矿床，从 20 世纪 50 年代就开始大规模开采，目前还有几亿吨矿石，上部氧化矿采用堆浸，下部采空区则进行地下溶浸，将含硫酸的萃余液通过注液井注入地下，利用地下旧的运输巷道将溶液收集到集液池中，然后用泵送到地面与堆浸液合并后送萃取电积。年产阴极铜 73000t。

总之，就地浸出是一项采、选、冶结合的矿物处理技术，无需把矿石开采出来，不产生废气、废水和废石，对环境没有污染，不破坏植被和生态，从根本上解决了采矿工人的劳动条件。对于那些品位低、埋藏深、储量小、难开采或工程地质条件复杂不易用常规技术开采的矿体，就地浸出具有更大的经济意义。当然，采用此方法要有一定的条件，要求矿体下部要有不渗水层，否则灌入的溶液都泄漏了，既得不到金属，还污染了环境。

6.4 微生物浸出技术的应用

6.4.1 黄铜矿的微生物浸出

由于黄铜矿的微生物浸出本质是一个电化学腐蚀过程，因此浸出体系的电位以及矿样中黄铜矿的嵌布特征对浸出至关重要。黄铜矿在铜镍硫化物矿床中分布不均匀，其产出形式主要分为两种，一种呈不规则粒状沿磁铁矿粒间、裂隙或孔洞充填交代，另一种则是呈微细的粒状、叶片状沿脉石矿物的解理、粒间充填分布，粒度较前者更加细小。黄铜矿除与镍黄铁矿构成微晶集合体以外，局部沿边缘可被微细的镍矿物交代，但和磁铁矿相比，黄铜矿与紫硫镍矿的嵌连关系相对较为简单，不过其粒度较紫硫镍矿更为细小。

在精矿或者原矿浸出过程中，由于镍黄铁矿和磁黄铁矿的静电位低于黄铜矿和黄铁矿的静电位。因此在浸出过程中会发生原电池反应，即镍黄铁矿及磁黄铁矿优先溶解，发生阳极反应，镍黄铁矿、镍磁黄铁矿优先溶解，黄铜矿、黄铁矿被阴极保护。

$$(Fe, Ni)_9S_8 \longrightarrow \frac{9}{2}Fe^{2+} + \frac{9}{2}Ni^{2+} + 8S^0 + 18e^-$$

$$Fe_{1-x}S \longrightarrow (1-x)Fe^{2+} + S^0 + 2e^-$$

有研究表明，采用极端嗜热菌可以显著提高铜的浸出速率，但是对于镍的浸出率几乎没有什么影响。因此，可以得出原电池反应是促进镍浸出的主要因素，温度及菌种则是促进黄铜矿浸出的动力。

6.4.2 稀有金属的微生物浸出

目前，利用微生物技术浸出稀有金属主要应用在铀的微生物浸出上[7]。大多数铀矿中存在着黄铁矿等硫化物，这些金属硫化矿为浸矿细菌提供了能源。硫化矿被氧化为 Fe^{3+} 和硫酸，Fe^{3+} 具有强氧化性，在硫酸和 Fe^{3+} 的作用下，铀矿发生溶解，释放出铀酰离子（UO_2^{2+}）和 Fe^{2+}，Fe^{2+} 在细菌的作用下又被氧化成 Fe^{3+}。细菌对铀矿的溶解过程起间接催化作用，Fe 离子是铀氧化反应的电子传递者。此过程主要化学反应如下：

$$UO_2 + Fe_2(SO_4)_3 \longrightarrow UO_2SO_4 + 2FeSO_4(高铁作用)$$
$$2UO_2 + O_2 + 2H_2SO_4 \longrightarrow 2UOSO_4 + 2H_2O$$
$$4FeSO_4 + O_2 + 2H_2SO_4 \longrightarrow 2Fe_2(SO_4)_3 + 2H_2O(细菌作用)$$

容易被微生物浸出的铀矿有沥青铀矿、黑铀矿、脱钛铀矿、云母铀矿、钙铀云母等[8]。此外，还可通过一些真菌的作用从锂辉石中提取锂，此过程利用微生物的代谢作用使蔗糖转变成柠檬酸和草酸，从而将锂辉石分解。

6.4.3 稀散金属的微生物浸出

目前，利用微生物技术浸出稀散金属的研究主要在锗、镓、铟、铊、硒和碲几种金属上，而镓和锗作为高技术元素已广泛应用于电子和半导体工业中，通常 Ga 和 Ge 是从炼铅和炼锌的副产品中回收得到的。氧化亚铁硫杆菌浸出 GaS 是直接作用与间接作用同时进行，有菌时的浸出速率是无菌时的 2 倍，其反应方程式为：

$$Ga_2S_3 + 6O_2 \longrightarrow Ga_2(SO_4)_3(细菌作用)$$
$$Ga_2S_3 + 3Fe_2(SO_4)_3 \longrightarrow Ga_2(SO_4)_3 + 6FeSO_4 + 3S(高铁作用)$$

在第二个反应式中的 $FeSO_4$ 和 S 进一步被细菌氧化成 $Fe_2(SO_4)_3$ 和 H_2SO_4，因此，细菌起着连续再生三价铁和硫酸的作用。

Se 和 Te 常伴生于金属硫化物中，多以硒化物、碲化物或元素形式存在，曾有报道硫化硒可被氧化亚铁硫杆菌氧化成元素硒；铟没有独立的矿床，一般伴生在锌、铅、铝的硫化矿中，尤其是闪锌矿内[9-12]。有学者验证了革兰氏阴性细菌对铟的生物吸附效果显著，为回收废液中的铟提供了一种高效廉价的新方法。

6.4.4 稀土金属的微生物浸出

目前利用微生物技术浸出稀土元素还鲜有报道，但部分研究证实了通过生物浸出技术处理低品位稀土矿石能达到变废为宝，降低环境污染的目的[13-15]。有学者通过利用从土壤中分离得到的一株产酸细菌，取其培养液进行稀土矿的浸出研究，得到一定的浸出量，推测这是由于稀土矿的细菌浸出过程中，微生物产生的各种无机酸和有机酸侵蚀矿物，导致矿物分解，从而浸出成矿元素。有学者利用真菌浸出赤泥并回收了其中 75% 的钇、70% 以上的钪、28% 的镧、65% 的镥、65% 的镱、65% 的铽、65% 的铥、55% 的钆、40% 以上的钐和 40% 以上的铈。有人以包钢尾矿库和白云鄂博地区的低品位稀土矿石为原料，通过生物浸出技术，研制了生物复合肥料。

6.5　微生物浮选技术及应用

早在 1670 年，西班牙人就用酸性坑矿水在 Ri-oTito 矿浸铜，但并不知道这种浸出是细菌在起作用。1922 年，Rudolf 等首次报道了一种未知的自养土壤菌对铁和锌的硫化矿的浸出。1951 年，Temple-he 和 Hinkle 首次从坑矿水中分离出这种作用菌群，并命名为 T·f 菌。随后，学者们开始进行更多的研究，不断地将微生物与矿冶业联合起来。随着浮选药剂带来的环境压力，愈发引起人们的重视，寻找另一种科学环保的选矿方法是缓解这种压力的一个主要途径。微生物由于其自身的特殊性，使其成为我们关注的对象。食品业、污水处理厂等工业的废菌种，可以选择性地驯化为选矿药剂，它还可以用这些工业的废料、废水为培养基，在选矿领域中不仅节能降耗，而且分选效果好。更重要的是，它不会带来严重的环境污染问题。于是出现了这种新型的选矿方法——微生物浮选法[16]。

微生物浮选经过充分搅拌，使得细菌与矿物表面发生生物吸附或是代谢产物吸附，改变矿物表面亲水性，并与浮选工艺相结合，用于处理各种难选矿物的选择性分离。由于微生物及其代谢产物中，含有的烃链等非极性基团和羧基、羟基、磷酸基团等极性基团，致使这些微生物菌液类似于表面活性剂。可以通过生物积累、生物吸附、生物吸收的方式，直接或间接地和矿物发生作用，使其疏水或亲水，絮凝或分散。

煤中常含有一定量的以黄铁矿形式存在的硫，为减少含硫煤在燃烧过程中对环境造成的危害，应将硫除去。但黄铁矿的天然可浮性较好，采用浮选法处理难以达到理想效果而微生物浸出法处理周期又较长。针对这些不足，于近年发展起来的微生物浮选法，不仅可较好、较快地脱去煤中的硫，而且还可降低煤中灰分[17]。氧化亚铁硫杆菌可选择性地快速吸附到黄铁矿表面，使其从疏水变成亲水，其可浮性在数分钟之内即可受到抑制，煤中以黄铁矿形式存在的硫的浮选去除率达 90%。另外，疏水性微生物，如分枝杆菌，也可选择性地吸附在煤的表面，使煤的疏水性增强，因而可使煤与黄铁矿强化分离。此法可使以黄铁矿形式存在的硫减少，也可降低煤中灰分。

硫酸盐还原菌可作为矿石表面轻度氧化时的硫化剂。在相同条件下，用微生物作硫化剂，对不同氧化程度的硫化铅矿石进行处理，铅回收率比用硫化钠浮选提高 5% ~ 8%。微生物硫化氧化铜-铅矿的试验表明，微生物浮选法完全可替代硫化钠浮选工艺。硫酸盐还原菌还可用作硫化矿混合精矿的脱药剂，使混合精矿分离。如从铅（方铅矿）锌（闪锌矿）混合精矿中优先浮选铅，此时硫酸盐还原微生物起到了硫化物表面吸附黄药的解吸剂的作用。

有些称为硅酸盐菌的微生物具有溶解硅酸盐的能力。从有色金属多金属复杂矿石中提取伴生银是目前获取银的主要途径。这些矿石中，大约 30% 的银以胶体或细小浸染形式包裹在硅酸盐矿物中，用常规方法难以回收。而硅酸盐微生物却可使银从硅酸盐中解离出来，再用浮选法即可回收。试验表明，经这种微生物处理后的含银铅锌复杂矿石，银的回收率从 33% 提高到 72%，同时铅和锌的回收率也提高了 20% ~ 30%。

微生物可被用来改善常规浮选药剂的浮选性能，也可被用来处理某些物质，使之具有选矿药剂功效。脂肪酸类捕收剂经过青霉 Expansum698 处理后，其中的饱和脂肪酸变成了不饱和脂肪酸，从而提高了其捕收性能，用于浮选萤石时，可降低药剂消耗 2/3，增加回收率 2.6%～4.2%，还可提高精矿品位。绿藻经青霉处理后，可获得一种具有选择性的氧化铋浸出剂，用这种浸出剂处理铋矿，铋精矿品位和浮选回收率均大大提高。在非硫化矿浮选中，可用胶质芽孢杆菌代替高价金属离子处理水玻璃溶液，可提高其抑制效果。

目前，研究应用较多的矿物主要有赤铁矿、黄铁矿、闪锌矿、方铅矿、方解石、锡石、石英等。

6.5.1 选矿废水中金属的吸附

选矿废水中含有大量的金属离子，常用化学沉淀法、离子交换法等去除。这些方法过程繁琐，成本高，能耗大，并存在二次污染。生物吸附浮选是一种从水溶液体系中有效分离金属离子的方法[18]。微生物借助细胞表面的特殊基团和细胞生长对金属元素的需求，使得其能够吸附不同的金属离子（见表6.2）。利用微生物吸附洗选废水中的金属离子，简单可行，选择性高，吸附速度快，浓度范围广，并且经济环保。不同微生物的具体吸附金属的种类见表6.2。

表 6.2　不同微生物对金属的吸附

微生物类型	吸附金属种类
枯草杆菌	Au、Ag、Cu、Fe、Mn、Ni、Pb、Zn
类蓝藻	Ca、Cr、Cu、Fe、Pb、Zn
大肠杆菌	Au、Ce、Co、Cr、Cu、Fe、Hf、Hg、In、La、Mo、Mn、Ni、Os、Pb、Pt、UZn、Zr
地衣芽孢杆菌	Au、Cu、Fe、Mn、Ni
少根根霉菌	U、Th
生枝动胶菌	Au、Cu、Fe、Mn、Ni
铜绿假单胞菌，念珠菌	U

有研究表明[19,20]，利用生物吸附浮选从废水中除去 Zn 和 Cr 离子，首先利用微生物吸附金属离子，再通过浮选分离出作用后的吸附剂；经过对比发现生物吸附比传统的化学吸附效率更高。有研究从矿坑水分离纯化出地衣芽孢杆菌 R08，干菌体对 Pd^{2+} 的吸附率能达到 224.8mg/g。

6.5.2 微生物絮凝剂在煤泥水处理中的应用

Vijayalakshmi[21] 研究发现，在煤泥水中同时添加枯草芽孢杆菌 Bacillus subtilis 菌和电解质，2min 后即可絮凝沉降 96%～97% 的煤粒，而且上清液透光度极高，并通过扩展 DLVO 理论解释了絮凝机理。

张东晨等[22] 通过对草分枝杆菌（Mycobacterium phlei，M. phlei）、无机电解质凝聚剂和高分子絮凝剂进行对比试验，发现在一定试验条件下，对细煤粒的絮凝效果最好。吴学凤等分别用大肠杆菌、酱油曲霉、酵母菌和白腐真菌对煤泥水进行絮凝沉降试验，发现白腐真菌（Phanerochaete chrysosporium）煤泥水的絮凝效果最高，经对比，发现胞外代谢产物对加速絮凝的贡献更大，为微生物絮凝剂的组成和机理研究提供了依据。

6.5.3　煤炭的微生物脱硫

传统的分选方法难以脱除煤中呈细分散状嵌布的黄铁矿硫。目前，煤炭微生物脱硫已经成为高效脱除黄铁矿硫的重要方法，能脱除 60%～80% 的黄铁矿硫[23]。生物脱硫的原理类似生物冶金中的微生物对硫化矿的浸出，1947 年，有专家首次在煤矿矿井水中分离出氧化亚铁硫杆菌，用于硫化矿物的浸出，推动了生物冶金的发展。

我国对煤炭生物脱硫的研究开始于 20 世纪 90 年代初期。有学者[24]利用红假单胞菌草分枝杆菌、氧化亚铁硫杆菌以及大肠杆菌对细粒煤进行了絮凝试验与微生物浮选脱硫研究，并引进了微生物磁化技术[25]。微生物脱硫目前已被拓宽到有机硫的脱除中，起到了比传统方法更好的效果。与此同时，脱硫用微生物的种类和培养方式也正在逐步扩大和改进，并渗透到基因组学等更深层次，研究人员已经着眼于利用基因重组等手段，构建高效脱硫工程菌的研究中，为绿色絮凝剂的开发与煤炭浮选的应用开辟新的途径。随着微生物脱硫研究的不断发展，应用于脱硫的微生物菌种的种类也不断增多，目前具体的脱硫微生物见表 6.3。

表 6.3　脱硫微生物

菌　　　种	英文名称
氧化亚铁硫杆菌	Acidithiobacillus ferrooxidans
氧化硫硫杆菌	Acidithiobacillus thiooxidans
氧化铁铁杆菌	ferrobacillus ferrooxidans
氧化亚铁钩端螺旋菌	Leptospirillum ferrooxidans
嗜酸硫化杆菌	Sulfobacillus acidophilus
金属硫化叶菌	Sulfolobus metallicus
勤奋金属球菌	Metallosphaera sedula
球红假单胞菌	Rhodopseudomonassphaeroides
大肠杆菌	Escherichia coli
草分枝杆菌	Mycobacterium phlei
硅酸盐细菌	Silicate bacteria
白腐真菌	White Rot fungi

6.6　微生物浮选药剂

吸附于矿物表面的微生物通过自身性质调整和改变矿物的表面性质，这类似于传统的选矿药剂。浮选过程中，矿物表面的润湿性和颗粒电荷性质是评定分选难易的直接依据。微生物独特的疏水性和负电性不仅帮助其吸附在颗粒表面，同时还能改变矿物表面的性质，可以依据微生物在三相界面上作用模式和改性程度的不同，探讨其代替不同种类浮选药剂的可能性（见表 6.4）。

表 6.4 微生物浮选药剂的分类和作用原理

类别	作用原理	应用
絮凝剂	通过细胞间架桥作用，使矿物颗粒间产生絮团	煤泥水沉降，细粒矿物的选择性絮凝分选
捕收剂	微生物吸附于矿物颗粒表面，改变或调整矿物的润湿性	通过选择性吸附提高某种矿物的可浮性，用作该矿物的生物捕收剂
调整剂	通过吸附调节矿物表面的电荷性质和符号，改变 ζ 电位值	调节和控制矿物的抑制、活化、分散、絮凝状态，更利于捕收剂发挥作用
起泡剂	吸附在气-液界面，降低界面张力	研究较少

随着资源的枯竭和矿石需求量的不断增加，难选矿的问题越来越多，重选、磁选、电选和浮选等传统的选矿模式已经很难满足需求，导致了很多化学选矿剂的出现，主要包括氰化物、硫化物、杂醇油、非极性烃类油、黑药、烃基酸类、松醇油等一些有毒物或剧毒物。虽然这些化学选矿药剂很大程度上减小了一些难选矿的选矿难度并提高了矿石的品位，但是同时也对环境带来了很大的危害。尽管有些选矿剂本身无毒，但具有腐蚀性或者被生物吸收进入食物链及排放后增加水中有机物的含量等，大大增加了自然水体中生物耗氧量和化学耗氧量，导致水质恶化[26]。这类二次污染问题导致环境治理难度加大，而微生物选矿剂则具有选择性好、无毒等优点，以其作为矿物的表面改性剂被视为符合环保要求的最佳替代品，目前已取得了一些令人振奋的研究成果[16]，微生物选矿剂对于选矿工业的环保化、高效化及可循环利用等具有重要的实际意义和潜在的应用价值。

6.6.1 微生物矿物絮凝剂

絮凝剂按照化学成分可以分为无机絮凝剂和有机絮凝剂，其中有机絮凝剂就包括了微生物絮凝剂。在矿物絮凝剂中，目前常用的絮凝剂一般是化学工艺产品，使用时对环境会造成一定污染，生物絮凝可以很大程度上克服这些缺陷，成为环境友好型药剂，从而使其研究也逐渐得到重视。

6.6.1.1 金属矿的絮凝剂

金属矿的微生物絮凝剂能够选择性地将矿物微粒絮凝成较大颗粒使其更容易沉降，提高金属矿的品位和回收率。陈雨佳等选用氧化亚铁硫杆菌絮凝分离微细粒硫化矿，结果发现在 pH=3~7 时，微细粒硫化矿在与氧化亚铁硫杆菌作用后，Zn 的品位从 21.5%提高到34%，回收率达 68.56%。通过微生物电镜观察细菌和矿物的形态后发现，细菌与矿物之间形成的菌胶团促进了矿物的絮凝沉淀。此后又选用氧化亚铁硫杆菌、氧化硫硫杆菌和草分枝杆菌对微细粒人造硫化矿进行了系列研究[27]，对比发现前两者混合菌絮凝实验效果最佳，并且通过吸附试验得出这三种细菌在硫化矿表面的吸附能力顺序为：混合菌>氧化亚铁硫杆菌>氧化硫硫杆菌。程蓉等[28]选用芽孢杆菌用于铁矿石和石英的分离。研究发现大量的芽孢杆菌在赤铁矿围围聚集产生强烈吸附，导致矿物形成疏水的团聚物而絮凝，但对石英体系并没有这一现象，因此也证明了芽孢杆菌能够选择性吸附絮凝赤铁矿。

6.6.1.2 煤矿的絮凝剂

煤炭一般分为优质煤和低品质煤，优质煤含硫量少，低品质煤则含有大量的硫化物，燃烧后会产生大量的二氧化硫污染环境，煤炭中的硫化物一般多为硫铁矿、硫铜矿。每年产出的煤矿中大量的煤炭含硫较高，不利于日常使用，特别是出口煤炭的含硫量标准苛刻，一般煤炭工业都需要对煤预处理降解硫含量，生物絮凝剂主要运用在煤的脱硫技术上，因为微生物具有选择性吸附和以硫为原料新陈代谢的特点，所以用生物絮凝剂洗煤已经在选煤行业有一定的应用。微生物能产生特定胞外代谢产物，这些代谢产物很多具备絮凝活性，能够选择性将一些特性矿物颗粒絮凝在一起。微生物的絮凝作用最早是在酿酒行业中，人们发现酿酒后的酵母最有很好的絮凝作用，可以作为活性污泥使废水中的有机物分解利用达到净水的目的。

大肠杆菌一般存在于常见的污水中，孙剑峰等人用大肠杆菌对煤的絮凝作用对煤进行脱硫处理，研究发现浸泡时间、菌液浓度、煤粒大小都是影响脱硫的关键因素，在浸出48h 最高的脱硫率可达 34.46%，这样就为利用污水进行煤炭的脱硫奠定了基础，既能节约能源还能处理一定的污水。

近年来，研究的煤矿微生物絮凝剂及其物质组成见表 6.5[29]。

表 6.5　近年来研究的煤矿微生物絮凝剂及其物质组成

絮凝剂产生菌	絮凝剂来源	活性成分
酱油曲霉	代谢产物	多糖类物质
烟曲霉	代谢产物	含氨基的 β 多糖
黑曲霉	代谢产物	含膦基的水合多糖
酵母菌 RY-46	细胞和代谢产物	含羟基的多糖和蛋白质
酵母菌 HY-62	细胞和代谢产物	含酚类的多糖和蛋白质
白腐真菌	胞外分泌物	多糖类物质
球红假单胞菌	胞外分泌物	含炔烃键的多糖
黄孢原毛平革菌	胞内胞外分泌物	酸性多糖
枯草芽孢杆菌	代谢产物	多糖结构蛋白质
多粘芽孢杆菌	代谢产物	多糖类物质

6.6.2　微生物矿物浮选剂

微生物独特的电性及疏水性不仅帮助其吸附于矿物表面，同时还能改变矿物表面的性质，尤其是矿物的润湿性，从而决定了微生物选矿的可行性和实用性，同时，微生物作为矿物浮选剂不仅起到了对矿物表面改性的作用，还能在煤炭洗选中起到脱硫除灰的作用。

6.6.2.1　微生物浮选捕收剂

矿物浮选的传统捕收剂包括黑药、白药、烷基硫醇等硫化矿捕收剂以及烷基磺酸盐、烷基硫酸盐、磷酸酯等氧化矿捕收剂。近几年，对微生物作为浮选捕收剂的研究发现，使用微生物捕收剂不仅效果好，而且还具有对环境友好的优点，未来的绿色选矿必将大量使用微生物捕收剂。

杨慧芬等[30]选用寡养单胞菌对难选赤铁矿进行微生物浮选实验，发现该菌株对赤铁矿具有良好的捕收效果；通过 Zeta 电位的测定及吸附机理分析，表明菌株在赤铁矿表面的吸附降低了矿物表面的 Zeta 电位，提高了赤铁矿表面的疏水性，红外光谱检测发现该菌株表面既含有疏水性的亚甲基（—CH$_2$）和甲基（—CH$_3$），又含有亲水性的磷酸基团，其组成和性质与脂肪酸类捕收剂类似。浑浊红球菌多生活在土壤、植物的根茎叶中，对人体无害，具有很强的疏水性质，Antonio G. Merma 等[31]利用 Rhodococcus opacus（不透明红球菌）作为捕收剂运用到磷灰石-石英矿的浮选中，该菌类能让90%以上的磷灰石上浮，而石英砂的上浮率仅为14%；其研究还从菌种的表面活性、带电性质以及接触键角进行了分析，实验发现该菌类对磷灰石的接触键角影响明显强于石英砂，在 pH=4 时，不透明红球菌对磷灰石的表面电位改变最明显，而石英砂的表面电位基本没太大变化；另外从它们之间的吸附率中也验证该菌类在磷灰石表面有很好的选择性吸附效果。许多微生物菌体由于细胞表面的特殊结构和具有的特殊基团，使其有可能具备高度的疏水能力，从而有作为捕收剂的潜力。

6.6.2.2 微生物浮选调整剂

浮选调整剂包括抑制剂和活化剂，用作浮选调整剂的微生物常见有氧化亚铁硫杆菌、氧化硫硫杆菌、红假单胞菌、枯草芽孢杆菌等。

有研究选取啤酒生产的废弃酵母分离浮选赤铁矿和石英矿，分析发现废啤酒酵母的溶解相中含有对固体矿物具有抑制作用的重要官能团如羟基（—OH）、氨基（—NH$_2$）、羧基（—COOH）等，且微生物浮选实验结果也表明废啤酒酵母溶解相在一定 pH 值条件下对赤铁矿产生较强的抑制作用。此后，刘炯天等将食品厂废弃菌体制成微生物抑制剂 DY—1，对其官能团研究发现该微生物抑制剂也含有—C＝O—NH—、—OH、—COOH 等基团，因此能够吸附在赤铁矿表面对其产生强烈的抑制作用。

国外在这方面进行了大量的研究报道，Merma 等用浑浊红球菌对磷灰石和石英进行了浮选分离，该细菌对磷灰石 Zeta 电位的改变要比石英大，且显著抑制石英的浮选，其浮选率降为14%。也有针对闪锌矿和方铅矿的研究表明巨大芽孢杆菌能够抑制方铅矿而选择性地将闪锌矿浮选出来。

6.6.3 微生物浮选脱硫除灰剂

随着环境问题日益受到重视，为了减少硫等物质的排放以及提高煤炭的燃烧效率，人们对低硫低灰分煤的需求越来越大，但随着煤炭资源的过度开采，低硫煤炭资源正在逐渐枯竭。面对这种趋势，国内外开始研究开发煤炭浮选的脱硫除灰剂来降低高硫煤的含硫量和灰分。张杰芳等[32]选用氧化亚铁硫杆菌对贵州三个煤矿的高硫煤进行浮选和脱硫研究，结果表明煤样脱硫率分别达到72.37%、85.94%、65.36%，降灰率也能达到65%左右。也有学者选用红假单胞菌和氧化亚铁硫杆菌两种微生物对高硫煤进行浮选脱硫试验，结果发现两种微生物的最佳脱硫效果所需的条件各不相同，但均能显著降低煤中含硫量。

近年来研究报道的微生物选矿剂的种类及其用途见表 6.6。

表 6.6 近年来报道的微生物选矿剂种类及用途

微生物	应用的浮选矿物及作用
草分枝杆菌	煤矿的除硫降灰及选择性浮选
浑浊红球菌	白云石和磷灰石中选择性抑制白云石；赤铁矿和石英中选择性浮选赤铁矿；菱镁矿和方解石中选择性浮选菱镁矿

续表6.6

微生物	应用的浮选矿物及作用
枯草杆菌	抑制白云石和磷灰石
多粘芽孢杆菌	铝土矿除钙和铁；方解石、铝土矿脱硅；铁矿中分离二氧化硅和铝土；分泌多聚糖选择性地抑制赤铁矿，刚玉和方解石；分泌蛋白质提高高岭土和石英的浮选率；选择性抑制方铅矿；抑制黄铁矿和黄铜矿
氧化亚铁硫杆菌、诺卡氏菌	煤矿的脱硫；黄铁矿、黄铜矿和砷黄铁矿的选择性浮选；抑制黄铁矿；选择性除去硫化铜矿中的黄铁矿；方铅矿和闪锌矿的分离
氧化硫硫杆菌	方铅矿—闪锌矿选择性浮选
黑曲霉	菱镁矿尾矿的浮选
环状芽孢杆菌	铝土矿除硅
硫化叶菌	煤矿脱除黄铁矿

6.6.4　微生物代谢产物作为选矿剂

通过对微生物选矿剂深入的研究发现不仅微生物细胞本身能够作为选矿剂，其胞外代谢产物也可以。Sabari Prakasan等用石英和赤铁矿驯化培养硫酸盐脱硫弧菌，使细菌分泌出更多的代谢产物，浮选实验结果表明细菌的代谢产物与矿物作用后，赤铁矿的可浮性减小而石英的可浮性增加，因此在选矿过程中可以选择性地将赤铁矿和石英分离。有实验研究[33,34]选择多粘芽孢杆菌研究其胞外产物对方铅矿和黄铜矿浮选效果的影响，结果发现多粘芽孢杆菌的某些代谢产物如糖蛋白等物质可以选择性地絮凝黄铜矿，从而将方铅矿选择性分离出来。

6.7　展　　望

矿业生物技术将传统的矿业工程和先进的生物工程紧密结合，发展潜力极大，但是仍存在研究的微生物种类过少、作用机制不完善，微生物培养和作用条件存在局限性等诸多问题。目前对微生物选煤和选矿的研究还局限在实验室探索阶段，也仍有大量的基础研究和应用探索需要开展，具体如下：

（1）结合表面化学和生物化学方法，系统地评价微生物的表面性质。

（2）加强微生物对矿物表面改性的作用机理和作用模式的研究。

（3）高效、高产菌株的驯化。利用驯化和诱导，为培养特异性、高效率的微生物药剂提供基础。

（4）对培养条件进行优化、降低成本；可以尝试利用工业废水、有机废料等作为培养基营养来源。

（5）加强微生物选矿药剂工业推广的可行性研究。价廉、高效、适应性强、环保无害，满足用户需要，是开发制备任何新型选矿药剂的标准，同样，也是微生物选矿药剂工业化应用的重要前提。

习 题

（1）什么是生物选矿？

（2）浅谈一下微生物选矿技术的优缺点。

（3）生物选矿技术的主要应用领域有哪些？

（4）简述选矿微生物种类及生理生态特性？

（5）浸矿细菌的分类主要有哪些类型？

（6）细菌生长主要经历哪几个时期？

（7）结合目前生物选矿现状，谈谈生物选矿未来的发展前景。

参 考 文 献

[1] 尹升华，王雷鸣，吴爱祥，等．我国铜矿微生物浸出技术的研究进展 [J]．工程科学学报，2019，41（2）：143-158.

[2] 赵钰，董颖博，林海．有色金属矿尾矿微生物浸出技术研究进展 [J]．金属矿山，2019（11）：197-203.

[3] 王廷健．微生物浸出技术在铀矿开采中的应用 [J]．江西化工，2019（3）：20-22.

[4] 陈薇．微生物浸出技术研究及其应用现状 [J]．盐业与化工，2014（12）：8-11.

[5] 陈薇．微生物浸出技术研究及其应用现状 [J]．广州化工，2014（20）：53-55.

[6] 董颖博，林海．低品位铜矿微生物浸出技术的研究进展 [J]．金属矿山，2010（1）：11-15.

[7] 代勇华，杨惠兰，卓国旺，等．微生物浸出技术及其在三稀矿产资源中的应用现状 [J]．山东化工，2017，46（11）：60-62.

[8] 高仁喜，关自斌，田胜军．国内外铀、金矿石微生物浸出的技术进展 [J]．铀矿冶，2000，19（1）：38-44.

[9] Liao R, Wang X, Yang B, et al. Catalytic effect of silver-bearing solid waste on chalcopyrite bioleaching：A kinetic study [J]. Journal of Central South University, 2020, 27（5）：1395-1403.

[10] Liao R, Yu S C, Wu B Q, et al. Sulfide mineral bioleaching：Understanding of microbe-chemistry assisted hydrometallurgy technology and acid mine drainage environment protection [J]. Journal of Central South University, 2020, 27（5）：1367-1372.

[11] Wu B, He W, Yang B, et al. Synthesis of intracellular cobalt ferrite nanocrystals by extreme acidophilic archaea Ferroplasma thermophilum [J]. Journal of Central South University, 2020, 27（5）：1443-1452.

[12] Wu X L, Wu X Y, Deng F F, et al. Comparison of bioleaching of chalcopyrite concentrates with mixed culture after cryopreservation with PEG-2000 in liquid nitrogen [J]. Journal of Central South University, 2020, 27（5）：1386-1394.

[13] Ai C B, Liang Y T, Qiu G Z, et al. Bioleaching of low-grade copper sulfide ore by extremely thermoacidophilic consortia at 70℃ in column reactors [J]. Journal of Central South University, 2020, 27（5）：1404-1415.

[14] Zeng W, Cai Y, Hou C, et al. Influence diversity of extracellular DNA on bioleaching chalcopyrite and pyrite by Sulfobacillus thermosulfidooxidans ST [J]. Journal of Central South University, 2020, 27（5）：1466-1476.

[15] Herrera M N, Escobar B. Bioleaching of refractory gold concentrates at high pulp densities in a nonconventional rotating-drum reactor [J]. Minerals & Metallurgical Processing, 1998, 15（2）：15-19.

［16］ Smith R W, Miettinen M. Microorganisms in flotation and flocculation：Future technology or laboratory curiosity? ［J］. Minerals Engineering, 2006, 19 （6/7/8）：548-553.

［17］ 张明旭. 利用微生物调整表面强化煤炭中细粒黄铁矿的脱硫技术 ［J］. 国外金属矿选矿, 1997 （8）：46-52.

［18］ 马提斯 K A, 崔洪山, 李长根. 金属离子吸附浮选回收 ［J］. 国外金属矿选矿, 2004, 41 （3）：40-44.

［19］ 佐布利斯 A I, 崔洪山, 肖力子. 应用生物表面活性剂浮选除去金属离子 ［J］. 国外金属矿选矿, 2004, 41 （5）：39-43.

［20］ Zouboulis A I, Matis K A. Hydrophobicity in biosorptive flotation for metal ion removal ［J］. International Journal of Environmental Technology and Management, 2010, 12 （2/3）：192-201.

［21］ Vijayalakshmi S P, Raichur A M. The utility of Bacillus subtilis as a bioflocculant for fine coal ［J］. Colloids and Surfaces. B：Biointerfaces, 2003, 29 （4）：265-275.

［22］ 张东晨, 张明旭, 陈清如, 等. 疏水性微生物对细粒煤的絮凝试验研究 ［J］. 洁净煤技术, 2006, 12 （2）：20-23.

［23］ 于进喜. 煤系黄铁矿的理化特性分析及其浮选抑制剂研究 ［D］. 北京：中国矿业大学, 2013.

［24］ 张东晨, 张明旭, 陈清如, 等. 草分枝杆菌选择性絮凝脱除煤中黄铁矿硫的研究 ［J］. 煤炭学报, 2004 （5）：585-589.

［25］ 张明旭, 孙剑峰. 球红假单胞菌用于煤炭生物浸出脱硫的研究 ［J］. 选煤技术, 2009 （4）：6-11.

［26］ 刘美林, 徐政, 杨丽梅, 等. 有色金属矿采选行业工业污染源产排污现状、特征及治理情况 ［C］//北京有色金属研究总院生物冶金国家工程实验室. 中国环境科学学会学术年会, 2008.

［27］ 陈雨佳. 微细粒人造硫化矿微生物诱导——絮凝浮选行为及其机理研究 ［D］ 长沙：湖南农业大学, 2013.

［28］ 程蓉, 舒荣波. 微生物技术在低品位铁矿选矿中的应用研究 ［J］. 矿产综合利用, 2015 （4）：20-23.

［29］ Elmahdy A M, Abdel-Khalek M A, Abdel-Khalek N A, et al. Bacterially induced phosphate-dolomite separation using amphoteric collector ［J］. Separation & Purification Technology, 2013, 102：94-102.

［30］ 杨慧芬, 李甜, 唐琼瑶, 等. 浮选难选赤铁矿的微生物捕收剂的筛选及性能评价 ［J］. 中南大学学报（自然科学版）, 2013, 44 （11）：4371-4378.

［31］ Merma A G, Torem M L, Moran J J V, et al. On the fundamental aspects of apatite and quartz flotation using a Gram positive strain as a bioreagent ［J］ Minerals Engineering, 2013, 48 （1）：61-67.

［32］ 张杰芳, 桑树勋, 王文峰. 贵州高硫煤的微生物浮选脱硫实验研究 ［J］. 科学技术与工程, 2015, 15 （14）：16-23.

［33］ Patra P, Natarajan K A. Microbially-induced separation of chalcopyrite and galenav ［J］. Minerals Engineering, 2008, 21 （10）：691-698.

［34］ Yu R, et al. Effect of EPS on adhesion of Acidithiobacillus ferrooxidans on chalcopyrite and pyrite mineral surfaces ［J］. Transactions of Nonferrous Metals Society of China, 2011, 21 （2）：407-412.

7 矿山修复技术

本章教学视频

我国是世界上从很早期就开始开发利用矿产资源的国家之一，尤其是新中国成立以来，随着经济和社会的进步，矿业达到了前所未有的重视和发展[1]。矿产资源的利用小到工农业用水和城乡居民饮用水，大到工业原料、能源开发。被消耗的矿物原料达50亿吨/年以上，依矿产资源支撑着我国GDP中70%的经济运转。地方环境可持续发展是社会整体稳定运行的保障，而矿山生态修复就是确保地方实现美丽中国的关键[1]。据此，综合利用生态学、资源经济学原理及方法，对废弃矿山进行生态恢复及生态系统重建进行探究分析具有非常重要的意义。

7.1 矿山废弃地修复研究概述

矿山废弃地生态修复是指将受损生态系统恢复到接近于采矿前的自然状态，或重建成符合人类某种有益用途的状态，或恢复成与其周围环境（景观）相协调的其他状态。它强调的是一个动态的过程，而不单是过程的结果。几乎在所有的情况下，开采活动的干扰都超过了开采前生态系统的恢复力承受限度，若任由采矿废弃地依靠自然演替恢复，可能需要100~10000年[2]。尤其是金属矿开采后的废弃地（如尾矿库），其表面形成极端的生态环境，自然条件下植物几乎无法定居。

矿山的生态修复通常是指将采矿破坏的土地因地制宜地恢复到所期望状态的行动和过程，是矿区生态环境综合整治工作的核心。

7.1.1 矿山废弃地概念

矿山资源被开采过后，多种因素造成了环境被破坏和占用，后期也无相关人员进行后续的治理工作，导致矿山无法持续开采。包括露天矿山、矿山排土场、尾矿场、塌陷区及过度开采的重金属污染地等都可以叫作矿山废弃地。

7.1.2 矿山废弃地的特点

矿山废弃地的特点如下：

（1）物理结构不良，持水保肥能力差。矿业废弃地物理结构不良主要表现为：基质过于坚实或疏松。一方面，采矿地的表土通常会被清除或挖走，而采矿后留下的通常是矿渣或心土，加上汽车和大型采矿设备的重压，使得暴露在外的往往是坚硬、板结的基质；另一方面，采矿活动所产生的废弃物粒径通常为几百乃至上千毫米，短期内自然风化粉碎困难，空隙大、持水能力极差，加上表土受到严重扰动，原始结构被破坏因而往往具有松散的结构。这种过于坚实或疏松的结构均使土壤的持水保肥能力下降，从而影响土壤的肥沃程度。

（2）极端 pH 值。大多数植物适宜生长在中性土壤环境中。高度酸化是大多数矿山废弃地共同的特征。强酸除了其自身对植物能产生强烈的直接危害外，酸性条件还会加剧土壤中重金属的溶出从而加剧毒性，并导致土壤养分不足[3]。

（3）重金属含量过高。矿山废弃地中常含有大量 Cu、Pb、Zn、Cr 等重金属元素。重金属含量过高不但会影响植物的各种代谢途径，抑制植物对营养元素的吸收及根系的生长，而且会加大周边地区遭受重金属污染的潜在风险[4]。

（4）极端贫瘠或养分不平衡。植物正常生长需要多种元素，其中 N、P、K 等元素不能低于正常含量，否则植物就无法正常生长。矿山废弃地的基质中一般都缺少 N、P、K 和有机质。采矿活动剥离了发育良好的土壤基质，破坏了地表植被层，水土流失加剧，缺少有机物来源都造成了土壤有机质严重缺乏[5]。

（5）干旱或生理干旱严重。矿山废弃地由于物理结构不良、持水能力差，加上地表植被破坏，因而基质水分含量极低，干旱现象普遍。部分矿业废弃物中常积累有 Ca、Mg、Na 的硫酸盐和氯化物，使得基质含盐量偏高，过量的可溶性盐可增加土壤溶液的渗透压，影响植物根吸收水分，导致植物生理干旱，脱水死亡，种子不能萌发[6]。此外，矿业废弃物主要由剥离废土、废石、低品位矿石和尾矿等组成，固结性能差，且表面缺少植被保护，基质松散易流动，水蚀、风蚀现象显著，土层结构不稳定，表面温度较高，这些因素均造成了矿山废弃地的极端生境。

7.1.3　废弃矿山对生态环境的影响

矿业是破坏大自然和过分消耗有限资源的生态地位最低的行业。伴随着矿产资源开发的矿业废弃地对环境的影响是多方面的，主要表现为对土地资源的占用、污染自然环境造成生态失调和地质灾害等方面。

7.1.3.1　占用大量的土地资源

矿山开采造成的占用和破坏土地的情况有：露天开采挖损土地、尾矿场、废石场（排土场）压占土地，矿山的工业建筑、民用建筑和道路等占用土地。据统计，全国因采矿累计占用土地约 586 万公顷❶，破坏土地 157 万公顷，且每年仍以 4 万公顷的速度递增。

7.1.3.2　污染自然环境　造成生态失调

（1）大气污染。采矿活动虽不是主要的大气污染源，但它仍然会带来区域性的大气污染。尾矿的风扬是矿业废弃地大气污染的主要来源之一，尾矿的风扬是尾矿环境污染物如重金属等扩散的一个重要途径。大气沉降作为重金属进入环境的重要途径，对环境的影响甚至比矿山开发本身对环境的影响更大。

（2）水体污染。我国矿业活动产生的各种废水主要包括矿坑水、选矿、冶炼废水及尾矿池水等。众多废水未经达标处理就任意排放，甚至直接排入地表水体中，使土壤或地表水体受到污染。此外，废水入渗也会使地下水受到污染[6]。

（3）土壤重金属污染。矿山废弃地，尤其是有色金属矿山废弃地（物）一般都含有大量的重金属，其中又以尾矿和废弃的低品位矿石的重金属含量最高。这些重金属含量很

---

❶　1 公顷 = 10000m²。

高的废弃物露天堆放后会迅速风化，并通过降雨、风扬等作用向周边地区扩散从而导致一系列的重金属污染问题[4]。

（4）对地表景观的破坏。尽管露天开采和地下开采两类采矿方式对土地的破坏途径、程度和方式不同，但都不可避免地造成地表景观的改变。

（5）植被环境破坏。由于矿山开采生产工艺的特殊要求，任何一座矿山的建设都将不同程度地改变矿区的地形地貌，破坏矿区的地表景观。

（6）生物多样性锐减。采矿要清除植被，挖走表土，因此破坏了一些地区的原生生境，作为物种源的大型植被破碎为一些小型的残遗斑块，影响作为跳板的林地斑块的功能发挥，造成生物迁徙受到阻隔。生物多样性丧失后，受损生态系统的恢复变得更为缓慢。不仅如此，采矿后土壤基质被污染，由于渗出液对下游和周围地区产生污染，因此还影响到周围地区的生物多样性。

7.1.3.3 地质灾害

矿山地质灾害主要包括地表沉降塌陷、滑坡、泥石流和崩塌等。

（1）地表塌陷。地表塌陷又称为地面沉降或地面塌陷，是由于在地下开采时，矿产资源被大量采出，岩体原有的平衡状况被破坏，上覆岩层将依次冒落、断裂、弯曲等移动变形，最终波及地表，在采空区的上方造成大面积的塌陷，形成一个比开采面积大得多的下沉盆地[1]。

矿区开采沉陷严重，造成附近村庄的房屋裂缝、耕地积水、乡村道路断裂等，给乡村人们的日常生活、生产带来了很大的影响和损失；矿区开采沉陷对城市的基础设施等造成破坏和潜在的威胁，迫使公路、铁路改道，建筑物重建，造成很大的经济损失；地表沉陷破坏地下的潜水位及地下水系，形成大面积的低洼区和积水区；矿区开采沉陷对天然植被及山体等造成破坏，影响了生态平衡。

（2）滑坡。滑坡地质灾害主要发生在露天采场。开采过程中对山体的开挖，破坏了表土层并使位于表土层内部的岩石裸露出来，改变了边坡岩体内部应力，其在重力与应力的作用下发生位移。当边坡岩体强度大时，位移不明显，边坡处于稳态；当边坡强度小，岩体弹性模量小不足以消除重力与应力联合作用时，就会产生较大位移，造成滑坡。

矿山开采形成的高陡边坡，由于其坡度大、基岩石裸露、缺乏土层，使得在开采过程中遭到破坏的地表植被，很难通过自然修复的方式进行生态恢复。植被的破坏加剧了水土流失的程度，进入多雨季节，在暴雨强度较大的降水条件下，极易发生水土流失现象。水土流失的加剧改变了土壤有机质含量，破坏了土壤微生物群落。植被的减少，使得很多生物资源失去了赖以生存的自然环境，使区域生态系统遭到破坏，从而影响生物物种的多样性。

（3）矿山泥石流。泥石流在一些生态环境脆弱、地形陡峭、岩层疏松的丘陵山区，由于大规模地集中开采矿产资源，为泥石流的形成提供了大量的松散固体物质，加大了地面坡度，使非泥石流沟演化为泥石流沟，泥石流少发区转变为泥石流多发区，形成了新生的泥石流，即矿山泥石流。

矿山泥石流不仅会造成与自然泥石流一样的人员伤亡、植被破坏、交通等问题，而且金属矿山采矿排放的废石、贫矿及尾矿渣中，通常含有汞、铅、镉、铜、锌等重金属元素，因此废石渣型泥石流，特别是尾矿砂型泥石流，除具一般泥石流冲毁淤埋等致灾作用外，还会污染河流、造成水源地污染，引发重大社会问题。

（4）崩塌。崩塌是指陡峻斜坡上危重岩体在重力作用下脱离母体的崩落现象，是高山峡谷地区普遍发生的地质灾害之一。产生坍塌发生的因素一方面是天气因素，例如强暴雨、地震等；另一方面就是人类不合理的活动。在进行矿山开采时，施工方为了提高矿山的开采能力，就一味地增加开采面积，从而严重破坏了矿山山体的平衡能力，随着时间的推移，开采面积越来越大，极易发生塌方现象。

7.2　矿山废弃地生态修复现状

7.2.1　我国矿山生态修复现状

近代我国矿山废弃地的生态修复工作开始于 20 世纪 50 年代末 60 年代初，是随着国民经济和社会主义建设的发展自发开展起来的。但是，由于社会、经济和技术等方面的原因，直到 1980 年这项工作基本上还是处于零星、分散、小规模、低水平的状况。1989 年 1 月 1 日生效的国务院第 19 号令《土地复垦规定》，标志着我国矿山废弃地生态修复事业的开端。《土地复垦规定》实施以后，采矿塌陷地、矸石山、露天采矿场、排土场、尾矿场和砖瓦窑取土坑等各类破坏土地的生态修复工作受到全社会的高度重视。

我国有关废弃地生态修复的理论研究起步于 20 世纪 80 年代，90 年代以后才初具规模[6]。近 10 年来，矿山废弃地生态修复的研究有了突飞猛进的发展。主要的研究机构有北京矿冶研究总院、中山大学和香港浸会大学、中国矿业大学、山西农业大学等。形成的两大研究领域是：以北京矿冶研究总院、中山大学和香港浸会大学等为代表、以有色金属矿山废弃地为研究对象、以环境污染的控制和自然生态系统的修复为主要目的的理论与技术研究；中国矿业大学和山西农业大学为代表、以煤矿废弃地为对象、以土地利用为主要目的的生态修复理论与技术研究[7]。

随着国家对耕地保护的要求越来越严格，尤其是确保 1.2 亿公顷耕地保护的要求，土地复垦事业越来越受到国家的重视，正呈现出欣欣向荣的喜人景象。

7.2.2　国外矿山生态修复现状

在 20 世纪 30 年代，发达国家就开始重视矿山生态修复研究。经过几十年的发展，矿山生态修复已成为矿山开发中必须开展的内容，并制定严格的开发管理规定，规定矿山在开发设计和环境影响评价中，必须有生态修复内容，项目实施的同时，必须设立专门的生态修复研究机构，以保证矿山边开采、边修复被破坏了的自然生态，使矿山的生态环境保持良好状况。1971 年，美国矿山土地复地率为 79.5%，西德莱茵褐煤矿区复地率为 55%，国外对矿山进行生态修复多是结合土地复垦来实施的，且各有特色。

7.2.2.1　美国的矿山生态修复

美国的生态修复工作一直走在世界前列。在美国，一般将矿区修复治理工作责任细分，使修复治理工作责任明确。颁布环境法之后的矿区土地破坏，一律实行"谁破坏，谁复垦"。而对于在此之前已被破坏的废弃矿区则由国家通过筹集复垦基金的方式组织修复治理。美国环境法要求工业建设破坏的土地必须修复到原来的形态。由于国家法律的强制作用及其科研工作的进展，美国的矿区环境保护和治理成绩显著。在矿区种植作物、矸石山植树、造林和利用电厂粉煤灰改良土壤等方面做了很多工作，积累了大量经验。

7.2.2.2 德国的矿山生态修复

德国十分重视环境保护工作，保护和治理国土的意识强。在采矿过程中十分注意最大限度地减少对环境的破坏，采矿后开展复垦工作也不是简单的种树或平整土地，而是从整体考虑生态的变化和群众对环境的需要。

7.2.2.3 澳大利亚矿山生态修复

澳大利亚是以矿业为主的国家，它将先进技术运用于矿山复垦，所需资金由政府提供，现在复垦已经成为开采工艺的一部分。它的特点是：

（1）采用综合模式，实现了土地、环境和生态的综合修复，它克服了单项治理带来的弊端。

（2）多专业联合投入，包括地质、矿冶、测量、物理、化学、环境、生态、农艺、经济学，甚至医学、社会学家等多学科多专业，另外是有高科技指导和支持。

7.2.2.4 其他国家的矿山生态修复

英国立法、执法严格，采矿后必须复垦，资金来源明确。1993年露天矿已复垦5.4万公顷，用于农、林业，重新创造了一个合理、和谐、风景秀丽的自然环境。

法国由于工业发达，人口稠密，所以对土地复垦工作要求保持农林面积，恢复生态平衡，防止污染。在进行林业复垦时，分为三个阶段完成：一为实验阶段，研究多种树木的效果，进行系统绿化，总结开拓生土、增加土壤肥力的经验；二为综合种植阶段，筛选出生长好的白杨和赤杨，进行大面积种植试验；三为树种多样化和分阶段种植，并合理安排林、农业，种植一些生命力强的树木、作物。

此外，苏联也在1954年开始立法，1968年将其具体化，促进了土地复垦的综合科研、科学论证。其土地复垦过程分为工程技术复垦和生物复垦，它包括一系列恢复被破坏土地肥力、造林绿化、创立适宜人类生存活动的综合措施。上述国家的矿山复垦工作开展得较早且比较成功，注意修复土地生产性能，生物复垦技术先进。

7.3 矿山废弃地生态修复技术

由于矿山废弃地极端恶劣的环境条件，其受损生态系统很难实现自我恢复，或实现过程漫长，自然条件下废弃地的土壤恢复往往要花费数十年以上的时间。从裸地到草地再到灌丛与森林的生态恢复过程一般需要数十年到数百年的时间来完成。因此，通过人工采取生态恢复措施来加快废弃地植被的生态恢复是废弃地治理的必然选择。如果采用生态恢复措施，矿山废弃地中受破坏的生态系统可在相对较短的时间内得以恢复[8]。近年来，国内外矿山废弃地生态修复技术研究领域主要集中于以下几个方面。

7.3.1 矿山废弃地的基质改良

土壤作为植物生长的基质，其理化性质和营养状况是生态恢复与重建成功与否的关键。影响植物生长的土壤条件主要有三种：物理条件、某些营养物质的缺乏、毒性。因此，矿山废弃地生态环境恢复的基质改良要实现三个目标：一是改善基质结构等物理条件；二是改善基质营养状况；三是去除基质中有毒物质。

7.3.1.1　有机改良物质

城市污泥作为一种废弃物，是在进行废水处理过程中分离出来的固体。污水处理过程中产生的污泥含有大量植物所需的营养成分和微量元素，肥效高于一般农家肥。城市污泥可作为有机肥在农田施用。

城市污泥对矿山废弃地基质改良主要作用有以下几个方面：（1）改良废弃地的理化性质、增加土壤肥力。由于城市污泥的物理、化学和生物特性，施用城市污泥能够迅速有效地提高矿山废弃地的有机质含量并改变其结构性能。城市污泥中的氮、磷、钾和有机质经矿化，很易被植物吸收。因而，通过城市污泥来改良矿山废弃地，能够迅速而持久地为恢复的植物供肥。据研究使用污泥后，$0 \sim 30 cm$ 和 $30 \sim 60 cm$ 土层的全氮量显著增加，水溶性的有机氮会在 $60 \sim 90 cm$ 的土层富集，尤其在干旱季节，有利于植物从深层吸收氮。同时，还能改良土壤的理化性质，从而保证植物的生长，达到防止水土流失和改良土壤的目的。（2）有利于提高矿山废弃地微生物的活性。土壤微生物的活动参与和促进土壤中物质循环，是构成土壤肥力的重要因素。通过施用城市污泥，改善土壤环境为土壤微生物的活动提供了条件，而土壤微生物反过来又进一步促进土壤肥力的提高。城市污泥一方面含有大量的有机质和矿物养分，有利于促进土壤原有微生物的活动和繁殖；另一方面因为其本身主要是由微生物群体组成的活性污泥，从而直接大大提高了土壤中微生物的数量。微生物促进有机物的分解和氮素的矿化作用和硝化作用，提高养分的有效性[9]。

7.3.1.2　矿山废弃地的化学改良

在矿山弃渣场，组成物质主要是岩屑、灰烬等，具有渗漏和易侵蚀的特点，改善其理化性质时，常采用化学改良剂。这些化学改良剂大都是由化工厂的废弃物形成的复杂有机矿质化合物，它们不仅能形成预防表层土壤冲刷、不妨碍植物根系穿透的防护膜，而且能提供足够的酸性中和剂、氧化剂和一定的营养元素，同时，能有效地防止日灼和水分损失。

在硫铁矿、铜矿、铅锌矿和煤矿等矿山废弃地，其酸性通常较强。改善这种条件可以使用石灰作改良剂。改善碱性矿山废弃地常用硫黄、石膏等作改良剂。由于矿山废弃地土壤营养缺乏，结构不良。N、P、K 等大量元素的缺乏常常成为植物生长的限制因子。因此，经常性的施用 N、P、K 等肥料来补充土壤肥力是矿山废弃地生态恢复的重要措施[10]。

7.3.1.3　矿山废弃地的生物改良

生物改良是利用对极端环境条件具有耐性的固氮植物、绿肥作物、固氮微生物、菌根真菌等改善矿山废弃地的理化性质。

澳大利亚通过对草场草类改善研究，利用草场豆科植物固定矿区废弃物，可控制风蚀和水蚀，改善土壤物理、化学和微生物性质。俄罗斯在生态恢复实践中，已经应用了微生物肥料、菌根接种、磷钾菌肥及复合肥技术，此外，在造林中还运用了菌根接种技术。美国学者研究了 VA 菌根真菌与植物演替、多样性的关系，发现用 VA 菌根真菌接种后，恢复后植被生长量增加。

7.3.2　矿山废弃地生态恢复植物种选择的研究

植物种选择一直是各国重视的问题。俄罗斯专家在这方面做了广泛而深入的研究。在选择树种时除考虑地带性规律外，还坚持以下原则，如耐寒性、抗旱性、耐贫瘠、生长快和一定的土壤改良作用等，所选的植物种类应具有抗污染、速生、发育良好、保持水土和保健卫生、绿化及经济功能等特性。大量的资料表明，固氮树种能适应严酷的立地条件，特别是刺槐等豆科植物，是优良的先锋树种[11]。

英国在矿山废弃地生态恢复研究中认为，应该选择耐贫瘠的豆科植物，并注重乔、灌、草合理配置，既有利于控制水土流失，也有利于植物对土壤的改良。在英国，Good等人对生长在营养缺乏的采矿废弃地和其他废弃地上生长的桦木（Betulapendula）和柳树（Salix capma）进行了优良无性系选择。经过选择的优良无性系，在露采煤矿废弃地种植，其成活率明显高于其他植物。在土壤特别贫瘠、条件恶劣的地方，优良无性系表现的效果更为明显。在土壤肥沃、排灌良好的土壤上，优势不很明显[12]。

在国内，李晋川等在安太堡露天煤矿植被恢复研究中选择90余种植物，并从中选出20余种适合在黄土高原脆弱生态区复垦使用的适宜植物。杨修等在德兴铜矿废弃地选择13种草种进行适宜性试验，并认为其中12种较适宜[13]。白中科等研究了平朔露天矿区生态系统演变的阶段、类型和过程，注重草、灌、乔合理种植，并与工程措施联合施用，共引种了71种植物，经过筛选，以16种植物作为先锋植物[14]。孙庆业等在广东仁化县铅锌尾矿库内，发现10种植物自然定居，这些植物在尾矿上的生长、分布明显受到表层尾矿某些物理性质，尾矿中的营养物质含量与植物的生长高度以及群落盖度有一定关系。研究还表明选育的无性系树冠的高、宽比率低，冠幅大，枯枝落叶多，有助于土壤有机质的积累和营养物质的循环[15]。

7.3.3 矿山废弃地植被演替研究

所有的自然生态系统的恢复和重建，总是以植被的恢复为前提的。Pensa等（2004）在爱沙尼亚比较了在4种废弃油页岩堆上生长30年的林木，认为自然演替能够促进多种植被的建植[16]。Holl（2002）研究了美国东部复垦煤矿35年的植被恢复情况，认为恢复35年后的植被组成与周围自然植被相似且该地区的植被组成沿着一个朝向周围森林的轨迹演替，但种植具有侵略性的外来种会减缓长期的植被恢复[17]。Darina（2003）比较了褐煤矿山植被的人工恢复与自然恢复的特点，认为人工恢复仅仅是时间上的特征，而自然演替会在长的时间尺度上进行[18]。

在国内，李青丰等（1997）对准格尔煤田露天矿排土场植被自然恢复进行了研究，他们认为，植被自然恢复是一个漫长的过程，须人工加以适当干扰[19]。白中科等研究了平朔安太堡大型煤矿区生态系统演替的阶段、类型和过程[20]。陈芳清等发现，磷矿废弃地演替植物群落的形成是先锋植物种类入侵、定居、群聚和竞争的结果；在植物群落形成与演替的过程中，各种成分的种群数量及综合优势比呈动态变化；废弃地植物群落形成与演替的过程按演替序列可分为3个阶段；植物群落形成与演替还与环境因子有关；废弃地高浓度的土壤速效磷是影响植物生长与分布的胁迫因子；伴随着群落的形成与演替，植物群落的物种多样性呈逐渐增加的趋势[21]。

刘世忠等研究了茂名北排油页岩废渣堆放场次生裸地的自然恢复的植被演替，发现群落结构及组成种类简单，处于群落次生演替的前期阶段，表明废渣场次生裸地的植被为一些抗逆性强的先锋植物[22]。束文圣认为，无论是对废弃采石场能否划作保护区而进行评估，或是制订对废弃采石场的生态恢复计划，对采石场废弃地基本情况及早期植被的自然入侵状况的了解都是十分重要的[23]。胡振琪等发现，矸石山植被经过 9 年的自然演替和生长过程，其种类及数量发生了较大变化：混交林中木本植物（乔、灌木）种群密度增加；植被具有明显减小矸石山渗透速率、提高保水和持水能力的作用；刺槐林分还能防止矸石山酸化和增加矸石山含氮量并促进氮素的有效化[24]。杨世勇等研究了铜陵市铜尾矿分布区，发现自然和人工定居于尾矿上的植物共有 9 科 37 属 40 种，其中禾本科、豆科、菊科植物占所有植物种的 72.5%，因有完美的生态适应机制，而能成为在尾矿上定居的先锋植物和优势种[25]。

高德武等对黑河地区露天金矿剥离物植被自然恢复和演替规律进行分析研究，发现植被恢复的速度受时间和剥离物组成的共同影响，其中剥离物中土和砂砾比例是影响的主要因素；植被演替中的优势种随时间变化而不同，前期以多肉植物为主，后期菊科植物成为优势种；针对植被演替规律和剥离物特性提出快速恢复植被的相应对策。因此，矿山废弃地必须辅以人工措施加速植被的恢复进程[26]。

7.3.4　矿山废弃地植物修复的研究

矿山土地的植物修复是指用绿色植物及其相关的微生物、土壤添加剂和农艺技术来去除、截留土壤中的污染物或使污染物无害化的过程及技术。

矿山废弃地土壤中含有大量的有害物质，严重阻碍植物的生长。如在重金属污染严重的地区，所能生长的植物仅仅是那些耐重金属污染的物种。Marseille 等（2000）研究了植被对重金属理化性质的改变和转移，结果表明：重金属能够被植被所吸收，植被覆盖的建立能够改变废弃地的理化性质，增加里面重金属的流动性[27]。韦朝阳和陈同斌对湖南一些炼砷区的植被和土壤污染状况进行了研究，首次发现砷的超富集植物蜈蚣草叶片含砷量高达 5000mg/kg，此后，又发现了与蜈蚣草同属的另一种凤尾蕨类植物大叶井口边草对砷具有明显的富集功能[28]。束文圣等在湖北铜绿山古冶炼渣堆进行了植被和土壤调查，发现鸭跖草是铜的超富集植物，可用于铜污染土壤的植物修复与重建[29]。薛生国等对湘潭锰矿污染区的植物和土壤进行了野外调查，发现商陆科植物商陆对锰具有明显的超富积特性[30]。刘威等发现并证实宝山堇菜是一种镉超富集植物。杨胜香等通过对广西平乐锰矿区受污染土壤及该区 7 种优势植物的调查和重金属含量的分析，发现其中山茶科木荷叶子中锰含量高达 30075.94mg/kg，表现出对锰的超富集能力[31]。

近年来，耐重金属污染植物物种的筛选及其蕴藏的基因资源受到科学界的普遍关注，将超富集基因转入基因工程植物也是一个发展方向。Chaney 等建议通过分子生物学技术改进野生超富集植物，建立商业化的实用植物提取技术，具体包括选择植物种类、收集种子、规范土壤管理、发展植物管理实践和妥善处理生物量。人们开始利用现代生物技术克隆耐重金属污染的基因，试图培育出适于在重金属污染土壤上生长的植物种类[32]。

7.3.5　矿山废弃地土壤质量演变的研究

保持矿山废弃地土壤稳定性的关键因素在于土壤质量，包括土壤生物肥力和土壤环境质量。

阳承胜认为，土壤生物肥力水平是废弃地土地管理的关键因素之一。他们系统地分析了矿山废弃地的土壤生物群落组成及功能，矿山废弃地特殊的生境对土壤生物群落的影响等问题[33]。于君宝等对抚顺老虎台煤矿复垦土壤进行取样测试，结果表明：覆土的营养元素含量随着覆土年龄的增长而升高；旌（培）肥、植物吸收及表层微生物活动强烈，都成为覆土中营养元素含量上高下低的决定性因素；试验地覆土耕作层不存在酸性污染；虽然各覆土中养分状况存在差异，但均能满足作物生长需求[34]。

龙健等通过观察浙江哩铺铜矿废弃地复垦土壤发现，微生物区系发生明显改变，重金属的胁迫抑制了矿区土壤中碳、氮营养元素周转速率和能量流动。张乃明等系统研究了孝义露天铝矿不同复垦年限的土壤养分变化，结果表明：随着复垦年限的增加，复垦土壤有机质、全氮、有效磷均呈逐年增加趋势，土壤容重逐年下降，土壤全磷、全钾、速效钾、土壤pH值、交换量和微量元素的有效态含量变化不明显，通过种植牧草和大量施用有机肥和化肥，可加速复垦土壤的熟化、土壤理化性状逐年改善，使土壤生产力逐年提高[35]。

胡振琪等在对煤矸石山的植物种群生长及其对土壤理化特性的影响研究后认为：植被具有明显减小矸石山渗透速率、提高保水和持水能力的作用，刺槐林分还能防止矸石山酸化和增加矸石山全氮量并促进氮素的有效化[24,36]。陕永杰等发现安太堡露天煤矿采矿前后土壤质量演变过程：第一阶段为突变型土壤质量退化阶段，土壤的物理、化学性状受到毁灭性破坏；第二阶段为渐变型土壤质量恢复阶段，经过人工培肥、土地复垦，提高了土壤质量，但是该过程进行得很缓慢[37]。

姚斌等对废弃柴河铅锌矿区调查发现，重金属污染对土壤微生物特征有显著影响，使土壤呼吸速率明显增加，但土壤微生物生物量却显著下降，导致土壤微生物对能源碳的利用效率降低，从而削弱了矿山复垦土壤中碳、氮的循环速率和能量流动，不利于有机质的累积[38]。

7.4　展　望

我国对生态修复这项极为重视、传统的单一方法已经不适用于现在高速率的修复标准中，虽然对矿山废弃地生态修复技术逐步推广，技术水平也在逐步更新完善。但各项技术各有利弊，创新思维、创新方法是当下需求的。比如表土覆盖修复技术，优点是普遍性、成熟性，缺点是对矿山废弃类型有局限性，工程实施成本高，如果施工人员操作技术不强，很容易造成水土流失、石漠化加剧等后果；利用物理化学改良剂进行基质改良，优点是效果明显、修复周期短，缺点是经济花销大、操作步骤繁琐、技术性高、易造成二次污染等；生物修复法中的植物修复技术，属于绿色修复，优点是具有成本低、不破坏土壤和河流生态环境，不引起二次污染等，治理效果一步到位，缺点是修复过程周期长，易受天气、环境、温度、湿度、土质等因素影响，效率和速率不高，导致资源耗费严重。经过分析，联合修复技术是最为优化的一种方式。因地制宜，结合矿山废弃实际情况，优点是综合性强，针对性强，生态修复效果很明显。缺点是前期需要勘察人员做大量的准备工作，调查废弃地的土壤、地质条件、矿山类型等，做好记录，学科技术交叉应用范围广，施工工序多，需要高质量技术人才[1]。开采工程不能停止，再好的治理方式，不如以防治防，从根本上重视绿色开采理念，边采边治，不留废弃地，这样才能使得日后生态系统结构合理、功能完善，避免出现生态恢复后又退化的现象。希望能实现环境、土壤和生态的综合修复！

习　题

（1）矿山废弃地具有什么特点，对生态环境有哪些影响？

（2）目前我国矿山废弃地生态修复技术研究领域主要集中于哪几个方面？

（3）矿山废弃地的土壤质量是如何演变的，是否能恢复到开采前的状态？

（4）针对我国目前矿山废弃地修复现状，谈谈自己的看法。

参 考 文 献

［1］赵天尧，武新丽，张冲．碳中和视角下露天废弃矿山生态修复技术优化［J］．冶金管理，2022（18）：63-67.

［2］高轩，邵鹏远，康春景，等．露天矿山高陡岩质边坡生态修复技术的应用现状与发展趋势［J］．能源与环保，2022，44（8）：27-31. DOI：10.19389/j. cnki. 1003-0506. 2022. 08. 005.

［3］高坤，冯巧梅，周文静，等．酸性矿山废水环境中砷的污染机制与修复技术［J］．环境科学与技术，2022，45（8）：107-116. DOI：10.19672/j. cnki. 1003-6504. 0719. 22. 338.

［4］李泽．金属矿山重金属污染废弃地土壤修复技术分析［J］．世界有色金属，2022（14）：226-228.

［5］杨黎萌．废弃露天矿山生态修复技术的实践应用［J］．世界有色金属，2022（13）：202-204.

［6］武剑．露天矿山边坡稳定化治理与生态修复技术探究［J］．西部资源，2022（3）：99-100，103. DOI：10.16631/j. cnki. cn15-1331/p. 2022. 03. 028.

［7］兰锥德．泉州市废弃矿山生态修复技术研究［J］．世界有色金属，2022（9）：205-207.

［8］李道进．西部矿山开发的生态环境修复技术研究［J］．资源节约与环保，2022（4）：31-34. DOI：10.16317/j. cnki. 12-1377/x. 2022. 04. 027.

［9］邵和东，王大鹏．有色金属矿山环境修复技术综述［J］．中国资源综合利用，2022，40（3）：126-129.

［10］方忆刚．矿山地区重金属污染土壤植物修复技术研究［J］．环境科学与管理，2022，47（3）：114-118.

［11］牛百强，张玉有．废弃矿山生态修复技术研究［J］．能源与环保，2022，44（2）：18-23. DOI：10.19389/j. cnki. 1003-0506. 2022. 02. 004.

［12］Thomson A G, Good J E G, Radford G L, et al. Factors affecting the distribution and spread of rhododendron in north wales［J］. Journal of Environment Management, 1993, 39（3）：199-212.

［13］李晋川，岳建英，郭春燕，等．安太堡露天矿生态修复过程中土壤酶活性及微生物区系变化的研究［C］//中国煤炭学会煤矿土地复垦与生态修复专业委员会. 2016全国土地复垦与生态修复学术研讨会论文摘要, 2016, 11.

［14］白中科，郧文聚．矿区土地复垦与复垦土地的再利用——以平朔矿区为例［J］．资源与产业，2008（5）：32-37.

［15］孙庆业，杨林章，安树青，等．尾矿废弃地的自然生态恢复——以铜陵铜尾矿废弃地为例［C］//中国生态学会，安徽生态省建设领导小组办公室. 循环·整合·和谐——第二届全国复合生态与循环经济学术讨论会论文集. 北京：中国科学技术出版社，2005：259-265.

［16］Rong H, Shan D, Zhang T, et al. Experimental study on vegetation restoration of abandoned land in desert steppe nonferrous metal mine［J］. E3S Web of Conferences, 2021, 293：3005.

［17］Hu Z, Wang X, McSweeney K, et al. Restoring subsided coal mined land to farmland using optimized placement of Yellow River sediment to amend soil［J］. Land Degradation & Development, 2022, 33（7）：

1029-1042.

［18］Zhu S，Zheng H，Liu W，et al. Plant-soil feedbacks for the restoration of degraded mine lands：A review［J］. Frontiers in microbiology，2022，12：751794.

［19］李青丰，曹江营，张树礼，等. 准格尔煤田露天矿植被恢复的研究——排土场植被自然恢复的观察研究［J］. 中国草地，1997（2）：24-26，67.

［20］白中科，赵景逵，王治国，等. 黄土高原大型露天采煤废弃地复垦与生态重建——以平朔露天矿区为例（1986—2001）［J］. 能源环境保护，2003（1）：13-16.

［21］陈芳清，卢斌，王祥荣. 樟村坪磷矿废弃地植物群落的形成与演替［J］. 生态学报，2001（8）：1347-1353.

［22］刘世忠，夏汉平，孔国辉，等. 茂名北排油页岩废渣场的土壤与植被特性研究［J］. 生态科学，2002（1）：25-28.

［23］束文圣. 重金属矿业废弃地生态恢复技术及应用［D］. 广州：中山大学，2018.

［24］胡振琪，巩玉玲，吴媛婧，等. 自燃煤矸石山隔离层空气阻隔性对时间的响应［J］. 中国矿业，2019，28（5）：77-81，124.

［25］杨世勇，谢建春，刘登义. 铜陵铜尾矿复垦现状及植物在铜尾矿上的定居［J］. 长江流域资源与环境，2004（5）：488-493.

［26］高德武，蔡体久，王晓辉. 露天金矿剥离物植被演替规律及植被恢复对策——以公别拉河流域为例［J］. 水土保持研究，2005（6）：37-39.

［27］Adator S W，Li J. Evaluating the environmental and economic impact of mining for post-mined land restoration and land-use：A review［J］. Journal of Environmental Management，2021：279.

［28］韦朝阳，陈同斌，黄泽春，等. 大叶井口边草——一种新发现的富集砷的植物［J］. 生态学报，2002（5）：777-778.

［29］束文圣，杨开颜，张志权，等. 湖北铜绿山古铜矿冶炼渣植被与优势植物的重金属含量研究［J］. 应用与环境生物学报，2001（1）：7-12.

［30］薛生国，周晓花，刘恒，等. 垂序商陆对污染水体重金属去除潜力的研究［J］. 中南大学学报（自然科学版），2011，42（4）：1156-1160.

［31］刘威，束文圣，蓝崇钰. 宝山堇菜（Viola baoshanensis）——一种新的镉超富集植物［J］. 科学通报，2003（19）：2046-2049.

［32］Yan M，Fan L，Wang L. Restoration of soil carbon with different tree species in a post-mining land in eastern Loess Plateau，China［J］. Ecological Engineering，2020，158：106025.

［33］阳承胜，蓝崇钰，束文圣. 矿业废弃地生态恢复的土壤生物肥力［J］. 生态科学，2000（3）：73-78.

［34］于君宝，刘景双，王金达，等. 矿山复垦土壤重金属元素时空变化研究［J］. 水土保持学报，2000（4）：30-33. DOI：10.13870/j.cnki.stbcxb.2000.04.007.

［35］龙健，黄昌勇，滕应，等. 重金属污染矿区复垦土壤微生物生物量及酶活性的研究［J］. 中国生态农业学报，2004（3）：151-153.

［36］胡振琪，理源源，李根生，等. 碳中和目标下矿区土地复垦与生态修复的机遇与挑战［J］. 煤炭科学技术，2023，51（1）：474-483. DOI：10.13199/j.cnki.cst.2023-0047.

［37］陕永杰，张美萍，白中科，等. 平朔安太堡大型露天矿区土壤质量演变过程分析［J］. 干旱区研究，2005（4）：149-152. DOI：10.13866/j.azr.2005.04.027.

［38］姚斌，张静茹，韦秀文，等. 杨树修复阿特拉津污染土壤的根际微生物碳源利用研究［J］. 西南林业大学学报，2016，36（1）：33-37.

8 固废综合利用技术

固体废物是指人类在生产建设、日常生活和其他活动中产生的，在一定时间和地点无法利用而被丢弃的污染环境的固体、半固体废弃物质。固体废物来源于人类的生产和生活活动，物质消耗越多，废物产生量也就越多。随着经济的发展，固体废物产生量越来越大，妥善处理固体废物是人类必须面临的新课题。

8.1 固废处理研究现状

8.1.1 工业固体废物的产生、处理及研究现状

工业固体废物是指在工业、交通、矿业等生产过程中产生的固体废物，主要包括矿山固体废物、冶金固体废物、化工固体废物、其他工业固体废物（如粉煤灰、水泥厂窑灰、炉渣等）。根据 2020 年全国大、中城市固体废物污染环境防治年报统计，2019 年，196 个大、中城市一般工业固体废物产生量达 13.8 亿吨，综合利用量 8.5 亿吨，处置量 3.1 亿吨，贮存量 3.6 亿吨，倾倒丢弃量 4.2 万吨。一般工业固体废物综合利用量占利用处置及贮存总量的 55.9%，处置和贮存分别占比 20.4% 和 23.6%，综合利用仍然是处理一般工业固体废物的主要途径，部分城市对历史堆存的一般工业固体废物进行了有效的利用和处置。随着技术及环保要求的提高，综合利用率还有较大的上升空间。工业固体废物主要用于生产水泥、混凝土、充填材料、骨料和用于制砖、筑路等。对于不能利用的部分，一般采取填埋的方式进行处置。

8.1.2 城市生活垃圾的处理及研究

近年来，我国经济社会不断发展，消费水平、物质需求、衣食住行水平不断提高，城镇化也在飞速发展，城市的人口、设施、资源都快速增加，城市经济和文明取得了飞速发展，而生活垃圾产生量也同步迅速增长，"垃圾围城"在一些地方时有发生。2019 年 12 月底，生态环境部更新了全国大、中城市固体废物污染环境防治年报，年报数据显示，2019 年全国 200 个大中城市生活垃圾产生量达到 21147.3 万吨，垃圾生产量排在前十的城市产生垃圾总量为 6256.0 万吨，上海市以 984.3 万吨的垃圾产生量排在榜首。而且即使垃圾得到了清理，后期处理方式也是简单粗暴的填埋、焚烧，给环境造成二次污染和长期安全隐患，长此以往环境问题日益突出，已经成为制约可持续发展的最大障碍。全世界垃圾量年均增长速度为 8.42%，而中国垃圾增长率达到 10% 以上。我国已经成为全球垃圾治理压力最大的国家之一。

我国的生活垃圾处理技术最常用的为卫生填埋、焚烧和堆肥，此外还有厌氧消化、高温热解汽化、高压液化等，其中以前两种应用最广泛。卫生填埋的优点是处理量大，总成

本较低；缺点是占用大量土地资源，以致新建填埋场选址困难，产生的垃圾渗滤液会对土壤及地下水造成污染。虽然国内出现了渗滤液处理等方面先进技术的应用，但受到经济因素限制，还有相当数量的填埋场设备设施不足，防治技术落后，环境污染问题突出。有些填埋场处理能力也不足。焚烧处理具有占地少、厂址选择易、处理周期短、减量化显著、无害化较彻底以及可回收垃圾焚烧余热等优点；其缺点是初期投资大、运行成本也高，我国很多城市难以承担，另外还会产生大气污染。堆肥的资源化程度较高，但由于垃圾成分复杂，其工艺条件难以控制，即使经过精细分选的肥料也仍然含有一定的玻璃、金属、塑料等杂物，会造成田间操作的困难。此外，堆肥在制作过程中容易产生恶臭，且垃圾的减量化效果较差，即使在发达国家堆肥也受到严格限制。

目前，垃圾研究的重点有以下几个方面：

（1）形成较完善的垃圾卫生填埋技术。

（2）进一步完善中小型垃圾焚烧技术，开发大型垃圾焚烧炉。

（3）研究、开发高技术层次垃圾堆肥成套技术及配套设备，对厌氧堆肥技术的鉴定、推广。

（4）完成废塑料、废轮胎、废纸利用技术，无机垃圾制建材技术优化等资源利用技术的开发、研究。

（5）垃圾热解、气化技术的研究、开发。

8.1.3　农业固体废物现状及处理

农业固体废物是指在农业生产、农产品加工、牲畜和家禽养殖、居民日常生活中产生的非产品产出，产量大、种类多、分布范围广、可再利用、易污染环境。从广义上来讲，农业固体废物是指在农业生产和再生产链环中，资源在物质和能量上投入与产出的差额，是资源利用过程中产生的物质能量流失份额。从狭义上来讲，农业固体废物是指在整个农业生产过程中被丢弃的有机类物质，主要包括：（1）农业生产固体废物。粮食、蔬菜、瓜果、油料、糖料等植物性农产品生产及收获过程中产生的固体废物如杂草、秸秆、果壳、枯枝落叶等。（2）畜禽养殖垃圾。畜禽等动物性农产品制造过程中产生的垃圾，包括畜禽粪便、脱落的羽毛、畜禽养殖垫料、畜禽饲料残渣等。（3）农产品初加工固体废物。植物性农产品在初级加工过程中产生的垃圾，如甘蔗渣、玉米芯、木屑、谷糠、麦麸等。（4）农村生活垃圾。农村居民在日常生活中产生的垃圾，包括厨余垃圾、日常生活用品包装物、小型废旧家具和破旧衣物等。

随着现代化农业、养殖业以及农副产品加工业的快速发展，农业固体废物的产出不断增加。我国每年产生的农业固体废物总量约为50亿吨，折合约30亿吨的标准煤。其中畜禽粪便所占比例最高，每年产量26.9亿吨，占总量53.8%。农作物秸秆产量约10.9亿吨，占总量21.8%。生活废物每年产量约3亿吨，占总量6.0%。其他有机废物约9.2亿吨，占总量18.4%。预计到2025年，农业固体废物产量将达到60亿吨。

近年来，国内外农业废弃物的资源化利用技术与研究得到较大的进步，其资源化利用日益呈现多样化趋势。从总体来看，农业废弃物的资源化利用方式主要集中在肥料化、饲料化、能源化、基质化、工业原料化及生态化等几个方向。

8.1.4　畜禽排泄物的处理及研究

目前，我国畜禽养殖粪便每年产生量超过 3×10^{10} t，所含污染物的化学需氧量为 7.118×10^7 t，已超过全国工业废水与生活污水的化学需氧量，全国畜禽粪便 N、P 流失总量分别为化肥 N、P 流失总量的 12 倍和 13 倍，已成为农业面源污染的主要来源，畜禽养殖污染产生的环境问题日益突出。据统计，自 1994 年开始，我国肉、奶、蛋的总产量多年保持世界第一，每年以 6%~10% 的速度递增，从而导致畜禽粪便量激增。

减少畜禽粪便的排放是减轻环境污染的首要方法。畜禽排放粪便较多的主要原因是日粮中营养物质消化吸收不完全。因此，从治本的角度出发，提高日粮营养物质的消化利用率，能在一定程度上减少畜禽粪便的产生。目前许多经济比较发达的国家都采用增添饲料添加剂的方法，用于提高畜禽对饲料蛋白质的利用率。欧洲饲料添加剂基金会指出，适当添加氨基酸可使畜禽 N 的排放量减少 20%~25%。近年来研究证明，畜禽对饲料中 P 的利用率较低（40%~50%），其所摄入的超过 50% 的 P 被排出体外，直接渗入地下水或沉积在土壤中，引起环境污染。在饲料中添加酶制剂，能够更好地提高畜禽的消化率，如添加植酸酶，可以弥补由于日粮中缺 P 而对猪仔生长所造成的不良影响，提高各种营养元素的利用率。

此外，畜禽粪便的处理方法还有生物技术法和废渣还田、用作燃料、制造有机肥料、制造再生饲料等。其中，生物技术法在近年研究较多，应用较为广泛，是一种非常有前景的畜禽粪便处理方法，它主要分为厌氧发酵法和好氧发酵法。

总之，中国人口众多，经济发展迅猛，固体废物产生量大且增长迅速，固体废物污染防治形势严峻。国家应尽快出台相关的政策法规，以促进固体废物处理产业化，并借鉴其他国家有益经验，使固体废物的管理思路转变到"避免再生、循环利用、末端处理"的方式上，同时，全社会都会应大力推行清洁生产，倡导循环经济，只有这样，中国的可持续发展战略才能实现。

8.2　冶金工业固废大宗利用技术的研究进展及趋势

冶金行业是国民经济的重要基础工业，为我国经济社会发展做出了重要的贡献。2020年我国钢铁行业粗钢产量达 10.65 亿吨，占世界产量的 56.7%；氧化铝行业产量 7100 万吨，占世界产量的 53%；铁合金、铜等 10 种有色金属产量分别达到 3420 万吨和 6188 万吨，接近世界产量的一半。

当我国冶金行业提供了约占世界一半冶金产品的时候，也排放了约占世界一半的冶金固废。其中，每产 1t 粗钢、氧化铝和粗铜将分别排放约 150kg 钢渣、1.5t 赤泥和 2.2t 铜渣，每产 1t 镍铁合金、硅锰铁合金和铬铁合金将分别排放约 6t 镍铁渣、1t 硅锰渣和 1.2t 铬铁渣。我国相应排放钢渣约 1.5 亿吨，赤泥约 1.1 亿吨、铜渣接近 2000 万吨[1]、镍铁渣超过 3000 万吨[2]、硅锰渣和铬铁渣分别超过和接近 1000 万吨[3]。上述冶金固废达到千万吨乃至亿吨的大宗量级别，总体利用率低于 30%，总堆存量数十亿吨，不仅占用大量的土地，还形成严重的安全和环境污染隐患。作为一个工业制造大国，要实现工业系统的绿色发展，就亟需开展大宗冶金固废资源化利用技术的研究和应用。

我国冶金工业的现状决定了我国冶金固废资源化利用的难度。我国冶金行业产能不仅约占世界一半，数量巨大，而且分布集中，导致冶金渣排放集中，比如钢铁行业主要分布在环渤海、长江沿岸等区域；氧化铝主要集中在山东、山西、河南等省份。人类工业发展史上没有出现过如此大规模和高度集中的冶金渣排放，西方冶金工业发达国家对冶金固废利用的成熟技术难以解决我国大宗冶金固废资源化利用的需求。因此，我国大宗冶金固废的资源化利用是一个具有国内重大需求的世界性难题，需要自主创新发展。

8.2.1 冶金固废利用现状

传统大宗冶金固废主要利用渠道是用于水泥、混凝土或道路工程等行业。钢渣、赤泥、铜渣和部分铁合金渣利用率低的主要因素在于其存在有害组分、胶凝活性低、成分波动大等资源禀赋差的特性，也存在固废分布集中、产品市场受限等其他因素，从而很难实现在水泥和混凝土等领域的大量应用。典型冶金渣的大宗利用现状如下。

8.2.1.1 钢渣的特点及利用现状

钢渣种类多样，除了转炉炼钢过程排放的转炉钢渣，其他还有电炉炼钢过程排放的电炉钢渣、不锈钢冶炼过程排放的不锈钢钢渣，也有企业把铁水预处理、精炼等炼钢相关工艺排放的预处理渣、精炼渣、铸余渣等也算作钢渣。部分钢铁厂将这些废渣全部排放到渣场处理，不同的废渣被混合，大大增加了钢渣的利用难度。

在我国，目前约90%的粗钢采用转炉炼钢工艺生产，钢渣中转炉钢渣对应占比接近90%。钢渣处理主要经过热态钢渣冷却和冷渣破碎磁选工艺，以实现回收10%~15%具有经济价值的铁质组分，同时剩余85%左右难以利用的钢渣尾渣。通常所说的钢渣即是指这部分磁选后的转炉钢渣尾渣。

转炉钢渣安定性不良的特点正是钢渣难以利用的一个最重要因素。相关研究表明：钢渣尾渣含有安定性不良的游离氧化钙和游离氧化镁矿物，这些矿物在遇水后体积会膨胀为原体积的1.98倍和2.48倍，并且反应速度缓慢[4-5]。如果这些矿物在建筑服役过程中发生水化，则会导致建筑出现开裂、鼓包甚至整体失去强度等。为了更好地利用钢渣，通常采用将钢渣与粉煤灰、煤矸石或矿渣复合双掺或三掺的办法加入到水泥中，但钢渣在水泥中的实际掺量仍然小于10%。较少或不含水泥熟料的全固废胶凝材料中氢氧化钙类水化产物较少，将钢渣作为原料应用到这些新的全固废胶凝材料是提高钢渣掺量的一个有效办法[6]。此外，将钢渣磨细至比表面积为550 m^2/kg 或更细被认为能够加速钢渣中游离氧化钙的反应速度，避免后期膨胀，有望成为钢渣利用的有效途径。但是粉磨成本是关键，目前低成本粉磨技术仍在发展中。

不同区域的钢渣成分变化大，根据钢渣特性进行分类利用具有重要意义。我国大部分区域的钢渣中氧化镁质量分数为3%~6%，然而鞍山、唐山和邯郸等地区部分钢铁厂的氧化镁质量分数为7%~13%。由于游离氧化镁在水化后的体积膨胀率是2倍以上，反应更缓慢，还缺乏成熟的检测方法，因此氧化镁含量较高的钢渣的安定性不良隐患较大，对其使用需要更加谨慎。

由于冶炼工艺不同，电炉钢渣中的游离氧化钙和游离氧化镁含量相对较低，含铁组分的磁选效率较差。因此，电炉钢渣直接用作骨料的前景优于转炉钢渣。发达国家工业发展较早，社会废钢蓄积量多，主要采用以废钢为主要原料的电炉炼钢，电炉钢渣数量较多，欧洲和美国排放钢渣中超过一半的数量用于筑路，特别是沥青路面，并取得很好的效果[7]。我国钢渣的类型与发达国家不同，以转炉渣为主，电炉炼钢比例仅为 10% 左右。因此，我国在电炉钢渣筑路方面起步较晚，目前研究多以转炉钢渣为主，研究已进入应用示范阶段[8-9]。

不锈钢在电炉冶炼过程排放的钢渣中 Cr_2O_3 质量分数在 2.92% ~ 10.4%，这也使得不锈钢钢渣目前难以直接掺入水泥或混凝土中。保证不锈钢钢渣资源化产品的绿色安全是其大宗利用的先决条件。从排渣前对高温炼钢熔渣进行调质，使更多的重金属元素 Cr、Mn等进入尖晶石等晶体结构中，从而能够磁选分离或稳定固结更多的重金属元素，以保证磁选后尾渣的绿色安全。这已成为目前研究的热点方向。

在固废分布集中方面，以我国唐山市为例。唐山市钢铁产量就超过了 1.4 亿吨，超过了世界上其他国家的钢铁产量，因此，仅唐山市排放的相应钢渣数量就超过了其他任何一个国家的钢渣排放数量，达到 2160 万吨；而美国和日本的钢渣数量仅 1320 万吨和 1490万吨（产渣量按照粗钢产量质量分数的 15% 计算）。不仅如此，唐山市还有更大量的高炉渣、煤矸石、铁尾矿等固体废弃物排放，这些固体废弃物在固废建材市场也与钢渣形成竞争。

同时，唐山市的道路工程数量仅 $1.9×10^4$ km，即使考虑河北省，也才 $19.7×10^4$ km，仍然低于日本（$122.5×10^4$ km）、美国（$671.13×10^4$ km）等一个数量级；唐山水泥产量仅3454.3 万吨，日本、美国及韩国的水泥产量为唐山的 1.4 ~ 2.6 倍。因此，从量上也限制了钢渣在道路和建筑工程上的应用。其他冶金渣利用方面也存在类似的难题。

8.2.1.2　赤泥的特点及利用现状

我国赤泥以拜耳法赤泥为主，其组分以氧化硅、氧化铁、氧化铝、氧化钠和氧化钙为主，还含有 Cr、Cd、Mn、Pb 或 As 等重金属元素。其中，赤泥中氧化钠质量分数在 7% ~16%，pH 值为 9.7 ~ 12.8[10]。

赤泥的高碱性是其形成危害和难以资源化利用的主要原因[11]。赤泥碱性物质分为可溶性碱和化学结合碱。可溶性碱包括 $NaOH$、Na_2CO_3、$NaAl(OH)_4$ 等，通过水洗仅能去除部分可溶性碱，仍有部分残留在赤泥难溶固相表面并随赤泥堆存。结合碱多存在于赤泥难溶固相中，如方钠石（$Na_8Al_6Si_6O_{24} \cdot (OH)_2(H_2O)_2$）、钙霞石（$Na_6Ca_2Al_6Si_6O_{24}$ $(CO_3)_2 \cdot 2H_2O$）等[11]，这类含水矿物并不稳定，存在一定的溶解平衡，从而导致赤泥仍然具有碱性但难以通过水洗直接去除。

在硅酸盐水泥中，一方面游离的 Na^+ 会在毛细力作用下向外迁移，另一方面硅酸盐水泥中大量的 Ca^{2+} 进一步取代硅酸盐中的 Na^+，加剧了 Na^+ 的溶出和返碱，这导致赤泥建材产品广泛存在返碱防霜问题，因而产品中不能大量掺入赤泥。此外，水泥混凝土及制品中大量的 Na^+ 还会进一步与骨料中的 SiO_2 发生碱骨料反应，生成水化凝胶而使得体积膨胀，材料结构被破坏，导致建筑产品开裂、耐久性能恶化。因此，赤泥在普通水泥混凝土类建筑材料中难以大量利用。

道路工程中能够大量使用赤泥作为原料[12]，但是赤泥仅是作为附加值较低的路基材料，运输半径小，而当地道路工程项目的数量有限，因此，该方法市场规模小，难以持续消纳固废。同时，冶金固废在道路工程中的应用还涉及冶金—环保—材料—交通等多个行业，对此没有较为统一的认识，也缺乏相关应用标准的制定，这一定程度制约了该技术的应用。

如果将赤泥与高硅铝的粉煤灰、煅烧煤矸石等进行混合[13]，可以制备出碱激发胶凝材料，能够实现钠离子较稳定的固结。但是，赤泥中的钠离子仅是作为激发剂，赤泥的掺量低；更为关键的是，碱激发胶凝材料的研发整体上还处于实验室到中试阶段，仍然未能大规模应用。

目前对高铁赤泥进行磁选并获得铁精粉的技术已成熟，该技术能够实现赤泥的减量化，但是对磁选尾泥难以利用。我国目前选铁处理赤泥产能约 1900 万吨，主要分布在广西、山东、云南和山西等地。磁选的铁精粉（减排量）质量分数在 10%～20%，铁品位在 47%～60%。利润主要受到铁精粉价格的影响而波动，选铁成本 60～150 元/t，铁精粉售价 50～350 元/t。此外，从赤泥中首先提碱或提取有价元素等是赤泥规模化利用的一条重要途径，但是赤泥湿法提取过程还会混入更多杂质甚至对环境有害的组分，这将使得尾泥更难以利用。

8.2.1.3　铜渣的特点及利用现状

现阶段，铜渣主要消耗方向是回收有价金属，代替砂石，制备水泥和其他建筑材料等，其他大宗利用方向还不多见[14]。铜渣中铜利用率低于 12%，铁利用率低于 1%。

铜渣化学组成中含有质量分数 35%～45% 的全 Fe 和约 40% 的 SiO_2，1.2%～4.6% 的金属 Cu，还存在 Pb、Zn、Ni 等重金属元素。铜渣的化学组成决定了其矿物组成以铁橄榄石为主，缺少胶凝活性，这一特点制约了其在水泥混合材或混凝土掺合料中的利用。铜渣本身硬度较大，适合作为砂石骨料；但是为了提取其中质量分数 0.8%～5% 的铜元素，通常将其先粉磨至 250 目（0.062mm）后进行浮选，这使得最终形成的浮选尾渣因太细而难以作为砂石骨料，也不能大规模用于道路工程。

将铜渣中化学组成超过一半的 Fe_2O_3 组分通过磁选或高温过程还原回收是另外一条大宗利用的途径。然而铜渣中氧化铁主要是以和氧化硅结合成橄榄石的形式存在，铜渣磁选难以分离；对铜渣进行熔融还原需要大量的氧化钙等溶剂成分，渣铁比高，这使得提铁成本大大提高。更为重要的是铜渣中存在铜、硫等炼钢有害元素，这限制了其作为原料在钢铁行业中的大量应用。

8.2.1.4　铁合金渣的特点及利用现状

铁合金渣种类多，资源化利用的特点并不相同。其中镍铁渣包括矿热炉冶炼的电炉镍铁渣和高炉冶炼的高炉镍铁渣。

高炉镍铁渣的排渣工艺和成分接近普通高炉渣，但具有相对较高的氧化铝和氧化镁，其成分见表 8.1。相对电炉镍铁渣，水淬的高炉镍铁渣含有玻璃相，胶凝活性较高，因而获得较好的利用，已广泛用于水泥、混凝土行业。硅锰渣水淬后也能够形成较多的玻璃相，具有一定的胶凝活性，也能用作水泥混合材或者混凝土掺合料，但较高的氧化锰含量制约了其广泛应用[15-16]。

表 8.1　典型铁合金渣的成分（质量分数）　　　　　　　（%）

矿渣	SiO_2	Al_2O_3	CaO	MgO	Fe_2O_3	Cr_2O_3	MnO	其他
硅锰渣	42.17	20.71	16.07	3.68	0.12	0.01	11.38	5.86

矿渣	SiO_2	Al_2O_3	CaO	MgO	Fe_2O_3	Cr_2O_3	MnO	其他
铬铁渣	34.96	23.27	2.44	26.79	2.74	7.36	0.25	2.19
高炉镍铁渣	28.92	22.81	31.55	10.69	1.24	0.23	0.22	4.34
电炉镍铁渣	49.47	4.20	2.17	28.33	12.23	1.08	0.5	2.02

将电炉镍铁渣、铬铁渣应用于砂石骨料领域是另外一条大宗利用的方法，电炉镍铁渣和铬铁渣的主要矿相分别为镁橄榄石，以及镁橄榄石和尖晶石，具有较高的硬度。虽然这两种铁合金渣含有质量分数超过 20% 的氧化镁，以及 2%~10% 的氧化铬，对其安定性和浸出的实验都表明安定性和重金属浸出率均合格。目前相关研究已进入道路工程应用示范阶段[17]。此外，我国硅锰渣、铬铁渣集中分布在电力丰富的内蒙古、宁夏和山西等中西部地区，这些地区对水泥、混凝土和道路的需求量少，缺乏消纳冶金渣的当地大宗市场，因此，市场因素也制约了铁合金渣的大宗量利用。

8.2.2　冶金渣利用新技术

大宗量、低成本、绿色安全的资源化利用技术是解决大宗冶金固废有效利用的重要途径，也是研究的重点方向。在我国，砂石骨料和混凝土年使用量达到百亿吨级，水泥和烧结砖瓦行业年使用量为 10 亿吨级，而陶瓷和石材行业年产量为亿吨级。对于难以用于水泥、混凝土领域的冶金固废，将其用于砂石骨料、陶瓷、石材等领域是其规模化利用的新的有效途径。在这些新领域的研究进展如下。

8.2.2.1　利用冶金渣制备人造砂石骨料技术

砂石骨料是我国使用量最大的建筑原材料。由于国家对开山采石和河道挖砂的严格限制，传统砂石料来源减少，近年来我国砂石料一直紧缺，长江流域中下游多数地区砂石价格上涨数倍并达到 100~200 元/t，在广东珠三角地区价格更是达到了 235 元/t（按砂石堆积密度 $1400kg/m^3$ 计算）。为此，国家大力推动建筑垃圾和尾矿砂骨料的技术应用。但是工业和信息化部预计我国在 2025 年也仅有 30% 的砂石料由再生骨料构成，仍然有近 150 亿吨的砂石料需要从天然矿物中获得。如果每年只要有 10% 左右的天然砂石料被人造砂石料替代，那么就能实现 10 亿~20 亿吨工业固废的大宗资源化利用。

烧结陶粒是一种能够替代天然砂石料的陶瓷材料。烧结陶粒以黏土、页岩或固废等为主要原料，经粉磨、成球和高温烧结而成。目前，利用煤矸石、粉煤灰等硅铝质固废作为原料烧制普通陶粒，或者协同利用污泥、铁尾矿等作为烧胀陶粒配料的技术已经实现了工业化生产。利用钢渣、赤泥、铁合金渣等制备陶粒的研究也系统开展[18-19]并在实验室或小试试验阶段制备出了合格的陶粒产品。

烧结陶粒是一类陶瓷产品，因此通过原料配料设计，可以在 1100℃ 左右的高温烧结过程中，使钢渣或赤泥中不稳定的游离氧化钙或钠离子与原料中的氧化硅等组分反应，生成含钙或含钠的稳定硅酸盐矿物，从而实现游离的钙、镁或钠离子在源头被稳定固结。研究表明，钢渣陶瓷中的氧化钙/氧化镁主要以辉石和钙长石的形式析出，而赤泥陶瓷中的氧化钠主要以固溶形式进入辉石和钙长石晶体中，因而钙、镁或钠离子被稳定固结于矿物晶格中[20]。已有研究表明[21]，当钢渣粉粒度小于 $100\mu m$ 时，将其制备成陶粒后，其游离氧化钙质量分数由 2.22% 降低为小于 0.1%，其消除率超过 95%，能够从源头上避免钢渣安定性不良的问题。

现有利用固废制备陶粒的技术以回转窑工艺为主，单条线最大产能在 15 万吨/年左右，通常每方陶粒烧结能耗在 $40 \sim 70 m^3$ 天然气，烧结成本高，目前局限于生产价格较高的轻质烧胀陶粒，密度为 $300 \sim 800 kg/m^3$。这类陶粒属于功能性陶粒，具有优良的保温、隔热、轻质等性能，能够应用在墙体材料、轻质混凝土等领域，市场价格在 400 元/t 以上。而轻质陶粒主要以高硅高铝的固废为主，含钙或含铁的冶金渣仅作为熔剂成分，掺入质量分数低于 20%。同时，轻质陶粒的年市场容量为 1000 万吨左右，产品市场受限，难以实现固废的大宗利用。

替代普通砂石骨料需要更高密度的陶粒以及更低的生产成本。提高单条陶粒生产线的产量和热量利用效率是降低固废陶粒生产成本的关键。钢铁行业中的球团工艺也是一种利用烧结过程将粉状物料加工成块状物料的成熟工艺。在球团矿生产中，年产量大于 200 万吨的生产线通常采用带式焙烧机的方式生产，其焙烧温度 $1200 \sim 1300 ℃$，每吨产品综合燃耗标煤 $20 \sim 25 kg$。利用这一原理，北京科技大学与企业合作开发了利用焙烧工艺制备固废陶粒的新技术，并已建成年产 10 万吨采用带式焙烧机原理的固废陶粒焙烧窑并投入运行。

采用焙烧机工艺对赤泥、钢渣等固废制备陶粒的工业化实验数据表明，钢渣陶粒中可掺入钢渣质量分数 $40\% \sim 50\%$，赤泥陶粒中掺赤泥质量分数为 $50\% \sim 60\%$，其余可以分别协同利用尾矿、煤矸石、污泥等固废。钢渣或赤泥为主要原料的固废陶粒烧结温度在 $1060 \sim 1150 ℃$，每吨陶粒烧结消耗天然气 $20 m^3$ 左右，制备的固废陶粒堆积密度为 $900 \sim 1200 kg/m^3$，筒压强度可达到 11.2 MPa。当该陶粒替代 C30 混凝土中的石子质量分数达 $60\% \sim 80\%$ 时，仍然能保证其力学性能不低于原混凝土力学性能。这一技术为低成本制备固废陶粒并替代天然砂石料提供了一条有效途径，从而使得大宗量利用冶金渣成为可能。

8.2.2.2 利用冶金渣制备陶瓷材料技术

烧结砖瓦、陶瓷砖都属于建筑陶瓷范畴，分别具有十亿吨和亿吨级市场的固废消纳能力。普通的烧结砖瓦对技术工艺水平要求较低，更容易利用固废。由于建筑陶瓷多属于氧化硅和氧化铝为主要成分的石英-莫来石体系，因此高硅高铝的固废在陶瓷领域中更易于获得利用。目前，利用煤矸石、粉煤灰、建筑渣土、尾矿等大掺量制备烧结砖瓦的技术已经成熟，在陶瓷砖制备过程中也获得了工业化应用。由于冶金渣含有较高的氧化钙、氧化镁或者氧化铁等组分，因此冶金渣在陶瓷材料中掺入量较小。

要提高冶金渣在陶瓷中的掺量，需要设计出以更多高钙、高镁和高铁矿物为主的陶瓷体系。以钙长石、辉石等为主晶相的陶瓷体系能够大掺量利用冶金渣，其中钙长石中含有质量分数 20.1% 的氧化钙，透辉石含有 CaO 和 MgO 质量分数为 25.9% 和 18.5%，钙铁辉石含有 CaO 和 FeO 质量分数为 22.6% 和 29.5%。现有研究表明，辉石质的钢渣陶瓷具有优良的力学性能。钢渣掺入质量分数为 40%，此时制备的钢渣陶瓷具有 143 MPa 的抗折强度和 0.02% 的吸水率，其抗折强度超过国家标准的 3 倍以上。对赤泥陶瓷析晶的研究表明，当赤泥掺加质量分数为 50% 时析出更多的辉石，此时性能最优；在氧化铝和氧化铁共同存在条件下，将优先形成铝硅酸盐矿物，富裕的氧化铁将独立形成赤铁矿。对镍铁渣等的研究表明[22]，镍铁渣在组分上适合制备辉石质陶瓷，但氧化镁含量增加会增加烧结温度；电炉镍铁渣和高炉镍铁渣的混合掺入质量分数可达到 65%，抗折强度高于 90 MPa。

对不同冶金渣协同利用是提高冶金渣掺量并同时保证陶瓷性能的有效手段。利用钢渣、赤泥、铁合金渣、煤矸石、粉煤灰和尾矿等固废中的 2 种或多种制备了全固废陶瓷，性能满足相关标准要求。目前，在山东已分别开展了掺入质量分数 30%～50%的钢渣和 40%～60%的赤泥制备陶瓷砖和烧结砖的工业化试验。

陶瓷材料对冶金渣中的重金属的固结效果优异。对钢渣、铬铁渣等研究[23]表明，辉石、尖晶石等矿物具有固溶重金属离子的能力，陶瓷的重金属溶出率低于国家标准一个数量级，而析出尖晶石矿物的陶瓷固结铬和锰离子的性能更优。对于赤泥中钠离子固结的研究表明[21]，钙长石具有最强的固结钠离子能力；相对于未烧结的赤泥，掺入质量分数 50%赤泥的陶瓷中的钠离子和钾离子溶出率降低了 12 倍。

铜渣的主要矿相是铁橄榄石。在烧结过程中，橄榄石在 700～900℃分解形成赤铁矿和石英。高温下赤铁矿不与氧化铝或氧化硅反应，而生成的二氧化硅能够参与到陶瓷反应中，形成新的矿相，因此利用铜渣制备陶瓷具有很好的应用前景。掺入质量分数 50%～80%的铜渣能够制备出性能优良的铜渣陶瓷，相关研究进入工业化试验阶段。

8.2.2.3　电炉熔渣调质制备砂石骨料技术

国内外不同研究机构对冶金熔渣余热利用开展了大量的研究[24-25]。采用"热""渣"耦合利用的冶金渣熔态改质方法是通过在热态条件下调整熔渣的组成和结构，使得熔渣能够直接制备成为高附加值材料的一种新方法。

如果能够仅利用熔渣显热来熔解少量冷态改质剂，那么可以在熔渣排渣过程添加改质剂，利用熔渣排入渣包的冲击力完成熔渣的改质和改质熔渣的均化。但缺点是受熔渣显热熔解能力限制，熔渣组分的调整范围小，调质渣的附加值较低，主要应用于提升渣的质量，比如改善安定性、粉化、重金属滤出、胶凝活性低和易磨性差等。这类方法并没有增加熔渣的利用途径，而是改善了原有冶金渣用于水泥、混凝土、筑路等领域的利用效果。在钢渣中喷入石英砂和纯氧来改善钢渣安定性，制备钢渣砂石料的方法已获得工业化应用[26]。

相对转炉渣，电炉熔渣无需溅渣护炉，碱度低，排渣温度高，并且为连续排渣，因此电炉熔渣更适合熔态调质。对电炉钢渣排渣过程进行改质是一条改善其安定性的简单有效途径。通过工业化试验发现[27]，直接利用熔渣显热可以完全熔化质量分数为 12.69%掺量的河沙，熔渣改质后具有较好的流动性。钢渣改质前后的碱度从 2.4 变为 1.6，钢渣中的游离氧化钙质量分数从 5.14%下降为 0.76%，改质后钢渣可用水泥混合材或者骨料使用。

由于氧化钙与氧化硅的结合能力强于氧化铁，对钢渣改质还能够释放氧化铁并形成更多磁性矿物，其改质机理如下[28]。改质电炉熔渣组成、冷却制度等将影响尖晶石矿物析出的晶体形状和大小，从而影响后续磁选分离效率。

$$SiO_2 + Ca_2Fe_2O_5 =\!=\!= Ca_2SiO_4 + Fe_2O_3 \tag{8.1}$$

$$Fe_2O_3 + FeO =\!=\!= Fe_3O_4 \tag{8.2}$$

$$Fe_2O_3 + MgO =\!=\!= MgFe_2O_4 \tag{8.3}$$

$$Fe_2O_3 + MnO =\!=\!= MnFe_2O_4 \tag{8.4}$$

$$FeO + Cr_2O_3 =\!=\!= FeCr_2O_4 \tag{8.5}$$

改质后的电炉渣中增加了含 Mg、Mn、Cr 的尖晶石矿物，不仅具有显著提高的磁选率，回收了更多有价元素，而且因为磁选尾渣中减少了 Mn、Cr 等重金属元素的含量，更有利于磁选尾渣的后续资源化利用。对重金属固结的研究表明，Cr 和 Mn 等重金属固结效果最好的矿物正是尖晶石类矿物，因此，即使部分重金属残留在磁选尾渣中，如果以尖晶石结构的形式存在，那么也因重金属稳定固结而能够安全应用于筑路等砂石骨料领域。据此，针对不锈钢钢渣中 Mn、Cr 等重金属的源头调控研究正在系统开展中。

8.2.3　冶金固废资源化利用的发展趋势

我国在工业固废资源化利用方面进入了新的阶段，冶金固废资源化利用具有如下发展趋势：

固废的大宗量利用技术需求更加迫切。随着我国环保相关政策法规出台和严格的监督执法，传统简单堆存、填埋在环境、安全、经济等方面的成本越来越高。大部分冶金企业将不会获批废渣填埋场，将废渣转交给专业渣场需要支付 15~50 元/t 的费用，这部分堆存费成了企业固定的环保负担，将其转变为资源化利用的投资费用则是企业思考的重要方向。对于大型冶金企业，"固废不出厂"是企业对环保的要求，如何大宗消纳这些固废成为企业发展目标。虽然冶金固废企业对大宗建材领域并不熟悉，要理清适合市场及固废特点的大宗资源化利用技术需要一定的时间。但是，固废大宗量消纳的趋势越来越明显，大宗量固废利用技术的转化正迎来一个加速期。

固废的协同利用是加快固废资源化利用的有效途径。大型冶金企业或冶金产业聚集区通常会排放多类别固废，将这些固废协同利用，不仅能够加大资源化产品中固废的掺入量，获得更多的税费减免等政策优惠，还因为固废掺入量越大，吨产品避免堆存而获得的补贴越多，生产成本将越低。在多种固废协同利用的同时，需要额外关注不同有害元素在产品制备和使用过程的耦合作用行为和赋存形式，保障固废资源化利用过程的绿色化。

节能减排的固废利用技术将成为关注的重点方向。钢铁冶金熔渣的显热被认为是目前钢铁冶金行业最大的未利用的二次能源[29]。按照利用熔渣 3000 万吨/年制备人造石材计算，每吨熔渣蕴含 60kg 标煤的热量，当石材中熔渣的掺入质量分数为 90% 时，节省 1.62×10^6t 标煤，即年减排 CO_2 超过 400 万吨。除了直接利用熔渣制备石材等大宗量利用技术，利用熔渣协同处理危废、固废，在熔渣调质过程进行有价元素提取等也是具有前景的节能减排技术。随着社会和企业加强对碳减排技术的支持，对熔渣调质过程的装备、耐火材料、在线检测等瓶颈技术的研究将会加快推进。

固废利用与智能化的结合将会加速。一方面，冶金工业智能化的发展逐步取得成效，冶金主流程的大数据收集和挖掘等系统的完善也将带动冶金渣利用的智能化发展。另一方面，固废理化性质存在波动性和差异性，不同区域市场对固废产品的需求不同，因此，固废资源化利用技术的个性化将是其发展的一个显著特性。通过智能化手段控制固废产品质量，以及个性化产品的智能设计也将成为固废利用技术发展的重要方向。优秀的固废利用企业将借助这一结合，还能够在发展固废利用核心技术的同时通过互联网服务于各地的产废企业。

固废利用相关从业人员的思路将转变发展。思路的转变是推动固废资源化利用的一个关键所在。需要打破冶金的行业壁垒束缚。冶金企业是社会"物质流""能量流""信息流"的一个单元，是工业生态系统的组成部分。冶金渣的利用无非是将低值的非金属组分流动起来，形成社会有效的物质流/能量流。固废资源化利用是冶金企业"绿色化"（全组分的物质流）、"智能化"（全流程的信息流）的必然途径。冶金行业对冶金渣在行业内的流动（利用）已经开展了大量工作，现阶段需要从物质流角度思考固废资源化利用，打破行业边界，从更大系统的角度去突破创新。

需要把固废当成资源而不是废弃物。一方面，当把固废当资源的时候，企业会根据固废的资源特性去分类管理，提高后续利用效率。比如，铁水预处理渣、精炼渣、转炉钢渣、电炉钢渣分类管理，可以实现在提取片状石墨、制备胶凝材料、混凝土掺合料和制备骨料等领域的分类利用；又如，对于产业聚集区不同炼钢厂排放钢渣，可以根据其安定性好坏，将安定性较差的钢渣用于制备陶粒或陶瓷，将安定性最好的钢渣用于作为骨料去筑路或混凝土原料等，将安定性合格且胶凝活性好的钢渣用于制备掺入水泥或混凝土的双掺或多掺复合粉，从而实现冶金固废的分质利用。另一方面，当把固废当成资源的时候，就会从源头调质去思考如何提高固废的资源价值，就会从包括冶炼工艺和固废利用工艺的整个系统的经济、环境和社会效益综合最优的角度，去主动调整冶炼过程，从而实现整个系统的进化发展。

8.3　生活垃圾焚烧飞灰处理技术研究进展

城市生活垃圾的产生和处置已成为社会一大负担，造成了严重的环境和经济问题。近年来我国经济发展迅速，人民生活水平日益提高。截至 2019 年年末，我国城镇化率达60.60%，而垃圾产量不断增加，我国城市生活垃圾的产生量每年增速 8%~10%，根据国家统计局统计，2019 年我国城市生活垃圾清运量已达 24206.2 万吨[30]，庞大的垃圾产生量加重了垃圾处理系统压力。目前，垃圾分类未能在所有城市完全开展，市政垃圾混合堆放加大了毒性浸出风险，对环境造成严重危害。

焚烧是现代废物管理中广泛采用的一种处理方式，可有效对生活垃圾进行减容化处理。2016 年年底国家发展和改革委员会发布了《"十三五"全国城镇生活垃圾无害化处理设施建设规划》，其中明确要求截至 2020 年年底，我国城市生活垃圾焚烧处理能力占无害化处理总能力的 50% 以上，其中东部地区须达 60% 以上，并继续减少原生垃圾填埋量。根据中国统计年鉴，2015 年我国垃圾焚烧处理量为 6175.5 万吨，而 2019 年年底处理量达 12174.2 万吨[30]，焚烧逐渐成为我国生活垃圾处理的主要途径。

垃圾焚烧后产生的飞灰中含有较高浓度的重金属离子（如 Pb、Cr、Cd、Ni、Hg、Cu和 Zn）和一些有毒有机化合物（如二噁英），这些有机毒物和重金属的浸出是城市生活垃圾焚烧飞灰处理和回收的主要问题，城市生活垃圾焚烧飞灰也因其浸出毒性被列入《国家危险废物名录》。因此，在对飞灰进行填埋处理或资源化利用前，必须针对重金属和二噁英等有毒物质对飞灰进行稳定化处理。

一些欧美国家通常采用填埋法处理飞灰，飞灰经过稳定处理后被安全填埋在危废填埋场[31]。日本对飞灰的管理策略侧重于资源化利用，飞灰通过各种方法处置后可作为原料生产高质量建材[32]。我国目前主要采用"固化稳定—填埋"的方式处理垃圾焚烧飞灰，同时，飞灰高温处理在我国也已有工业化应用实例。近年来，对于垃圾焚烧飞灰的处理，相关人员已做出大量研究并提出许多可行的处理方法，按照处置原理可分为3类：物化分离、高温处理和固化稳定处理。其中，物化分离包含的水洗工艺通常作为其他处置工艺的预处理技术，因为水洗可去除飞灰中大部分氯化物和可溶性盐物质；电动修复已被证明是处理垃圾焚烧飞灰中重金属污染的有效技术，机械化学法因其可彻底降解二噁英，目前受到广泛关注。高温处理包括烧结法、水泥窑协同处置技术、高温熔融和等离子体熔融技术，已有研究表明，高温处理工艺是破坏飞灰中二噁英的最佳方法之一[33]，同时具有对重金属处理效率高、固化效果好等工艺特点。固化稳定处理中的化学药剂稳定化法是目前发展比较成熟的飞灰处理工艺，而水热固化法是最具发展前景的处理技术之一。

水泥固化是目前国际上较常使用的飞灰处理技术，该技术成本低，材料来源广泛，且工艺简单，然而飞灰经水泥固化处理后增容较大，增大了填埋场库容压力，重金属在固化后易再次浸出，且无法处理飞灰中的二噁英等有机污染物[34]。因此从长远角度看，水泥固化技术不具有可持续发展潜力。但有研究发现，水泥固化与化学药剂稳定化或水洗预处理技术协同处理飞灰，对飞灰中重金属具有更好的处理效果，有利于飞灰后续资源化处理或安全填埋。

8.3.1 飞灰处理技术研究进展

飞灰在填埋或资源化处理前必须经过各种技术稳定化处理。飞灰中的重金属对强酸环境非常敏感，尤其是在长期存在有机酸的垃圾填埋场，未经处理的飞灰中重金属极易浸出[35]。飞灰中 PCDD/Fs 等有机污染物难以有效降解，同时，目前我国针对二噁英等有机污染物的处置工艺大多处于实验室或中试阶段，其工业化应用还存在许多技术难题。对于重金属和二噁英的稳定化处理是当前垃圾焚烧飞灰处理技术的主要研究方向。各种处理工艺按照处置原则可分为3类：物化分离、高温处理和固化稳定处理。

8.3.1.1 物化分离

分离工艺主要有洗涤、电动修复、机械化学、离子交换技术等。大多分离工艺均可有效提取并回收飞灰中的重金属，但部分工艺操作过程复杂，存在处理成本较高、处理量有限及产生二次污染等问题[36]。其中，洗涤处理操作简单，且针对氯元素的去除效果显著，通常作为其他飞灰处理工艺的预处理技术；电动修复具有工艺简单、修复周期短的优点，且能耗相对较低，设备维护管理简单，可结合水洗或酸洗工艺达到更好处理效果；机械化学法工作条件温和，工艺流程简单，可同时实现重金属固化和二噁英降解，但该技术仍面临大型设备能耗高、处置量较低等问题，目前无法达到工业化应用阶段。

（1）洗涤处理。洗涤处理主要分为水洗处理和酸洗处理，通过使用水或酸作为浸出剂以减少飞灰中可溶性氯盐和重金属含量。飞灰中氯主要以可溶性氯盐的形式存在。我国城市生活垃圾的一大特点是氯含量较高，通过洗涤处理垃圾焚烧飞灰，可显著减少飞灰中氯离子质量分数。飞灰在经过水洗工艺处理后，大量可溶氯化物如 $NaCl$、KCl、$CaCl_2$ 和 $CaCl_2 \cdot Ca(OH)_2 \cdot H_2O$ 被去除，这证明水洗法是一种有效脱氯的工艺[37]。研究表明，当液固比为 $10:1$ 时，Ca、Na、K 和 Cl 的去除率可达 72.8%，Cr 最易被水洗浸出，去除率为 12.3%[38]。

酸提取工艺能够从飞灰中提取重金属，并进一步从浸出液中回收重金属，该过程主要取决于提取溶剂的类型、酸碱度和液固比。与酸洗相比，水洗工艺具有材料简单和操作简单等优点，并且水洗可去除飞灰中大部分氯化物和可溶性盐物质，因此水洗也常作为其他处理飞灰方法的预处理技术。

（2）电动修复。电动修复是近年应用于飞灰焚烧处置的一种新型技术，其原理是将阴阳电极插入待处理样品区中，在直流电场作用下，改变样品区 pH 值分布状况，触发氧化还原反应，使重金属等污染物发生迁移，以达到去除样品中污染物的目的[39]。修复机制包括 4 个步骤：吸附、解吸、迁移和沉淀。电动修复过程中，重金属通常有 4 种赋存方式：1）吸附在颗粒表面；2）吸附在悬浮态的胶粒表面；3）溶解于电解液中；4）以沉淀形式赋存在固体基质表面。只有在悬浮态胶粒表面上和电解质溶液中的重金属才能在电解作用下有效迁移。垃圾焚烧飞灰电动修复示意图如图 8.1 所示。研究表明，电动修复技术被广泛应用于修复有机、无机和混合污染物污染的土壤，也用于矿山尾矿和污水污泥等，目前，电动修复已被证明是处理垃圾焚烧飞灰中重金属污染的有效技术。

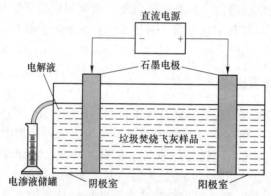

图 8.1　垃圾焚烧飞灰电动修复示意图

（3）机械化学。机械化学处置飞灰工艺具有工作条件温和、工艺流程简单等特点，可实现飞灰中二噁英彻底降解。机械化学的处置原理为通过机械力的多种作用方式对固体样品进行改性，增加反应活性，诱导其发生化学反应。由于反应在极封闭的高能球磨机罐内进行，无气体污染，二噁英可有效降解。应用于降解持久性有机污染物的球磨机主要有行星式、振动式和搅拌式球磨反应器[40]。

目前，机械化学处置技术仅限于实验室阶段，其工业化应用还面临许多难题和挑战。日本 RPRI 公司利用大型行星式球磨机成功降解了飞灰和土壤中的二噁英类有机毒物；新西兰的 EDL 公司使用搅拌式球磨机对氯代农药污染土壤进行了修复工作；德国 Tribochem 公司已经开始机械化学的工业化应用，利用振动球磨机对二噁英、PCB 等污染物进行了规模化降解[41]。

机械化学法作为一种新型改性方法，可对二噁英进行彻底降解，目前受到关注。但该技术还存在大型设备能耗高、处置量较低等问题，其工业化应用还需进一步研究与探索。

8.3.1.2　高温处理

高温处理的主要目标有：破坏有机污染物（如 PCDD/Fs），浓缩无机污染物，降低总有机质含量，减少固废的体积和质量，生产可回收利用的材料。

高温处理中的各个工艺主要是根据工艺产品的特性和操作条件区分，包括烧结法、水泥窑协同处置工艺、高温熔融以及等离子体熔融技术等。高温处理过程中，飞灰中的氯盐在高温环境下挥发，可能导致处置系统中仪器的腐蚀和损坏，因此高温处理通常将水洗工艺作为预处理技术，最终氯去除率可达90%。

已有研究表明，高温处理工艺是破坏飞灰中有毒有机化合物（如 PCDD/Fs）的最佳方法之一，同时对重金属也有处理效率高、固化效果好等工艺特点。水泥窑协同处置技术在我国已达到工业化应用水平，但该工艺受到场地限制；高温熔融以及等离子熔融技术处理效果好，能彻底分解二噁英并固化重金属，等离子熔融技术被认为是飞灰处理的有效技术，但该技术还存在能耗高和技术要求高等问题，要达到规模化处理还需进一步研究。

（1）烧结法。烧结工艺温度通常在 700~1200℃，与其他高温处理工艺相比，烧结法的工艺成本相对较低。烧结工艺的原理是多孔固体颗粒通过高温诱导，在低于其主要成分熔点的情况下发生聚结和致密化，其产物与原始飞灰相比具有较低孔隙率以及较高强度和密度[42]。李润东等[43]在高温箱式电阻炉中对飞灰进行烧结试验，结果表明，烧结产物的抗压强度、烧失率、体积变化率和密度变化率随烧结温度的增加而明显增大，且随烧结时间的增加而增大；抗压强度和密度变化率随成型压力的增大而增大，而烧失率和体积变化率随成型压力的增大而减小。

飞灰在烧结处理前通常经过水洗预处理，不同烧结温度下未水洗飞灰和水洗飞灰在毒性特征浸出（TCLP）试验中，Cr 与 Cu、Cd、Pb 等其他重金属表现出较大差异。随烧结时间和温度的增加，飞灰中 Cr 更易浸出[44]。此外，烧结过程中的升温速率对产物影响较大。

（2）水泥窑协同处置。目前，我国水泥窑协同处置技术已基本达到工业化应用水平。生态环境部 2018 年 1 月 8 日印发的《国家先进污染防治技术目录（固体废物处理处置领域)》将水泥窑协同处置技术列入垃圾焚烧飞灰推荐技术。该技术利用水泥窑中1600~2000℃的高温和封闭环境将飞灰中的二噁英彻底分解，并将重金属固化在水泥熟料中。水泥窑在处理飞灰时会释放出部分 PCDD/Fs，窑炉的设计和操作条件等因素影响 PCDD/Fs 排放量，但绝对排放率极低[45]。

我国垃圾焚烧飞灰中氯质量分数通常在 5%~10%，部分地区高达 20%以上。高氯飞灰入窑会导致窑尾分解炉下的烟室等设备发生结皮堵塞，严重时会影响水泥煅烧系统的正常运行。同时，水泥熟料中氯质量分数较高，对混凝土中的钢筋具有腐蚀性，进而影响建筑物的结构强度。因此，水泥窑协同处置技术通常会结合水洗工艺对飞灰进行预处理，水洗后氯的去除率可达90%以上，实现了飞灰的高效脱氯。水泥窑协同处置水洗飞灰工艺由飞灰洗脱系统、水质净化系统、蒸发系统、烘干系统、入窑煅烧系统五大系统组成，水泥窑协同处置飞灰典型水洗工艺流程如图 8.2 所示。

水泥窑协同处置飞灰技术相对成熟，环境安全风险小，标准体系比较完善。但我国一些飞灰产量较大的地区没有水泥窑，导致该技术受制于水泥窑场地限制，无法实现协同处置；而我国一些中小城市飞灰产量较少，考虑到水洗预处置投资费用高等经济因素，采用水泥窑协同处置技术存在成本高的问题。对于水泥窑协同处置工艺，目前较理想的处理方面是在垃圾焚烧发电厂和飞灰填埋厂附近建立飞灰预处理中心，对飞灰就近水洗脱氯，再将预处理后的飞灰运输到周边区域水泥厂协同处置。

（3）高温熔融。飞灰经过高温熔融会形成致密稳定的玻璃体，将重金属固化在 Si—O

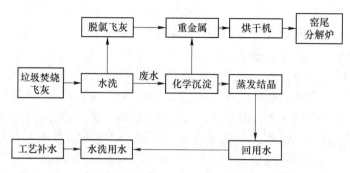

图 8.2　水泥窑协同处置水洗飞灰技术工艺流程[46]

四面体晶格结构中，同时高温环境下二噁英被彻底分解，最终产生的熔渣可作为建材综合利用，实现飞灰的无害化、资源化处理。该过程涉及的温度通常在 1200~1500℃，当环境温度发生改变时，飞灰的热力学稳定条件发生改变，进而发生相变；当温度升高到一定程度后，固相自由能高于液相自由能，相态不稳定，固相易向液相转变，进而发生熔融相变[47]。

重金属主要以金属单质、氯化物和氧化物的形式存在于飞灰中，且沸点和熔点都不同，飞灰中常见的重金属及其化合物的熔点和沸点分布见表 8.2 和表 8.3。在高温熔融过程中，一部分重金属单质或重金属化合物会随温度变化散布到烟气中，另一部分则会固化到熔渣中。另外，飞灰在进行高温熔融前需经过水洗工艺处理，以达到去除飞灰中氯化物的目的。

表 8.2　垃圾焚烧飞灰中重金属及其化合物熔点

重金属元素	熔点/℃		
	金属单质	氯化物	氧化物
Hg	-39	277	500
Pb	327	501	888
Zn	419	283	1975
Cd	321	568	900
Cr	1900	824	2266
Cu	1083	620	1326
Ni	1555	1001	1980

表 8.3　垃圾焚烧飞灰中重金属及其化合物沸点

重金属元素	沸点/℃		
	金属单质	氯化物	氧化物
Hg	356	302	—
Pb	1740	950	1535
Zn	907	732	2360
Cd	765	960	1385

重金属元素	沸点/℃		
	金属单质	氯化物	氧化物
Cr	2672	1302	4000
Cu	2580	993	—
Ni	2732	987	—

高温熔融固化技术减容率高，固化效果好，能有效降低重金属浸出毒性，充分分解二噁英，已成为当今处理垃圾焚烧飞灰的研究热点。目前，该技术在欧洲和日本已有少量应用，在国内尚未得到大规模推广应用，仍存在几个技术难题未解决：1) 高温熔融技术能耗很高，工艺流程复杂，技术要求较高；2) 对熔渣的资源化利用还停留在初级研究阶段；3) 熔融过程中会产生含有重金属氯化物的有毒烟气，造成二次污染，增加处理负担。此外，由于飞灰中氯化物含量高，熔融设备的耐材和防腐性能还需要进一步改进。

（4）等离子体熔融技术。等离子体熔融技术原理是利用高温环境对飞灰进行熔融，但不同于高温熔融，等离子体熔融技术采用等离子炬产生 1500℃以上的等离子体处置飞灰，有机污染物彻底分解，重金属被固化在硅酸盐网络中，其浸出率远低于毒性特征浸出的标准限值[48]，并且熔渣可作为高质量建材利用。

等离子体技术具有不同的电极结构，其中直流（DC）双电极等离子体电弧采用独特的双阳极设计，在飞灰处理过程中具有优异性能。与传统等离子体炬相比，直流双阳极等离子炬可有效提高等离子体的气动稳定性、发光强度和射流长度。经玻璃化处理后，飞灰的微观结构和矿物特征发生变化，重金属的固化效果与其他技术相比十分突出，且通过毒性当量计算，PCDD/Fs 的分解率接近 100%[49]。研究表明，PCDD/Fs 在 1000℃以上能有效分解，运行中的等离子体熔融炉温度一般在 1500℃以上，甚至高达 2000℃。因此，飞灰熔融过程中等离子熔融炉产生的热量和活性颗粒将 PCDD/Fs 分解为 CO_2、HCl、H_2O，从而去除有机污染物。

与其他高温处理工艺相比，等离子体熔融技术具有其独特优势：1) 热等离子体可提供高能密度、温度及快速的反应时间，处理效率更高；2) 等离子炬的应用实现了以较小的反应器占地面积提供较大生产量的潜力；3) 化学键快速达到稳态条件的关键是高热通量密度，与烧结等其他高温处理方法相比，等离子体技术可快速启动和关闭，从而对耐性材料的性能影响达到最小；4) 等离子体技术反应过程中产生的气体体积比传统高温处理过程要小得多，因此后续烟气处理较简单，管理成本更低[50]。

飞灰经等离子体熔融技术处理后产生的熔渣结构致密且性质稳定，重金属的固化效果好，其良好的抗浸出性、环境稳定性，使其在后续的建材利用中展现出良好性能。由于该技术处理范围广，对废物处理无害化程度高，已成为当今危废处理研究的热点，等离子体熔融技术也被认为是危废处理的终极技术。

8.3.1.3　固化稳定处理

固化稳定化工艺包括化学药剂稳定化、水热固化和加速碳化等。其中化学药剂稳定化是目前发展比较成熟的飞灰处理工艺，成本低，处理效率高，可结合水泥固化等技术，有利于飞灰后续资源化利用，但对于重金属缺乏普遍适用性。而水热固化是最具发展前景的处理技术之一，其温度要求相对较低，二噁英分解率可达 90% 以上，但设备要求高以及废液二次污染等问题亟待解决。

（1）化学药剂稳定化。目前，化学稳定化工艺在垃圾焚烧飞灰处理方面效果显著。飞灰经化学药剂稳定化处理，再进入垃圾填埋场处置，是目前飞灰管理最常用的工艺之一。其原理是利用添加药剂中某种离子或官能团与飞灰中重金属反应，生成化学性质稳定的重金属沉淀或重金属配合物、螯合物，从而降低飞灰中重金属浸出，根据选用药剂不同，其固化效果存在差异。常用有机化学药剂包括氨基甲酸酯、有机磷酸盐和乙二胺四乙酸二钠盐等螯合剂；无机药剂有硫酸亚铁、绿矾、磷酸盐等，硫化钠和硫脲也是有效处理飞灰的无机添加剂[51]。此外，向飞灰中加入一定量 NaOH 和 HNO_3 调节溶液 pH 值，减少飞灰重金属浸出[52]。相关研究表明，经化学药剂稳定化处理后的垃圾焚烧飞灰重金属浸出浓度符合填埋标准。

化学药剂稳定法具有无害化和处理成本低等优点，但不同药剂对不同有害物质的效果也不同，因此该方法不具有普遍适用性。另外，大多数药剂对二噁英类物质处理效果较差，为了防止造成二次污染，处理过程中产生的滤液还需二次处理，这也是该技术规模化应用所面临的难题。

（2）水热固化。水热处理工艺一般是将飞灰与碱性溶液按照一定固液比混合，利用反应釜提供高温高压的环境进行水热反应。水热处理法通过添加碱性添加剂合成硅铝酸盐矿物固化重金属，降低体系中二噁英等有机污染物溶解度，最终实现飞灰无害化处理。碱性添加剂通常选用 NaOH、KOH、K_2CO_3、Na_2CO_3 等[53]。浸出试验表明，飞灰经过水热固化处理后重金属浸出毒性大幅降低。

与高温处理的一些工艺相比，水热固化法可在一个相对较低的温度（100~200℃）下处理飞灰，作为最具发展前景的飞灰处理技术之一，水热法引起了广泛关注。但目前水热处理停留在实验室研究阶段，其产业化应用仍需大量研究工作，设备要求高以及废液二次污染等问题亟待解决。

8.3.2　飞灰处理技术展望

物化分离中水洗可去除飞灰中大部分氯化物和可溶性盐物质，因此水洗工艺常作为其他处置工艺的预处理技术；电动修复已被证明是处理垃圾焚烧飞灰中重金属污染的有效技术，而机械化学法因其可对二噁英进行彻底降解，受到关注。但除了洗涤处理工艺，电动修复与机械化学处理技术在我国仅处于实验室或中试阶段，还未有工业化应用实例。

对于高温处理，已有研究表明，大多数高温处理工艺都能够有效降解飞灰中二噁英，且对重金属也有处理效率高、固化效果好等工艺特点，尤其是等离子熔融技术，被认为是危废处理的终极技术。但高温熔融与等离子熔融技术涉及的高能耗、成本大等问题，是限制该技术大规模推广的主要原因。同时，水泥窑协同处置技术受制于水泥窑场地限制，导致我国有些城市无法利用水泥窑实现协同处置飞灰。

固化稳定处理中的化学药剂稳定化是目前发展比较成熟的飞灰处理工艺，但该技术缺乏普遍适用性；水热固化能够彻底降解飞灰中二噁英，是最具发展前景的处理技术之一，但在我国实现产业化应用仍需大量研究工作，设备要求高以及废液二次污染等问题亟待解决。

　　以上技术各有利弊，随着垃圾焚烧飞灰日益增长、土地稀缺性不断加剧，飞灰及其固化产物资源化利用将成为今后飞灰处理的必然要求和趋势，而将来飞灰处理技术必然向适用普遍、稳定性强、成本低和可资源化再生的方向发展。从长远角度看，同时实现飞灰的减量化、无害化和高价值化应成为垃圾焚烧飞灰处理技术的主要研究方向。

习　题

（1）我国固废处理主要分为哪几种，各方法的优缺点有哪些？

（2）冶金工业固废处理的方法有哪些？

（3）冶金工业固废处理后可以用于哪些地方？

（4）我国生活垃圾处理方法有哪些？

（5）对于未来固废处理技术的发展，你有什么想法和建议？

参 考 文 献

［1］赖祥生，黄红军．铜渣资源化利用技术现状［J］．金属矿山，2017（11）：205-208.

［2］Xi B D, Li R F, Zhao X Y, et al. Constraints and opportunities for the recycling of growing ferronickel slag in China［J］. Resources, Conservation & Recycling, 2018, 139：15.

［3］苗希望，白智韬，卢光华，等．典型铁合金渣的资源化综合利用研究现状与发展趋势［J］．工程科学学报，2020，42（6）：663-679.

［4］刘长波，彭犇，夏春，等．钢渣利用及稳定化技术研究进展［J］．矿产保护与利用，2018（6）：145-150.

［5］Vaverka J, Sakurai K. Quantitative determination of free lime amount in steelmaking slag by X-ray diffraction ［J］. ISIJ International, 2014, 54（6）：1334.

［6］崔孝炜，倪文，任超．钢渣矿渣基全固废胶凝材料的水化反应机理［J］．材料研究学报，2017，31（9）：687-694.

［7］Manso J M, Polanco J A, Losañez M, et al. Durability of concrete made with EAF slag as aggregate［J］. Cement and Concrete Composites, 2006, 28（6）：528.

［8］张硕，张亮亮．钢渣作道路基层材料的研究进展［C］//中国冶金建设协会混凝土专业委员会，中冶高性能混凝土工程技术中心．第六届"全国先进混凝土技术及工程应用"研讨会论文集．广州，2018：3-9.

［9］李超，陈宗武，谢君，等．钢渣沥青混凝土技术及其应用研究进展［J］．材料导报，2017，31（3）：86-95，122.

［10］Xue S G, Zhu F, Kong X F, et al. A review of the characterization and revegetation of bauxite residues（Red mud）［J］. Environmental science and pollution research international, 2016, 23（2）：1120.

［11］Kong X F, Li M, Xue S G, et al. Acid transformation of bauxite residue：Conversion of its alkaline characteristics ［J］. Journal of Hazardous Materials, 2017, 324：328.

［12］刘晓明，唐彬文，尹海峰，等．赤泥-煤矸石基公路路面基层材料的耐久与环境性能［J］．工程科学学报，2018，40（4）：438-445.

［13］Zhang N, Li H X, Liu X M. Hydration mechanism and leaching behavior of bauxite-calcination-method red mud-coal gangue based cementitious materials ［J］. Journal of Hazardous Materials, 2016：314.

［14］Wang D Q, Wang Q, Huang Z X. Reuse of copper slag as a supplementary cementitious material：Reactivity and safety ［J］. Resources, Conservation & Recycling, 2020, 162：105037.

［15］ Zhang X F, Ni W, Wu J Y, et al. Hydration mechanism of a cementitious material prepared with Si-Mn slag ［J］. International Journal of Minerals Metallurgy and Materials, 2011, 18 （2）: 234-239.

［16］ 王强, 周予启, 张增起, 等. 绿色混凝土用新型矿物掺合料 ［M］. 北京: 中国建筑工业出版社, 2018.

［17］ 刘来宝, 张礼华, 唐凯靖. 高碳铬铁冶金渣资源化综合利用技术 ［M］. 北京: 中国建材工业出版社, 2021.

［18］ 向晓东, 唐卫军, 江新卫, 等. 高强钢渣陶粒特性试验研究 ［J］. 矿产综合利用, 2018 （1）: 96-100.

［19］ 岳东亭. 利用污泥/赤泥/钢渣等固体废物制备新型多孔陶粒的膨胀机理研究 ［D］. 济南: 山东大学, 2014.

［20］ Pei D J, Li Y, Cang D Q. In situ XRD study on sintering mechanism of SiO_2-Al_2O_3-CaO-MgO ceramics from red mud ［J］. Materials Letters, 2019, 240 （APR. 1）: 229-232.

［21］ 王耀忠. 利用钢渣制备陶瓷烧结砖和透水砖的研究 ［D］. 北京: 北京科技大学, 2018.

［22］ 苏青, 谢红波, 陈哲, 等. 镍铁渣和锡尾矿共掺制备陶瓷砖的研究 ［J］. 广东建材, 2020, 36 （3）: 1-4.

［23］ Li Y, Ren Y P, Pei D J, et al. Mechanism of pore formation in novel porous permeable ceramics prepared from steel slag and bauxite tailings ［J］. ISIJ International, 2019, 59 （9）: 1723.

［24］ 戴晓天, 齐渊洪, 张春霞. 熔融钢铁渣干式粒化和显热回收技术的进展 ［J］. 钢铁研究学报, 2008 （7）: 1-6.

［25］ 王海风, 张春霞, 齐渊洪, 等. 高炉渣处理技术的现状和新的发展趋势 ［J］. 钢铁, 2007 （6）: 83-87.

［26］ Drissen P, Ehrenberg A, Kiihn M. Recent development in slag treatment and dust recycling ［J］. Steel Research, 2009, 80 （10）: 737.

［27］ 卢翔, 李宇, 马帅, 等. 利用显热对熔渣进行直接改质的热平衡分析及试验验证 ［J］. 工程科学学报, 2016, 38 （10）: 1386.

［28］ 马帅, 李宇, 张玲玲, 等. 碱度变化对电炉渣含铁组分回收率的影响规律 ［J］. 钢铁, 2017, 52 （4）: 78-83.

［29］ Bisio G. Energy recovery from molten slag and exploitation of the recovered energy ［J］. Energy, 1997, 22 （5）: 501.

［30］ 国家统计局. 中国统计年鉴 2019 ［M］. 北京: 中国统计出版社, 2019.

［31］ Zhang Y K, Ma Z Y, Fang Z T, et al. Review of harmless treatment of municipal solid waste incineration fly ash ［J］. Waste Disposal & Sustainable Energy, 2020, 2 （1）: 1-25.

［32］ Xiong Y Q, Takaoka M, Kusakabe T, et al. Mass balance of heavy metals in a non-operational incinerator residue landfill site in Japan ［J］. Journal of Material Cycles and Waste Management, 2020, 22 （2）: 354-364.

［33］ Sabbas T, Polettini A, Pomi R, et al. Management of municipal solid waste incineration residues ［J］. Waste Management, 2003, 23 （1）: 61-88.

［34］ Ma W C, Chen D M, Pan M H, et al. Performance of chemical chelating agent stabilization and cement solidification on heavy metals in MSWI fly ash: A comparative study ［J］. Journal of Environmental Management, 2019, 247: 169-177.

［35］ Zhan X Y, Wang L, Hu C C, et al. Co-disposal of MSWI fly ash and electrolytic manganese residue based on geopolymeric system ［J］. Waste Management, 2018, 82: 62-70.

［36］ Ferraro A, Farina I, Race M, et al. Pre-treatments of MSWI fly-ashes: a comprehensive review to determine optimal conditions for their reuse and/or environmentally sustainable disposal ［J］. Reviews in Environmental Science and Bio/Technology, 2019, 18 (3) .

［37］ Chen X F, Bi Y F, Zhang H B, et al. Chlorides removal and control through water-washing process on MSWI Fly Ash ［J］. Procedia Environmental Sciences, 2016, 31: 560-566.

［38］ Jiang Y H, Xi B D, Li X J, et al. Effect of water-extraction on characteristics of melting and solidification of fly ash from municipal solid waste incinerator ［J］. Journal of Hazardous Materials, 2008, 161 (2): 871-877.

［39］ 黄涛. 城市生活垃圾焚烧飞灰残留重金属电动去除强化技术研究 ［D］. 重庆：重庆大学, 2017.

［40］ 盛守祥, 刘海生, 王曼曼, 等. 机械化学法处置 POPs 废物的影响因素及发展趋势 ［J］. 环境工程, 2019, 37 (2): 148-152.

［41］ 陈志良. 机械化学法降解垃圾焚烧飞灰中二噁英及协同稳定化重金属的机理研究 ［D］. 杭州：浙江大学, 2019.

［42］ Lindberg D, Molin C, Hupa M. Thermal treatment of solid residues from WtE units: A review ［J］. Waste Management, 2015, 37: 82-94.

［43］ 李润东, 于清航, 李彦龙, 等. 烧结条件对焚烧飞灰烧结特性的影响研究 ［J］. 安全与环境学报, 2008 (3): 60-63.

［44］ Liu Y S, Zheng L T, Li X D, et al. SEM/EDS and XRD characterization of raw and washed MSWI fly ash sintered at different temperatures ［J］. Journal of Hazardous Materials, 2008, 162 (1): 161-173.

［45］ Ames M, Zemba S, Green L, et al. Polychlorinated dibenzo (p) dioxin and furan (PCDD/F) congener profiles in cement kiln emissions and impacts ［J］. Science of the Total Environment, 2012, 419: 37-43.

［46］ 张冬冬, 王朝雄, 方明. 水泥窑协同处置垃圾焚烧飞灰的技术途径 ［J］. 水泥技术, 2020 (6): 17-22.

［47］ 关健, 田书磊, 郭斌. 焚烧飞灰熔融特性与熔渣利用技术研究进展 ［J］. 河北工业科技, 2013, 30 (6): 466-471.

［48］ Ma W C, Fang Y H, Chen D M, et al. Volatilization and leaching behavior of heavy metals in MSW incineration fly ash in a DC arc plasma furnace ［J］. Fuel, 2017, 210: 145-153.

［49］ Wang Q, Yan J H, Chi Y, et al. Application of thermal plasma to vitrify fly ash from municipal solid waste incinerators ［J］. Chemosphere, 2009, 78 (5): 955-958.

［50］ Gomez E, Rani D A, Cheeseman C R, et al. Thermal plasma technology for the treatment of wastes: A critical review ［J］. Journal of Hazardous Materials, 2008, 161 (2): 614-626.

［51］ Zhao Y C, Song L J, Li G J. Chemical stabilization of MSW incinerator fly ashes ［J］. Journal of Hazardous Materials, 2002, 95 (1): 47-63.

［52］ 刘元元, 王里奥, 林祥, 等. 城市垃圾焚烧飞灰重金属药剂配伍稳定化实验研究 ［J］. 环境工程学报, 2007 (10): 94-99.

［53］ Xie J L, Hu Y Y, Chen D Z, et al. Hydrothermal treatment of MSWI fly ash for simultaneous dioxins decomposition and heavy metal stabilization ［J］. Frontiers of Environmental Science & Engineering in China, 2010, 4 (1): 108-115.

9 地聚合物发展前沿

地聚合物材料是由硅铝原材料在碱性或酸性激发剂的激发作用下制得的一种凝胶材料，它以硅铝四面体为结构基本单元，在三维空间上形成硅—氧—铝的网状结构。与传统普通硅酸盐水泥在生产过程中的高碳排放和高能耗相比，地聚合物采用添加负 CO_2 足迹值的工业废弃物料，且不需要经过通常制造水泥的复杂工艺就可以直接制成凝胶材料，从而具有制备方便、能耗小、碳排放低等优异性。

地聚合物作为一种新型的绿色胶凝材料，具有较高的抗压强度、较好的耐久性、耐火性等优异性能，逐渐成为固废资源化利用的方向之一。近年来，地聚合物原料由传统的偏高岭土向赤泥、粉煤灰、矿渣等工业固废在逐步扩展。

9.1 地聚合物应用背景

目前，国内外传统的地聚合物原材料由偏高岭土向高硅铝材料在扩展，如炉渣、赤泥、粉煤灰、矿粉等废弃物料。以来源广泛的废弃物料为原材料可以实现降低成本、节约资源、改善环境。但是传统原料仍旧存在很大的局限性，如偏高岭土、硅灰石等仍属于矿物资源；高岭土、尾矿等原料活性低，尤其是早期活性难激发；粉煤灰、矿粉等的物理化学性质复杂多样[1]。

在我国的经济发展中，防治环境污染和改善生态环境已经成为前提条件。近年来，严格对建设项目进行环境影响的评价，对建筑行业的标准和要求也在不断提高，并强调了建筑行业应以改善生产结构、开发绿色原材料、提高废弃材料的二次利用价值等方面作为研究的重点。在全球范围下，人们一致认同了保护地球家园、绿色发展世界的新观念，地聚合物的出现则被视为建筑行业普通硅酸盐水泥的最佳替代物之一。近年来，地聚合物材料开始作为全新的研究领域被重视起来，各种研究机构在该领域上投入大量的人力、财力，主要是为了在地聚合物的原料配比、技术工艺和反应机理等方面形成更加系统和完善的理论模型。目前，在激发材料的运用上仍是以碱金属元素或碱土金属元素的碱、盐为主，由于高碱度激发剂溶液腐蚀性强、黏度高，使其在运输、贮存或使用上都存在诸多不便；原材料则具有局限性大、发展缓慢的特点；此外，对地聚合物反应机理的研究不够透彻以及在工程上得到应用的实例还很少见。因此，地聚合物材料的研究远未成熟，是极具发展潜力，也极需要大力发展的领域。

硅酸盐水泥早已发展成为建筑行业不可或缺的一种基础材料，可将其视为建筑工业的"粮食"，但是它在生产制备过程中会释放大量的 CO_2，加剧"温室效应"的恶化。中国的 CO_2 排放是全球关注的问题，我国水泥相关的 CO_2 排放曾经达到过世界第一，随着国家的管控、技术的不断改进有所降低，但是这与期望的 CO_2 排放量以及可持续发展的理念还相差甚远。1949 年，中国水泥综合 CO_2 排放量约为 112 万吨，2015 年增加到 173050

万吨。与此同时，根据可能的现实情景，预计到 2050 年，中国的水泥产量可能在 161750 万吨左右，中国每吨水泥的 CO_2 排放量约为 576.02kg，2050 年的 CO_2 排放量约为 93171 万吨[2]。与普通硅酸盐水泥相比，地聚合物浆料在生产过程中潜在的温室气体排放可减少 44%～64%[3]。又由于地聚合物在建筑工业上表现出的适应性比普通硅酸盐水泥材料更好，如快硬早强、耐腐蚀、固封性、耐高温性、冻融性能等。因此，大力发展和扩充地聚合物领域是十分有必要的。

相比于国外对地聚合物材料的研究来说，国内起步的较晚，但也在不断探索地聚合物材料。为实现地聚合物材料在建筑领域的发展，研究方向从原材料组成、养护制度设计、工作性能等方面逐步进行，以便于尽早实现地聚合物的经济效益和社会价值。

9.2 地聚合物发展历史

地聚合物是一类具有从无定形到半晶质状态的三维网状立体结构的新型铝硅酸盐无机聚合物材料。法国著名材料学家 Jesoph Davidovits[4]1978 年首次把这种材料命名为"geopolymers"。后来的研究者给这种无机聚合物取了许多其他名字如"aluminosilicate glass""hydroceranlics"和"alkaliactivated cement"。到目前为止，这种无机聚合物没有一个非常贴切的命名，尽管"geopolymers"不能准确描述这种材料，但仍然被大多数研究者所接受。这种材料的中文名字有许多种叫法，如地质聚合物、地聚合物、矿物聚合物、土壤聚合物、地聚水泥、矿物键合材料、低温铝硅酸盐玻璃、化学键合陶瓷和碱激发水泥等。

我们通常所说的地聚合物是指碱基地聚合物，它是由活性铝硅酸盐矿物或铝硅酸盐工业废弃物在强碱溶液中经过解聚、缩聚和凝胶网络化过程形成的一种三维网络凝胶材料。硅氧四面体和铝氧四面体通过桥氧连接，铝氧四面体的负电荷由碱金属离子或碱土金属离子来平衡。

从拓扑学角度分析，如果磷氧四面体进入地聚合物的网络结构，网络结构中的磷氧四面体正好呈正一价，可以平衡铝氧四面体的负电荷。于是磷酸基地聚合物作为地聚合物家族的新成员引起了研究者们的重视。曹德光等[5]研究了磷酸基地聚合物，并把它叫作磷酸基矿物键合材料。法国的 Jesoph Davidovits 也把磷酸盐地聚合物（phosphate geopolymers）写进了由他主编的关于地聚合物化学与应用的专著中。

9.2.1 碱激发地聚合物

实际上，地聚合物的发展应用可追溯到人类文明启蒙的早期。早在公元前 7000 年，人类就知道用黏土将石子黏结成一个固体结构来遮风挡雨，在以色列加利利的 YiftahEi 修筑公路工程中发现的一段混凝土路面，即是由生石灰加水和石子拌合，硬化后得到混凝土。

此后，在对古罗马大竞技场和庞贝大剧院等著名古建筑的研究中，人们发现在这些古建筑中存在一种硅酸盐水泥石中没有的非晶体物质，该物质的结构与有机高分子聚合物的三维网络结构相似，但其主体是无机的铝氧四面体［AlO_4］和硅氧四面体［SiO_4］，人们普遍认为那些非晶体物质正是古建筑能在比较恶劣的环境中历经几千年而不被破坏的主要原因。1985 年，在我国甘肃省秦安县大地湾村考古发现的一个新石器时代的文化遗址中，人们发现了一块平整而光洁，颜色呈青黑色的地坪，经化学分析后证明，其中的主要成分是硅和铝的化合物，与现代水泥的主要成分相同。而早在 1957 年，苏联乌克兰共和国基辅建筑工学院的格鲁荷夫斯基教授就用碎石、磨细的锅炉渣或高炉矿渣，或生石灰加高炉矿渣和硅酸盐水泥（或不加）混合后，用 NaOH 溶液或水玻璃调制成浆体，凝固后得到抗压强度高达 120 MPa，稳定性良好的胶凝材料。分析水化硬化后的材料发现，除含高碱度的 C—S—H 凝胶外，还含有相当一部分结构类似沸石、霞石和长石的产物，与土壤中沉积岩的组成相似，并命名为土壤水泥[6]。

　　碱激发地聚合物是研究最早且最为广泛的体系，它是指活性铝硅酸盐在碱性激发剂的作用下进行地聚反应后所形成的产物。自有关地聚合物的第一个专利——防火颗粒板由法国科学家 Joseph Davidovits 在 1972 年申请获批以来，已开展了大量碱激发地聚合物材料的研究；特别是以热活化黏土矿物为铝硅酸盐原料的碱激发地聚合物体系——早期的碱激发地聚反应机制研究以及碱激发地聚合物材料开发几乎都以该体系为研究对象，获得了大量具有指导意义的实验设计参数，如铝硅比、固液比、养护条件等，这些量化的实验参数为此后碱激发地聚合物的实际应用提供了坚实的理论基础。可以说，碱激发热活化黏土矿物是地聚合反应的“模板体系”。目前，碱激发地聚合物已在绿色建筑材料、陶瓷、涂料、黏合剂、防火和耐化学腐蚀材料等领域得到了广泛应用。近年来，随着地聚合物研究的深入，利用具有地聚合反应活性的工业固体废弃物（以下简称为“固废”）逐渐成为碱激发地聚合物材料开发的研究热点。以固废为铝硅酸源制备碱激发地聚合物的技术，在实现“变废为宝”的同时，也减少了黏土矿物热活化过程所导致的能源消耗和二氧化碳的间接排放，使得碱激发地聚合物的绿色低碳特质得以彰显。然而，固废的地聚反应活性水平并不及热活化黏土矿物，利用其制备碱激发地聚合物时，产物性能往往会变差，这促使人们在继续探索基于碱激发地聚合物体系实现固废资源化利用的同时，也在探索新的更为高效的利用地聚反应处理固废的方式[1]。

9.2.2　酸激发地聚合物

　　关于磷酸基地聚合物的历史可以追溯到古埃及金字塔的建造。金字塔是人类建筑史上的奇迹，法国材料科学家 Joseph Davidovits 推测金字塔是通过浇注成型建造的，金字塔材料的微观结构、分子结构和元素组成与地聚合物非常类似[6]。

　　相对于碱基地聚合物胶凝材料，磷酸基地聚合物胶凝材料的概念是最近 20 来年才提出的。美国的阿贡国家实验室 2003 年在室温下或比室温稍高的温和条件下用可溶性的氧化物或金属氧化物矿物与磷酸和磷酸盐反应制备出化学键合磷酸盐陶瓷。在 2004 年美国陶瓷材料会议上把这种化学键合磷酸盐陶瓷归于地聚合物家族中的一类新成员。2005 年曹德光在碱基地聚合物的基础上，初步提出了偏高岭土-磷酸基地聚合物的反应模型。2007 年，新西兰的 MacKenzie 把 $Ca_3(PO_4)_2$ 加入碱基地聚合物的浆体中，用固体核磁共振谱对地聚合物的结构进行分析，发现磷氧四面体并没有进入地聚合物的网络结构中。这说明在强碱性条件下磷氧四面体很难与硅氧四面体和铝氧四面体组成网络结构，同时也反映了磷酸基地聚合物反应机理的复杂性。Perera 用偏高岭土分别与磷酸和硅酸钠溶液制备磷酸基地聚合物和碱基地聚合物，对它们的抗压强度进行对比，发现磷酸基地聚合物的抗压强度比碱基地聚合物的抗压强度高得多[7]。

酸基地聚合物胶凝材料研究由于起步较晚，所以目前国内外相关报道较少，但酸激发地聚合物的优良理化性质已经得到证实。相比于碱激发地聚合物，酸激发地聚合物在力学性能、热稳定性、耐腐蚀和绝缘性等方面的表现更为优异。这些优点使得酸激发地聚合物在固废资源化利用中具有应用潜力，可能成为提高固废回收利用的安全性和相应产品附加值的新途径。

9.3　地聚合物激发反应机理

9.3.1　碱激发地聚合物反应机理

最早提出地聚合物概念的是法国人 Joseph Davidovits，此后他开始更加深入的研究地聚合物材料的内部结构。他以偏高岭土为例，提出偏高岭土在碱性激发剂中溶解出大量的活性硅铝键，然后进一步水化形成硅铝酸长链，长链在三维空间中缠绕形成凝胶材料，得到的碱激发偏高岭土胶凝材料具有如下通式：

$$M_x\{-(SiO_2)_z-AlO_2-\}_n \cdot wH_2O \tag{9.1}$$

式中　M——碱金属；

　　　　x——碱离子数目；

　　　　z——硅铝比（Si/Al），可以为 1、2、3；

　　　　n——聚合度；

　　　　w——结合水量，w 可为 0~4。

根据地聚合物材料的结构组成单元的硅铝比（Si/Al）的不同可将其按表 9.1 大致分为三类，三类结构单元的分子式如图 9.1 所示，其中硅铝比（Si/Al）取决于反应液中活性硅与活性铝的含量，大分子长链结构正是由这些小的结构组成单元不断缩聚形成的。

表 9.1　地聚合物材料的结构组成单元

中文名称	英文缩写	硅铝比
单硅铝地聚合物	PS	Si/Al = 1
双硅铝地聚合物	PSS	Si/Al = 2
三硅铝地聚合物	PSDS	Si/Al = 3

对于碱激发而言，目前的研究主要认为地聚合反应机制包括三个阶段：

（1）固废中的硅铝氧化物在碱性激发剂（OH⁻）的作用下（液态条件下）发生 Si—O 键与 Al—O 键的断裂与重组。

（2）前体离子运输、排列或缩聚成单体，生成物根据 SiO_2 与 Al_2O_3 的比例不同可分为 PS（—Si—O—Al—O—，$SiO_2/Al_2O_3 = 2$），PSS（—Si—O—Al—O—Si—O—，$SiO_2/Al_2O_3 = 4$），PSDS（—Si—O—Al—O—Si—O—Si—O—，$SiO_2/Al_2O_3 = 6$）三种类型单体。

（3）硅铝单体之间发生地质聚合反应，形成具有三维网格状内部结构的地聚合物胶凝材料。

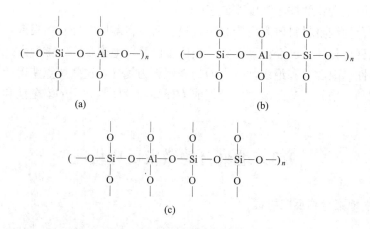

图 9.1　地聚合物材料的结构形态

（a）单硅铝地聚合物（PS）；（b）双硅铝地聚合物（PSS）；（c）三硅铝地聚合物（PSDS）

碱激发地聚合物反应阶段图，如图 9.2 所示。

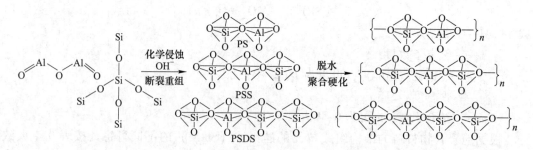

图 9.2　碱激发地聚合物反应阶段图

9.3.2　酸激发地聚合物反应机理

对于酸激发而言，大多数研究认为酸激发（磷酸）地聚合反应机制主要包括三个阶段（以磷酸激发偏高岭土为例）：

（1）在磷酸的作用下，偏高岭土的硅铝氧化物被溶解，形成 Si—OH、Al—OH 和 P—OH 等。

（2）偏高岭土溶解出的 Si—OH，Al—OH 与磷酸中的［PO_4］之间互相反应，生成非晶态结构的 P—O—Si、Si—O—Al、Al—O—P，同时由于 P 和 Al 之间有很强的亲和力，浸出 Al^{3+} 与磷酸的 PO_4^{3-} 反应得到结晶相 $AlPO_4$。

（3）非晶结构的 P—O—Si、Si—O—Al、Al—O—P 的脱水缩聚，形成由三维的 Si、Al、P 原子分布和 $AlPO_4$ 共同组成的网络状地聚合物。

酸激发地聚合物反应阶段图，如图 9.3 所示。

与碱激发不同之处在于，由于［PO_4］部分取代了［SiO_4］，磷酸基地聚合物分子结构内的电荷可以通过 Al—O—P 键来平衡，不需要额外的单价阳离子参与。因此，酸性地聚合物的介电损耗比碱性地聚合物的介电损耗要低。此外，与碱基地聚合物相比，

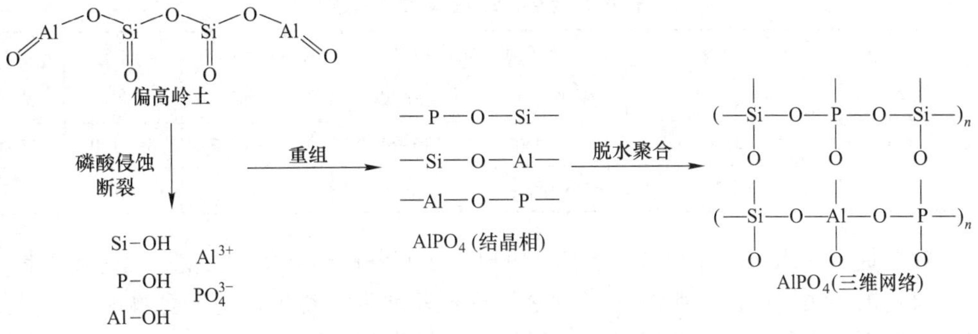

图 9.3 酸激发地聚合物反应阶段图

酸基地聚合物具有更强的黏结性，从而具有更高的抗压强度、更低的风化率和更高的热稳定性。

9.4 不同原料在地聚合物中的研究与应用

地聚合物的碱激发和酸激发机理均表明，理论上在合适的制备条件下，富含硅酸盐或硅铝酸盐类的固废均可作为地聚合物的生产原料。目前，在固废制备地聚合物领域，碱激发地聚合技术占主导，所制备的地聚合物材料已普遍作为普通硅酸盐水泥等材料的替代品。

常见的用于碱激发地聚合物制备的固废有粉煤灰、飞灰/底灰、污泥焚烧残渣、高炉矿渣等，目前已有许多研究成功利用固废原料制备出性能各异的地聚合物材料。酸激发地聚合物原料基本集中在自然矿物（偏）高岭土上，只有少数研究利用粉煤灰、电解二氧化锰渣等固体废物作为酸激发地聚合物的前驱体。

9.4.1 粉煤灰制备地聚合物

粉煤灰是冶炼厂、化工厂和燃煤电厂等排放出来的硅铝酸盐残渣，主要是煤燃烧后的烟气从管道中收集下来具有一定的火山灰活性的固体废料。

粉煤灰是一种高度分散的颗粒集合体，粒径细，在 $1 \sim 50\mu m$，颗粒呈多孔型蜂窝状。比表面积较大，具有较高的吸附活性，外观类似水泥，颜色从乳白到灰黑有不同的深度。粉煤灰的化学组成[8]主要是 SiO_2 和 Al_2O_3，还有少量的 CaO、FeO、Fe_2O_3、TiO_2、MgO、Na_2O 和 SO_3 等，包含晶相和非晶相两种形态。其中，非晶相物质为玻璃体，含量较高，一般占 52%~89%，玻璃体是粉煤灰最重要的组成，它的反应活性将直接影响粉煤灰的反应活性；晶相物质主要为莫来石、石英、赤铁矿、氧化钙等，还有一些未燃烧的碳粒。

粉煤灰根据钙含量将粉煤灰分为高钙粉煤灰（$m(Ca)>10\%$）和低钙粉煤灰（$m(Ca)<10\%$），高钙粉煤灰一般是褐煤和次烟煤的产物，而低钙粉煤灰则是无烟煤和烟煤燃烧的产物，通常高钙粉煤灰颜色偏黄，低钙粉煤灰颜色偏灰。

粉煤灰物理性质包括密度、堆积密度、细度、比表面积、需水量等，是其化学成分及矿物组成的宏观体现。粉煤灰的基本物理性质[9]见表 9.2。

表 9.2　粉煤灰的基本物理性质

项目	密度 /g·cm⁻³	堆积密度 /g·cm⁻³	比表面积/cm²·g⁻¹		原灰标准稠度 /%	需水量 /%	28d 抗压强度/MPa
			氮吸附法	透气法			
范围	1.9~2.9	0.531~1.261	800~19500	1180~6530	27.3~66.7	89~130	37~85
均值	2.1	0.780	3400	3300	48.0	106	66

粉煤灰拥有火山灰活性和硅铝组分，可以用于制备地聚合物。目前，已有大量粉煤灰基地聚合物的相关研究。毛明杰等[10]通过正交试验研究了粉煤灰地聚合物混凝土抗压强度最优制备因素水平，试验分析得出抗压强度的最优制备因素水平：水玻璃模数为 1.3，水胶比为 0.35，养护温度为 80℃，对应的抗压强度值为 71.6MPa。研究中发现，地聚合物混凝土早期强度低于普通水泥混凝土，但 28d 的抗压强度明显高于普通水泥混凝土。通过 SEM 电镜观察得知，粉煤灰地聚合物的强度取决于包裹在粉煤灰煤泡周围的 C—S—H 凝胶的强度。唐灵等[11]研究粉煤灰地聚合物混凝土在硫酸盐环境下的性能发展与微观结构，结果发现，暴露于硫酸盐环境中的地聚合物混凝土不会产生对结构有害的膨胀性物质。

9.4.1.1　单一粉煤灰基地聚合物的制备与性能研究

地聚合物是一类无机聚合硅铝酸盐的总称，可以以粉煤灰等为主要原料，通过相对温和的强碱激发反应制备而成。陈晨等[12-13]以粉煤灰与氢氧化钠碱溶液反应制备地聚合物，制备工艺流程如图 9.4 所示。研究发现，液固比、碱浓度、反应时间以及反应温度等条件，对地聚合物的反应速率与地聚合物产品的宏观强度存在密切联系。

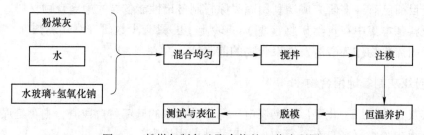

图 9.4　粉煤灰制备地聚合物的工艺流程图

仇秀梅[14]以粉煤灰和偏高岭土为原料，以工业水玻璃和 NaOH 为混合激发剂，采用低温碱活化法制备地聚合物材料。考查了原料种类、搅拌制度、激发剂、养护制度对地聚合物抗压强度的影响。结果表明，以粉煤灰为原料，碱激发剂模数为 1.1，浆料于 1200~1500r/min 搅拌 15min 后注模，在 60℃条件下湿养 24h 所得固化块体的 28d 抗压强度值最大，可达 30MPa。相同条件，改用 1.0 模数的激发剂制备的偏高岭土基地聚合物的 28d 抗压强度可达 75MPa。对最佳条件制得的地聚合物进行表征，XRD 图谱显示粉煤灰基地聚合物和偏高岭土基地聚合物具有独特的弥散峰，为无定形态。SEM 分析显示两种地聚合物为致密的凝胶体。FTIR 图谱显示材料具有地聚合物凝胶体的特征官能团，粉煤灰基地聚合物结构中出现空气碳化吸收峰（O—C—O），而偏高岭土基地聚合物无碳化现象。抗高温和抗化学腐蚀实验表明，偏高岭土基地聚合物的抗高温性能明显强于粉煤灰基地聚合物，而在硫酸、盐酸、碱溶液中的稳定性不如单一粉煤灰基地聚合物。

　　童国庆等[15]以发电废渣Ⅰ级低钙粉煤灰为原料，水玻璃和氢氧化钠的混合溶液为碱性激发剂，制备了不同养护龄期和水玻璃模数下的粉煤灰基地聚合物。常温养护后，进行了粉煤灰地聚合物无侧限抗压强度试验和XRD分析。试验结果表明，粉煤灰地聚合物的强度与水玻璃模数呈负相关，当模数为1.0时，地聚合物试样的强度最高；粉煤灰玻璃体在碱性溶液中溶解后发生解聚—缩聚反应，生成了铝硅酸钠凝胶，且生成量随反应时间的延长逐渐增多；当模数为1.0且养护28d时，粉煤灰地聚合物试样具有紧凑且密实的微观结构。从图9.5所示的XRD图谱中可以看出在两种碱浓度下均没有新的晶体相生成，其反应产物主要为无定形的铝硅酸钠凝胶，说明碱浓度改变并不影响反应的整体路线。

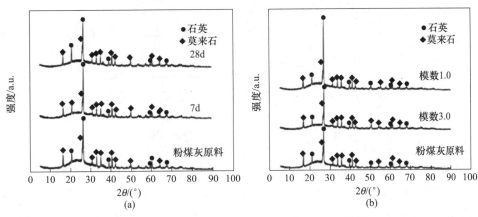

图9.5　不同龄期、模数下地聚合物的XRD图谱
(a) 龄期；(b) 模数

　　为了增强粉煤灰地聚合物的性能，孟宪建[16]在粉煤灰制地聚合物的反应中，加入了碳纤维作为增强剂，制备了碳纤维增强高钙粉煤灰基地聚合物复合材料，随着碳纤维掺量的增加，地聚合物复合材料的抗压强度增大，其体积电阻率显著降低，并存在导电渗流现象，阈值在0.1%~0.2%。邵宁宁等[17]以聚酯纤维作为粉煤灰地聚合物的增强剂，制备了具有高度孔隙结构的纤维增韧发泡地聚合物产品，结果显示粉煤灰地聚合物的强度和断裂韧性得到了提高，地聚合物的改性有效。

　　总体来说，粉煤灰基地聚合物的合成反应过程较为复杂，不同"产地"的粉煤灰原料的性质存在差异，导致其最佳合成条件比较宽泛，合成地聚合物产品的性能也存在差异。因为这些差异，不同研究者研究粉煤灰基地聚合物的性能，再根据其具体加以额外条件补齐短板，或者降低实验要求，以节省成本，代替水泥做实际应用。

　　以上研究也同时表明，以粉煤灰为原料，通过碱激发、成型养护等方法可以制得地聚合物材料。粉煤灰基地聚合物材料的抗压强度受粉煤灰粒度、钙含量、碱激发剂模数、养护条件、养护时间等多因素影响。粉煤灰基地聚合物与偏高岭土基地聚合物、传统硅酸盐水泥强度相当，在固化重金属离子方面展现出一定优势，有望应用于更多领域。

9.4.1.2　复合粉煤灰基地聚合物的制备与性能研究

　　(1) 粉煤灰-矿渣基地聚合物的制备与性能研究。孙双月[18]将低钙粉煤灰与不同配比的矿渣混合作为硅铝原料，经机械粉磨和激发剂激活后制备地聚合物胶凝材料。正交试验研究了矿渣和粉煤灰的配比、水灰比和水玻璃模数3个因素对地聚合物抗压强度的影响，并采用 XRD、SEM 对地聚合物的微观结构进行分析。结果表明：当矿渣和粉煤灰配比为 1∶1、水灰比为 0.4、水玻璃模数为 1.2 时，所制得地聚合物 28d 龄期的抗压强度最高，达到 68.45MPa。XRD（见图 9.6）和 SEM 分析表明：随着试样养护龄期的增长，生成更多的硅铝酸盐凝胶体，并且原料中部分晶相逐渐转化为非晶相，凝胶产物将未反应完的原料颗粒黏结在一起，使试样结构更趋致密，从而有利于抗压强度的提高。

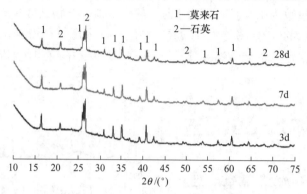

图 9.6　不同养护龄期试样的 XRD 图谱

孙庆巍等[19]将矿渣、水泥掺入粉煤灰，在常温下制备出具有较好性能的粉煤灰基地聚合物复合胶凝材料。结果表明，胶凝材料组成为粉煤灰 60%、矿渣 25%、水泥 15%，碱激发剂中用碱量取 8%，水玻璃模数取 1.4~1.6，此条件下复合胶凝材料具有较高强度，凝结时间等其他性能指标也符合胶凝材料的使用要求。对样本进行孔结构分析，结果表明，此时材料生成物结构致密，粉煤灰的地聚合反应较为充分。

地聚合物样本的孔径—阶段进汞量曲线，如图 9.7 所示。

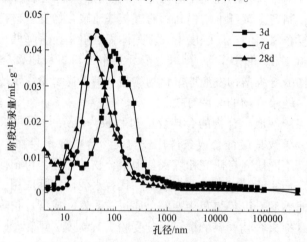

图 9.7　地聚合物样本的孔径—阶段进汞量曲线

以上研究表明，矿渣、水泥等可以作为掺料，与粉煤灰混合后制备地聚合物材料。通过调节物料配比和激发方式等手段，可以获得较高强度的地聚合物。而矿渣作为一种固体废弃物掺入粉煤灰制备地聚合物，为矿渣的综合利用提供了一种新方向。

（2）粉煤灰-偏高岭土基地聚合物的制备与性能研究。高婉琪[20]用不同含钙量的粉煤灰分别添加偏高岭土为原料，以水玻璃和 NaOH 为激发剂制得了不同含钙量的粉煤灰-偏高岭土基地聚合物，将添加偏高岭土的试样分别于不添加偏高岭土的试样进行对比。结果表明，偏高岭土的加入提高了地聚合物的早期抗压强度，但对地聚合物后期强度没有贡献。而且，虽然偏高岭土使粉煤灰地聚合物早强，但是，偏高岭土的加入使高钙粉煤灰基地聚合物的后期强度下降。XRD 和 FTIR 结果显示，粉煤灰原料在添加偏高岭土后既有粉煤灰参与反应，也有偏高岭土的活性成分参与反应，生成的凝胶网络结构是粉煤灰和偏高岭土活性成分的共同作用。

高钙粉煤灰-偏高岭土基地聚合物和低钙粉煤灰-偏高岭土基地聚合物在第 7 天的 IR 图谱，如图 9.8 所示。

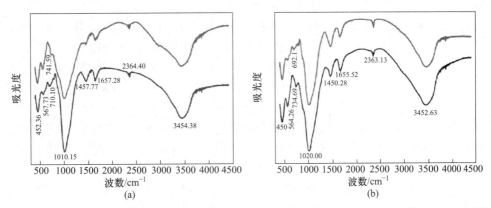

图 9.8　高钙粉煤灰-偏高岭土基地聚合物和低钙粉煤灰-偏高岭土基地聚合物在第 7 天的 IR 图谱
（a）高钙粉煤灰-偏高岭土基地聚合物；（b）低钙粉煤灰-偏高岭土基地聚合物

张海燕等[21]以偏高岭土-粉煤灰混合物制备地聚合物混凝土，研究了常温和高温处理后力学性能及高温力学性能损伤特性，与普通混凝土相比，偏高岭土-粉煤灰地聚合物混凝土耐高温性能更好。Okoye 等[22]在粉煤灰基地聚合物混凝土中掺入了一定量的高岭土，其抗压强度比一般的粉煤灰地聚合物混凝土要好，且抗压强度随养护时间增加的速度优于一般的粉煤灰地聚合物混凝土。

以上研究表明，不同细度、不同钙含量的粉煤灰可以通过与偏高岭土进行合理的原料配比制得地聚合物。加入偏高岭土对地聚合物的早期强度、抗高温性能和耐腐蚀性能均有一定的影响，通过改变物料配比，可以得到不同性能的地聚合物材料，从而拓展地聚合物的应用。

（3）其他复合粉煤灰基地聚合物的制备与性能研究。安金鹏[23]以掺加天然沸石的低钙粉煤灰作为硅铝原料，以水玻璃为碱性激发剂制备了改性粉煤灰地聚合物，并利用改性地聚合物进行重金属离子固化研究。利用正交试验确定制备改性粉煤灰地聚合物的最优配方，用单因素试验说明粉煤灰细度对地聚合物力学性能的影响。综合运用吸附试验、XRD、IR、SEM 和静态实验等手段检测水化 28d 的粉煤灰地聚合物。结果表明，在最佳的粉煤灰中位径、沸石中位径、沸石添加量、激发剂浓度、模数等条件下，抗压强度达到 40MPa。XRD 和 IR 结果说明，添加天然沸石可以促进地聚合物水化程度，添加天然沸石后，水化 28d 的地聚合物有 zeolite 和 analicime-C 沸石出现，并使无定形物质增加。重金属离子固化试验证明，改性地聚合物对 Pb^{2+}、Cu^{2+} 等离子的捕集效率达到 99.9%，并且固化体强度良好。

罗浩等[24]将热处理过后的赤泥以不同的掺量加入粉煤灰中制备地聚合物材料。研究了掺量、热处理温度对地聚合物强度的影响，结果表明，赤泥与粉煤灰掺量比 1:9、预处理温度 1100℃下地聚合物材料的强度最高。

（4）再生骨料粉煤灰地聚合物混凝土。一般混凝土中，都会添加天然骨料，考虑到每年都要产生越来越多的建筑拆除废弃物。保留再生骨料混凝土并考虑将其重复利用，是一种保护自然资源，避免废弃混凝土填埋造成的环境污染的有效方法。但再生骨料混凝土，与普通混凝土相比，具有低脆性、低热传导性以及低密度等特点，且荷载承载力没有普通混凝土高。粉煤灰地聚合物具有良好的宏观性能，将再生骨料用作制备粉煤灰基地聚合物混凝土，是一个资源综合利用的研究方向。

龙涛等[25]利用再生粗骨料取代天然粗骨料，制备出了粉煤灰基地聚合物再生混凝土，试验结果表明，在不同再生骨料取代率下，地聚合物再生混凝土比相应的普通再生混凝土具有更高的强度。随着再生骨料含量的增多，混凝土密度、弹性模量、泊松比和抗压强度都逐渐降低。周艳华[26]分别采用再生骨料和天然骨料作为粗骨料，制备了碱激发高钙粉煤灰基地聚合物再生骨料混凝土和地聚合物天然骨料混凝土，试验结果表明，再生骨料可以用作粗骨料制备高钙粉煤灰基地聚合物混凝土，其密度、力学性能、抗渗水性能、抗氯离子渗透性能及抗硫酸侵蚀性能均略低于同等条件下的天然骨料粉煤灰地聚合物。其抗压强度略低于天然骨料制备的地聚合物混凝土，但是能够满足使用要求。

唐灵等[27]研究了粉煤灰基地聚合物再生混凝土的抗硫酸性能研究，发现低掺入再生骨料量时，粉煤灰基地聚合物再生混凝土能够满足使用需求，但高掺入再生骨料量时，粉煤灰基地聚合物再生混凝土的抗硫酸盐侵蚀性能较差。此外，再生骨料对普通再生混凝土的抗碳化能力影响较大，对粉煤灰基地聚合物再生混凝土的抗碳化性能影响较小。

9.4.2　高炉矿渣基地聚合物的制备与性能研究

9.4.2.1　高炉矿渣制备地聚合物简介

高炉矿渣是冶炼生铁时产生的副产品，产量巨大，其主要化学成分为 SiO_2、CaO、Al_2O_3、MgO 等氧化物，矿渣作为一种火山灰质材料，在合适的条件下激发可获得良好的水化胶凝性能，在地聚合物制备方面具有巨大的应用潜力。矿渣基地聚合物指的是以矿渣为主要硅铝质原料，经少量碱性激发剂激发后，在较低温度下发生聚合反应得到的无机 Si—Al 质胶凝材料，矿渣基地聚合物由于其能耗低、二氧化碳排放量少等特点，被认为是一种环保型凝胶材料。研究表明，高炉矿渣和其他硅铝质物料制备地聚合物表现出良好的性能，如强度高、耐侵蚀、隔热性好等。

9.4.2.2　单一矿渣基地聚合物的制备及其性能研究

单一矿渣基地聚合物又称碱矿渣水泥，是矿渣在少量激发剂的激发作用下，发生解聚缩聚反应生成的一种三维网络状结构的胶凝材料。与普通硅酸盐水泥相比，具有硬化快、强度高、能耗低等优点，可用于交通抢修、快速补修、水泥混凝土道路基层灌浆等领域。

刘乐平等[28]以矿渣和水玻璃粉体为原料制备矿渣基地聚合物，研究了液固比对矿渣基地聚合物凝结时间和强度的影响，并通过 X 射线衍射和扫描电子显微镜等分析技术对矿渣基地聚合物的物相组成、微观结构进行了研究。水灰比对矿渣地聚合物凝结时间的影响如图 9.9 所示，结果表明，当液固比由 0.30 增加到 0.38 时，地聚合物材料的初凝和终凝时间分别从 10min 和 13min 增加到 22min 和 26min，抗压强度则由 82.9MPa 减少到 63.4MPa。XRD 分析表明，地聚合物材料的水化产物为无定形聚合物；SEM 分析表明，其微观结构为无定形的网络结构。

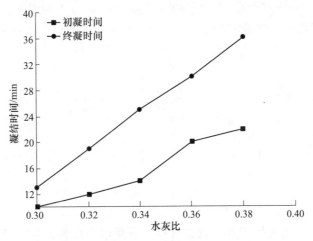

图 9.9　水灰比对矿渣地聚合物凝结时间的影响

图 9.10 为水玻璃、矿渣和矿渣基地聚合物的 SEM 图片。从图 9.10（a）可以看出，速溶型水玻璃粉体为空心微球状，速溶型水玻璃粉体是通过喷雾干燥制备的无定形粉体。图 9.10（b）中的块状矿渣粉体与水玻璃粉体混合均匀后，加水搅拌，水玻璃粉体迅速溶解与矿渣发生解聚缩聚反应生成图 9.10（c）所示的地聚合物凝胶体。从图 9.10（c）可以看出，矿渣与水玻璃反应比较充分，在地聚合物凝胶体中没有空心微球状的未反应水玻璃粉体和块状的矿渣粉体，与文献报道的传统地聚合物的微观结构类似。

(a)　　　　　　　　　(b)　　　　　　　　　(c)

图 9.10　水玻璃、矿渣和矿渣基地聚合物的 SEM 图片
（a）水玻璃；（b）矿渣；（c）矿渣基地聚合物

9.4.2.3　复合矿渣基地聚合物的制备及其性能研究

（1）粉煤灰-矿渣基地聚合物的制备及其性能研究。矿渣作为工业固体废渣应用于地聚合物的制备具有显著的经济和环境效益，但就纯矿渣基地聚合物材料而言，聚合速度快、收缩大、易开裂等缺点限制了其工程应用。粉煤灰的化学成分以 SiO_2、Al_2O_3 为主，CaO 含量较低，聚合速度较慢，聚合过程中需要蒸养或高温干养才能获得早期较高的强度。结合粉煤灰和矿渣各自的特点，可以设计不同的 $m(CaO):m(SiO_2)$，实现粉煤灰矿

渣基地聚合物常温下的可控聚合。

尚建丽等[29]以矿渣、粉煤灰为原料，在硅酸钠和氢氧化钠的激发作用下，制备了粉煤灰矿渣基地聚合物，制备流程如图9.11所示，并探讨了水灰比，激发剂配比以及原料配比对粉煤灰-矿渣基地聚合物抗压强度的影响规律。实验结果表明，地聚合物的最佳制备条件为：水灰比为0.3、氢氧化钠：硅酸钠为0.63、矿渣：粉煤灰为2，在此实验条件下，粉煤灰-矿渣基地聚合物养护7d、14d和28d的抗压强度分别达到57.0MPa、69.0MPa和84.3MPa。

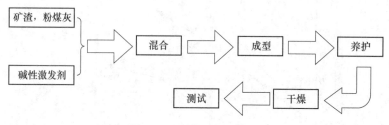

图9.11　制备流程示意图

宋学锋等[30]以粉煤灰和矿渣为胶凝材料、石英砂为骨料，在水玻璃的激发作用下，制备得到粉煤灰-矿渣基地聚合物材料，并研究了粉煤灰掺量，水玻璃的模数及其固含量对地聚合物抗压强度的影响规律。研究结果显示：粉煤灰掺量的增加会使体系中CaO的含量降低，导致地聚合物的抗压强度逐渐降低；当水玻璃的固含量为32%时，随其模数的增大，地聚合物抗压强度表现出先增大后减小的变化趋势，模数为1.2时，试样养护7d抗压强度最高可达到94.9MPa；地聚合物的抗压强度随水灰比的增大表现为先增大后减小，水灰比为0.48时，7d抗压强度可以达到85MPa。

与矿渣相比，粉煤灰中CaO含量较少，活性较低，能够有效延缓地聚合物材料的聚合速度，实现地聚合物材料在常温下的可控聚合；另外，粉煤灰Al_2O_3含量较高，Al^{3+}的掺入能够有效提高水化产物的交联程度，改善地聚合物的微观结构。但是，由于粉煤灰活性相对较低，在制备粉煤灰-矿渣基地聚合物时，粉煤灰的掺量不宜过大，否则为了获得较高的早期强度往往需要较高养护温度，通常需要在30~90℃下养护2~6h。

（2）偏高岭土-矿渣基地聚合物的制备及其性能研究。偏高岭土是一种高活性矿物掺合料，是超细高岭土（$Al_2O_3 \cdot SiO_2 \cdot 2H_2O$）经过低温煅烧而形成的无定型硅酸铝物料，具有很高的火山灰活性，偏高岭土制备而成的地聚合物具有固化较慢、收缩小、稳定性较好等特点，掺加适量偏高岭土可以有效改善单一矿渣基地聚合物的性能。

罗新春等[31]以高炉矿渣、偏高岭土和石英砂为主要原料，在硅酸钠溶液的激发下制得偏高岭土矿渣基地聚合物。实验通过调节偏高岭土与高炉矿渣的比例来研究钙含量对地聚合物抗压强度的影响，并利用XRD、SEM以及热重-差示扫描量热分析（thermogravimetric-differential scanning calorimetry，TG-DSC）等检测手段对地聚合物的物相、显微结构以及热稳定性进行了探究。实验结果显示：物料中CaO含量的增加，使地聚合物中生成斜三方钙石等物相，提高了地聚合物的致密性，加快了固化速率，提高了地聚合物的抗压强度（CaO用量为15%时，地聚合物7d抗压强度可达到93.9MPa）。

显微结构观察不同钙含量地聚合物的扫描电子显微镜（SEM）照片，如图9.12所示。

由图 9.12 可知，在钙含量为 0 时，试样中有很多未反应的片状偏高岭土状颗粒和石英砂，同时材料结构疏松。随着钙含量的逐渐增加，试样反应充分，结构更致密。当钙含量为 10% 时，试样内部开始出现微裂纹。随着钙含量的进一步增加，由于水化过程形成硅酸钙水合物放出的热量越来越大，在反应逐渐趋于完全的同时，也让裂纹进一步扩展。当钙含量为 20% 时，试样表面有未反应的石英颗粒和白色片状颗粒并且出现较大的裂纹，主要是因为地聚合物中形成了大量含钙水合物，使得试样在养护过程中，由于收缩较大造成开裂。

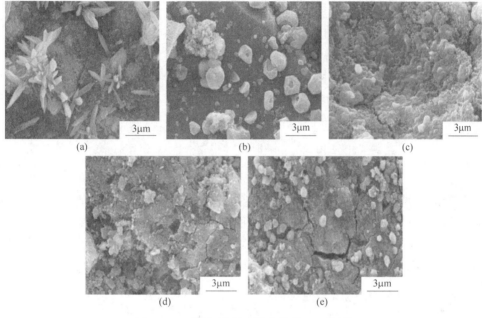

图 9.12　不同钙含量地聚合物的 SEM 照片
(a) 0；(b) 5%；(c) 10%；(d) 15%；(e) 20%

一方面，偏高岭土的掺入可以有效延缓矿渣基地聚合物的固化速度，提高了地聚合物的可加工性能；另一方面，大量 SiO_2、Al_2O_3 的加入，使得地聚合物水化反应产物的交联程度增大，改善了地聚合物的微观结构。但是，当偏高岭土掺量过大时，会导致原料的成本显著提高，对地聚合物的环保性与经济性会显著降低。

（3）尾矿-矿渣基地聚合物的制备及其性能研究。尾矿是指经过浮选、磁选等矿物加工工艺处理后的固体废弃物，尾矿的排放堆积不仅占用土地，还会污染环境，合理利用尾矿是目前国内研究的热点课题。硅铝质尾矿制备地聚合物虽然可行，但是其活性低，单独使用时，存在强度低及聚合速度慢等问题。矿渣在碱性激发剂的激发作用下能获得良好的水化胶凝活性，将尾矿和矿渣混合使用制备尾矿渣基地聚合物材料，不仅有效解决了强度低和聚合速度慢等问题，又合理利用了尾矿资源，具有良好的应用前景。

Son 等[32]以铝尾矿、粉煤灰和高炉矿渣为主要原料，以硅酸钠和氢氧化钠为激发剂，制备了复合地聚合物，并研究了尾矿掺量对其性能的影响规律。研究结果表明，复合地聚合物的反应产物主要为无定形水化硅酸铝凝胶和方解石；当尾矿掺量为 20% 时，地聚合物的抗压强度最高，养护 28d 的抗压强度为 142.2MPa；随着尾矿掺量的增加，地聚合物的抗压强度逐渐下降，但是复合地聚合物的 28d 抗压强度仍高于普通硅酸盐水泥。

张晋霞等[33]以矿渣和铁尾矿为主要原料制备出尾矿矿渣基地聚合物材料，研究了铁尾矿掺量、水固比和激发剂配比对地聚合物抗压强度的影响。实验结果表明，矿渣与尾矿的质量比为 1.25，Na_2SiO_3 与 NaOH 的质量比为 1，液固比为 0.22 时，所得到的产品抗压强度最高，试样常温养护 28d 的抗压强度可达 74.3MPa。

矿渣与尾矿掺加量对抗压强度的影响如图 9.13 所示。

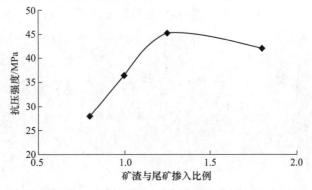

图 9.13　矿渣与尾矿掺加量对抗压强度的影响

利用低活性的硅铝质尾矿和高炉矿渣制备出的尾矿矿渣基地聚合物能够获得较高的抗压强度，为合理利用尾矿提供了一条有效利用途径，符合可持续发展的要求。但是，由于尾矿不具备火山灰活性，不能直接用于制备地聚合物材料，往往需要高温焙烧活化或机械力活化，这样就会增加经济成本，造成能源损耗。

9.4.3　赤泥基地聚合物的制备与性能研究

9.4.3.1　赤泥制备地聚合物简介

赤泥，又称红泥[34]，是制铝工业中从铝土矿中提取氧化铝后剩余的工业废渣。据统计，每生产 1t 氧化铝，平均产生 1~2t 赤泥[35]。目前，普遍采用筑坝及湿法、干法堆存等方法处理赤泥，不仅占用大量土地，而且会导致大量的废碱液渗入附近农田，污染地表、地下水源[36]。当今社会环境保护日益重要，赤泥的回收利用及综合治理已成为热点问题。

根据氧化铝生产工艺不同，赤泥种类可分为 3 种：烧结法、拜耳法、联合法，其性质、成分、物相各不相同。总的来说，我国主要采用的是烧结法和联合法，而国外主要采用拜耳法工艺生产赤泥[37]。表 9.3 为所查材料中不同产地及方法所得赤泥的元素组成表。从表中我们可以看到赤泥的主要化学成分为 SiO_2、Al_2O_3、Fe_2O_3、Na_2O 以及 CaO，但由于矿物原料性质以及提取铝所使用方法不同，赤泥的成分也有很大不同。其次，赤泥由于携带高碱度废水而具有高碱性，其中烧结法赤泥含有大约 5% 的碱，而拜耳法赤泥的碱含量高达 10% 以上，其 pH 值可达 12~13。

表 9.3　不同赤泥的化学组成 （%）

赤泥组分	SiO_2	Al_2O_3	Fe_2O_3	Na_2O	CaO	MgO	其他
试样一	20.38	24.50	9.48	11.46	12.86	1.00	20.32
试样二	16.98	13.35	7.43	2.82	30.29	1.5	27.63
试样三	18.27	24.62	26.44	9.48	0.62	1.22	19.35

地聚合物是由天然矿物或含有硅酸盐和铝酸盐的工业废物制备而成的硅铝酸盐矿物聚合物。随着研究的不断深入，Xu等[38]提出任何硅铝酸盐矿物都可以在适当的碱性条件下进行聚合反应，生成地聚合物材料。随着进一步研究，地聚合物的原料也在不断增加，原料从高岭土扩展到其他工业废料，如粉煤灰、赤泥等。赤泥中矿物质以硅铝质矿物为主，且活性好，具有制备地聚合物的物质基础。这不仅扩大了地聚合物的研究范围，也丰富了地聚合物的理论体系，而且为赤泥的综合回收利用提供了一条合理的途径。

9.4.3.2　单一赤泥基地聚合物的制备与性能研究

陶敏龙等[39]利用赤泥制备了环保的CBC复合材料。实验方法如下：拜耳法赤泥经850℃活化后可以形成亚稳态的铝硅酸盐，而后经水玻璃激发后聚合生成稳定的铝硅酸盐胶凝结构，制备出了具有良好力学性能、耐高温和耐冻性的无机聚合材料。文章通过该实验方法探究赤泥活化温度对性能的影响，试验结果如图9.14所示，在相同煅烧时间条件下，700℃为较好的活化温度。

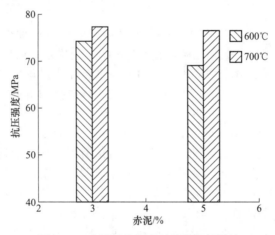

图9.14　赤泥活化温度对其性能的影响

现在的研究主要集中于赤泥与矿渣、粉煤灰、偏高岭土等材料混合的二元或多元地聚合物类混凝土，其原因在于赤泥中的硅渣等物质不具有聚合物的性能特征[40]。在使用赤泥作为地聚合物材料时，仅能利用其中的附着碱，而大量的结合碱以及铝硅等元素无法参与地聚合物的聚合反应，这就会导致只使用赤泥制备的地聚合物材料难以获得较好的性能。

9.4.3.3　复合赤泥基地聚合物的制备及其性能研究

（1）矿渣-赤泥基地聚合物的制备及其性能研究。丁铸等[41]将赤泥加入碱-矿渣系统中，并使用硅酸钠以及氢氧化钠溶液作为碱激发剂，制备出地聚合物水泥材料。通过研究发现，按1∶1比例的赤泥与矿渣所制备的地聚合物，在保证强度的同时，其抗压强度随着龄期的增长而增长。实验中用水玻璃作为碱激发剂制得的地聚合物在各个龄期中的强度普遍高于用氢氧化钠制备所得地聚合物，这表明水玻璃溶液是优于氢氧化钠溶液的碱激发剂。通过如图9.15所示的XRD分析，发现碱激发赤泥-矿渣胶凝材料的水化产物主要包括水化硅铝酸钙和含碱钙铝酸盐凝胶，这两种水化产物对材料的强度发展有积极的作用。

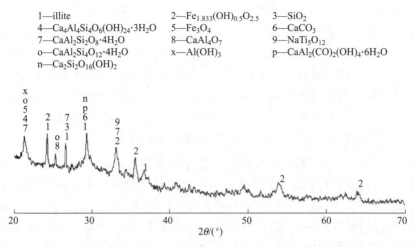

1—illite   2—Fe$_{1.833}$(OH)$_{0.5}$O$_{2.5}$ 3—SiO$_2$
4—Ca$_4$Al$_4$Si$_4$O$_6$(OH)$_{24}$·3H$_2$O   5—Fe$_3$O$_4$ 6—CaCO$_3$
7—CaAl$_2$Si$_2$O$_8$·4H$_2$O   8—CaAl$_4$O$_7$ 9—NaTi$_5$O$_{12}$
o—CaAl$_2$Si$_4$O$_{12}$·4H$_2$O   x—Al(OH)$_3$ p—CaAl$_2$(CO)$_2$(OH)$_4$·6H$_2$O
n—Ca$_2$Si$_2$O$_{16}$(OH)$_2$

图 9.15   碱激发赤泥-矿渣胶凝材料 28d 水化产物 XRD 分析图像

Gong 等[42]以赤泥和矿渣为原料，制备碱活化赤泥-矿渣基地聚合物（AARS），并研究了磷酸钠对碱活化赤泥-矿渣胶凝材料水化的影响作用机理。研究表明，磷酸钠延缓了 AARS 的凝结和水化作用，并大大降低了 AARS 在水合作用过程中的热量散发，是 AARS 的一种有效的缓凝剂。磷酸盐抑制 AARS 可能归因于磷酸盐的阻凝机理，促进了新相的生长。检测到生成的 Ca(PO$_4$)$_2$也可能在一定程度上延缓 AARS 的水合作用。

采用赤泥与矿渣复合制备出的地聚合物材料的抗压强度要明显高于赤泥和矿粉单独激发时的强度，这说明赤泥与矿渣对相互的碱激发反应有促进作用。通过 SEM、EDS、XRD 等手段对不同龄期的水化产物进行微观分析，结果表明该胶凝材料的主要水化产物是水化硅酸凝胶、含碱钙铝酸盐凝胶和水化铁酸盐胶体。其水化产物结构致密，各种产物交织在一起，晶体作为架构，凝胶作为填充，断面光滑，性能良好。

（2）粉煤灰-赤泥基地聚合物的制备及其性能研究。张默等[43]在低钙粉煤灰中掺入赤泥制备地聚合物，研究其力学性能以及微观结构的变化。实验发现，赤泥-粉煤灰基地聚合物的强度和刚度要明显地好于粉煤灰地聚合物。伴随着赤泥的加入，赤泥-粉煤灰基地聚合物的强度从 6.5MPa 提高到 26.0MPa，杨氏模量提高了约 3 倍。赤泥的适量加入不仅改进了地聚合物的力学性质，而且由于其粒径较小，还提高了原料在碱激发溶液中的溶解速度。此外，实验研究结果表明，较高的湿度养护对于赤泥-粉煤灰基地聚合物早期强度的形成有促进作用。

Zhang 等[44]以拜耳法赤泥和粉煤灰，经 NaOH 溶液或水玻璃激发后常温养护制备了地聚合物胶凝材料。实验结果如图 9.16 所示。实验研究表明，地聚合物强度随着 Si/Al 比例的增大而增大，随着 Na/Si 比例的增加而减小。

赤泥-粉煤灰地聚合物为一种较新型的工程应用材料，相比于单一的赤泥地聚合物材料而言，赤泥-粉煤灰基地聚合物的微观结构更为密实均质、形成的地聚合物胶凝体更多、形成 Si—O—Si 键较粉煤灰基地聚合物比例更高，使前者常温凝固时间缩短，是强度和刚度提高的原因。

（3）偏高岭土-赤泥基地聚合物的制备及其性能研究。刘峥等[45]用赤泥及偏高岭土作为原料，以 NaOH 和水玻璃作为激发剂，制备赤泥-偏高岭土地聚合物，并研究不同配比对地聚合物性能的影响以及赤泥-偏高岭土地聚合物的水化机理。实验结果显示，利用

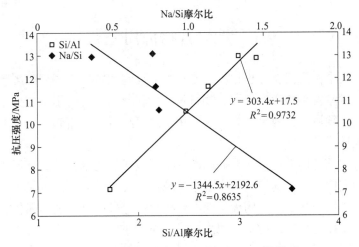

图 9.16 抗压强度与 Na/Si 以及 Si/Al 的关系

回收铁赤泥制备地聚合物的最佳条件是水玻璃模数为 1.5，赤泥与偏高岭土质量比为 20：80，抗压强度达到 59.4MPa。利用红外光谱、X 射线衍射和扫描电子显微镜对三种地聚合物不同时段水化过程的研究表明，添加赤泥的水化机理与空白对照组的水化机理相同，赤泥对地聚合物水化速度有一定影响，但对最终无定形结构的影响很小，赤泥含铁量越大对地聚合物的影响越大。

图 9.17 为地聚合物水化过程中的红外光谱图，将图 9.17（b）、图 9.17（c）与图 9.17（a）相比可知，添加两种不同赤泥所得地聚合物的 IR 图谱吸收峰基本一致，说明在以偏高岭土为主要成分，添加赤泥对其地聚合物制备过程中的反应影响较小。

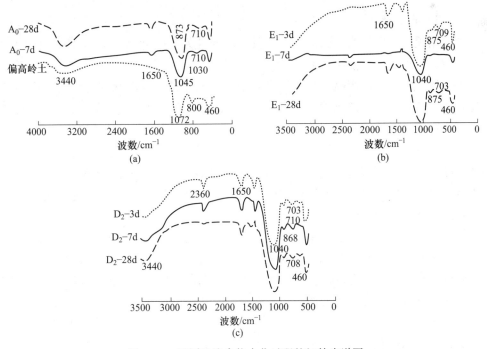

图 9.17 不同地聚合物水化过程的红外光谱图
（a）偏高岭土地聚合物；（b）回收铁赤泥-偏高岭土地聚合物；（c）不回收铁赤泥-偏高岭土地聚合物

9.5　地聚合物应用领域

地聚合物原料来源广泛，可根据实际工程的需要利用特性不同的固废制出具有相应优异性能的材料。碱激发和酸激发地聚合物材料特性相似，二者应用领域虽略有不同，但也较为相近。在众多领域中，地聚合物主要应用于建筑材料、道路修复、重金属固化、光催化和废水吸附领域[47-50]。

地聚合物最常见的用途是替代普通硅酸盐水泥材料的使用，其具有更加优异的抗压强度、耐久性和稳定性等，在满足建筑、道路领域材料需求的同时，也促进了固废的资源化利用。除了传统领域的利用外，固废基地聚合物材料也可用于重金属固化、光催化和废水中污染物的吸附等环境领域，达到"以废治废"的目的。

各个领域之间并不是互相独立的，例如用于保温材料的地聚合物可能同样具有较为优异的吸附性能，重金属固化领域的地聚合物可能同样具有道路修复的功能，这取决于地聚合物的制备技术。仅针对某一方面（如保温性能）的性能所制得的地聚合物只能应用于某一特定领域，这虽有利于精准改善性能，但也限制了地聚合物材料的多功能性发展。另一方面，固废基地聚合物性能并不十分稳定，在考虑到目前的地聚合技术尚未充分解决固废基地聚合物性能稳定性以及缺乏市场的情况下，单一功能的固废基地聚合物材料更具有应用意义。未来若能解决固废基地聚合物性能稳定性的问题，那么地聚合物的应用范围及可行性将大幅提高[1]。

9.5.1　建筑材料领域

9.5.1.1　防火涂料

一般使用无机涂料作为防火涂料，其具有阻燃性好、硬度高、可耐 400~1000℃ 及以上高温等特点。然而，目前阻碍防火涂料广泛应用的一个主要问题是其可持续和生态性能。地聚合反应可将固体废物转化为具有良好热稳定性和不可燃性的化学耐久型黏结剂，尤其是酸激发地聚合物基防火涂料的研制[1]。有研究发现，与碱激发地聚合物相比，磷酸基地聚合物能抵抗高达 1500℃ 的温度，其在高温下表现出优异的热稳定性，1450℃ 时线性收缩率仅为 5.3%[51]。碱激发地聚合技术也能制备出优异的防火涂料，Wang 和 Zhao[52] 利用高炉矿渣颗粒和粉煤灰浮球为原料，采用溶胶-凝胶法较方便地制备了地聚合物防火复合涂层材料，并发现地聚合物涂料的防火机理，地聚合物涂层可转变为硅质层，从而阻挡热量和质量的传递。

传统的硅酸盐涂料的耐水性差、阻燃效率低。与之相比，利用地聚合物合成制备的新型绿色防火涂料具有优异的防火隔热性能，可以防止城市火灾造成严重的生命和财产损失，同时减少有毒气体和有毒化学物质的释放。这将是一种高附加值利用的固体废物的方法，因为它不仅可以促进固体废物的循环利用，而且减小了环境成本，克服了阻燃剂燃烧后的毒性问题。

9.5.1.2　保温材料

墙体保温性能与建筑能耗密切相关，优异的保温材料可显著降低建筑能耗。制作轻质绝热的地聚合物保温材料是一种有效、经济的选择。陈贤瑞等[46]在常温下实现了以粉煤灰为主要原料的超轻质泡沫地聚合物材料的可控制备,其抗压强度为 0.77~1.75MPa、导热系数可低至 0.0549~0.0762W/(m·K) 导热系数与同容重泡沫混凝土相差不大,但其抗压强度却几乎是泡沫混凝土的 2 倍以上。Nematollahi 等[53]也使用粉煤灰作为原料,发现用轻质集料制备的地聚合物材料抗拉强度和抗压强度都会有所降低,但是均满足轻量化混凝土的密度和抗压强度要求。两位研究者得到的地聚合物材料导热系数均较低,为 1.845~0.934W/(m·K),这可能是由于轻质骨料的结构特征抑制热扩散形成了低热导率特性[46]。

能源短缺一直是全世界共同的难题,而建筑能耗占国家总能耗的第一位。建筑表皮能耗是建筑使用能耗的重要组成部分,减少住宅建筑表皮能耗可有效提高建筑节能效率,所以保温材料的性能十分关键。地聚合物保温材料在常温下能实现可控制备,保温隔热性能优异,其不仅加大了建筑领域保温材料的选择范围,而且促进了传统保温材料的绿色升级和转型。

9.5.1.3 隔声材料

噪声污染是一个日益受到关注的环境问题,传统的声学屏障无法满足如公路附近的噪声敏感区域的隔声处理效果,因此,有必要研究新型的隔声材料来吸收噪声。

许多研究者已经利用地聚合反应制备出了性能各异的隔声材料。Luna-Galiano 等[54]利用硅粉作为核心发泡剂,开发一种多孔粉煤灰基地聚合物泡沫吸声材料,研究发现随着硅灰掺量(0~40%,质量分数)的增加和凝结温度(40~70℃)的升高,凝结时间缩短,孔隙率增大,28d 抗压强度降低 1/2,但吸声量却增加了。Arenas 等[55]为确定和评估多孔混凝土新产品在道路隔音屏障领域的适用性,以建筑垃圾和拆除垃圾为骨料制备了粉煤灰基地聚合物隔声材料,发现与破碎的花岗岩骨料相比,建筑垃圾及拆除垃圾具有更好的力学和声学性能。与密实混凝土和泡沫混凝土相比,地聚合物泡沫材料的性能并不差,Zhang 等[56]证明了这一点,该研究合成地聚合物泡沫混凝土材料,发现薄的地聚合物泡沫混凝土试样(20~25mm)在 40~150Hz 的低频区表现出良好的吸声率($a = 0.7 \sim 1.0$),其平均吸声性能优于密实混凝土,可与 PC 泡沫混凝土相当。地聚合物隔声材料的推广应用可促进隔声材料领域的发展,有利于开发出更多经济有效的新型隔声材料。但是,仅具有单一防火、保温或隔声性能的地聚合物材料仍无法满足建筑节能市场需求。目前来说,研究、发展集保温防火,甚至隔声降噪、装饰等功能于一体的与建筑同寿命的地聚合物材料才是未来建筑领域中的热点与前景。

9.5.2 道路修复领域

部分市政道路受过往车辆的荷载作用以及气候等因素的影响,路面出现裂痕等损坏现象,已不能满足现有使用的需求。地聚合物具有高强度的早期性能及耐久性能,在道路养护工程中的应用具有较大的经济价值。许多研究者对地聚合物道路材料进行了深入的探讨。彭小芹等[57]为解决水泥混凝土路面修补材料存在的耐久性较差的问题,利用矿渣和偏高岭土生产地聚合物混凝土,其 8h 的抗折强度和抗压强度分别为 3.25MPa 和 43.6MPa,早期力学性能较好,且满足路面修补混凝土的技术要求。徐建军等[58]以矿粉、粉煤灰为主要原料,当矿粉掺量 30%,粉煤灰掺量 70%时可获得良好的地聚合物注浆材料，解决了传统水泥注浆材料耐久性差、使用寿命短等问题。Xiao 等[59]以废玻璃粉和 F 级粉煤灰为原料制备地聚合物，用不同置换比的玻璃骨料代替原始骨料作为路面基层材料，开发出一种可持续利用的路面基材，加州承载比可达298%，证实了废玻璃基地聚合物路面基层材料的实用性与有效性。还有多项研究均发现，地聚合物可经济有效用于道路养护、较快道路的修复工作中，并能提升道路的耐久、稳定性能。

与传统的水泥注浆材料相比，地聚合物砂浆早期凝结强度高，具有流动性强、凝结时间短、强度高等优点。将其作为道路修复材料不仅可满足市政道路的快速有效修复要求，而且可以增加路基或基层的强度和稳定性，解决道路出现沉陷、破损等问题[1]。目前，地聚合物材料大多通过注浆加固技术应用于道路修复中，而替代混凝土直接作为修建道路材料的研究还较为稀少。然而，作为一种高强度的新型凝胶材料，地聚合物成为修建道路材料也是未来地聚合物应用方向之一。

9.5.3　重金属固化领域

固化/稳定化是去除环境中重金属污染最常用的修复技术之一，具有适用广、见效快和成本低等优点，也是目前处置危险废弃物的有效措施。针对于此，众多研究人员探究了地聚合物材料固化/稳定化技术的可行性与实用性。Xia 等[60]利用高炉矿渣和粉煤灰制备复合基地聚合物固化铅锌冶炼渣，通过抗压强度和重金属浸出浓度，分析复合基地聚合物的固化/稳定效率，并发现固化后材料可满足填埋场处置和施工需要，Pb、Zn、Cu 和 Cr 没有超过临界浓度。Guo 和 Huang[61]研究了 Cr^{3+}、Cu^{2+}、Pb^{2+} 对粉煤灰基地聚合物抗压强度的影响，分析了固定化和键合作用机制，发现 Cu^{2+} 和 Cr^{3+} 的掺入降低了后期抗压强度（28d 分别下降了 11.9% 和 17.1%），Pb^{2+} 则增加了后期抗压强度（28d 升高约 18.8%），并证明粉煤灰基地聚合物固定重金属的原因不仅在于物理封装，还在于化学键合作用。国内同样有大量研究表明地聚合物固化重金属的可行性。

一种新型材料可以安全使用是其广泛应用的前提，地聚合物材料亦如此，因其来源可为固体废物，对于有害元素的固化/稳定化能力显得更为重要。与普通硅酸盐水泥固化重金属机制不同，地聚合物固化作用主要是胶凝材料通过物理包裹、吸附等作用使重金属离子固定，而稳定化作用则是通过化学键合使重金属离子进入基体的骨架结构中[62]，即固化/稳定化过程是硅铝材料、碱性激发剂与重金属之间发生了物化反应，这可提供更好的固化/稳定化效果。但是目前重金属固化/稳定化研究大多局限在偏高岭土、粉煤灰和矿渣体系，其他地聚合物体系固化重金属体系的研究非常稀少，因此有必要扩大地聚合物固化/稳定化原料的研究范围。此外，对于地聚合物材料中的有害元素长期性的浸出危害也应更加重视和进行进一步研究。

9.5.4　光催化领域

现有的印染废水处理技术存在处理成本高、操作复杂、易产生二次污染等问题，这也促使了以固废为原料制得地聚合物光催化剂的发展。目前，已有针对这一方面的研究。Zhang[63]等合成了掺杂 Mn^{2+}、负载 CuO 石墨烯的粉煤灰基地聚合物复合材料，该复合材料被用作降解染料的光催化剂，研究发现其对直接天蓝 5B 染料的光催化降解活性可达 100%，符合一级动力学。张科[64]以粉煤灰为原料，导电炭黑为导电介质，制备了 NiO 负载型导电粉煤灰基地聚合物复合材料催化剂，考察其光催化降解碱性品蓝染料的性能。结果表明，导电炭黑在染料降解过程中具有传输光生电子，驱使光生电子与空穴得到高效分离的作用，能大幅度地提高该催化剂降解碱性品蓝染料的活性，炭黑掺量为 4.5%（质量分数）的催化剂，光催化降解率最高，120min 时为 82.79%。

作为一种较为复杂的多相混合体系，国内外利用固废制备地聚合物胶凝材料。作为一种新型光催化剂，将其应用于环境保护领域鲜有报道，且目前主要集中于粉煤灰基地聚合物的利用，其他胶凝体系缺乏大量研究。但地聚合物作为新型廉价、生态友好的光催化剂有利于地聚合物材料多元化利用和推广。地聚合物具有良好光催化性能的前提是其复合或掺杂导电元素，因此往往需要添加一些金属元素添加剂（如导电炭黑和石墨烯等）。但是地聚合物中本身就会存在一些金属元素（如重金属），若能利用好这点改善地聚合物光催化性能，那么地聚合物光催化材料将具有更为广阔的发展空间。

9.5.5 废水吸附领域

吸附法由于其操作方便、经济有效等特点受到广泛关注，而影响吸附效果好坏的重要因素之一是吸附剂。在废水处理中，地聚合物材料一般作为吸附剂使用，以去除废水中的重金属、硫酸盐、亚甲基蓝等直接或间接有害的污染物质。由于合成地聚合物的材料大部分来自废物，而不是初级原材料中开发出来的，利用地聚合物作为吸附剂去除废水中的污染物是一个相对较新的研究领域，它提供了一种更环保的废水处理方法。地聚合物具有类似于沸石的结构特性，其用于吸附和固定污染物质存在可能性，而且采用固废制备的地聚合物吸附剂用于废水处理是一种生态友好的做法，实现了固废的高附加值利用，有利于社会的可持续发展[50]。

但目前大量的地聚合物吸附剂研究集中于重金属和印染废水方面，其他方面如硫酸盐、有机物等研究缺乏，而且吸附体系较为单一，以粉煤灰基体系偏多。扩大地聚合物吸附剂处理废水领域具有重要意义，也更有利于多种地聚合物吸附体系的发展与研究。

Liu 等[65]比较了粉煤灰、粉煤灰基地聚合物和八面沸石块作为吸附剂去除水溶液中铅（Pb^{2+}）的效率，研究发现在 pH = 3 时，粉煤灰、粉煤灰基地聚合物和八面沸石块的最大吸附容量分别为 49.8mg/g、118.6mg/g 和 143.3mg/g，证明地聚合物能有效地去除废水中的铅。同样，Khalid 等[66]利用 4 种不同的地聚合物对水溶液中铜的吸附能力进行了比较，实验证明地聚合物在处理重金属废水方面的潜力，特别是在去除铜等金属离子方面。

硫酸盐本身无毒，然而高浓度的 SO_4^{2-} 会导致水的矿化、钢筋的腐蚀、设备的结垢等，间接危害巨大。但目前仅有少量研究对地聚合物吸附剂技术在此方面的应用予以关注。Runtti 等[67]利用钡改性高炉矿渣基地聚合物对矿井水中硫酸盐进行吸附去除，其对于 SO_4^{2-} 的最大吸附能力高达 119mg/g，这种新的地聚合物材料改性方法在技术上适用于极低 SO_4^{2-} 浓度的矿井废水吸附中（<2mg/L）。

印染行业废水排放量和水质波动大，这些染料废水难以生化降解，具有诱变性和致癌性，排入水体易造成严重的环境污染问题。对此，Padmapriya 等[68]以粉煤灰地聚合物为吸附剂，去除废水中的亚甲基蓝染料，研究发现该地聚合物吸附剂可成功重复使用 4 次，吸附量可达 59.52mg/g。地聚合物可作为一种潜在的染料废水吸附剂材料。

9.6　地聚合物发展前景

　　地聚合物具有优良的力学性能和耐酸碱、耐火、耐高温的性能，有取代普通波特兰水泥的可能和可利用矿物废物及建筑垃圾作为原料的特点，在建筑材料、高强材料、固核固废材料、密封材料和耐高温材料等方面均有应用。地聚合物胶凝材料可用于完全或部分替代水泥的应用，具有环境和技术效益。

　　水泥是基础设施建设的"粮食"，水泥产业高质量发展是城市经济圈建设、乡村振兴的重要保障。水泥行业积极应对国家能源结构调整的方针政策，推进产业结构调整，是高质量发展的关键，也是实现"碳达峰"和节能降碳的重要措施，而地聚合物具有早强、快凝、环保等很多优点，可以替代硅酸盐水泥。关于地聚合物产品商业化应用开始较早但发展较为缓慢，我国对地聚合物的研究还处于起步阶段，大部分集中在大学和科研院所，产业化发展缓慢，虽然地聚合物产品已有许多专利，但真正实现商业化的较少。

　　地聚合物生产建厂的一次性投资很低，生产过程无需十分严格的技术控制，因而特别适合于地方乡镇企业或广大农村投资生产。作为未来替代水泥和普通黏土砖制品的新型建筑结构材料，地聚合物具有良好的发展前景。通过企业产学深度融合，形成以地聚合物研发技术中心为主题，自主创新体制为延伸的集成创新体系，加强地聚合物水泥生产改造项目、大胆应用新型生产技术，进一步增强地聚合物水泥行业生产的稳定性和高质性，地聚合物水泥在产业化和应用工艺上将实现可持续发展。

　　地聚合物可用于完全或部分替代水泥的应用，地聚合物的推广将给中国带来较大的社会、经济和环境效益，包括减少80%~90%的二氧化碳排放量，提高耐火性和耐腐蚀性化学品，与传统的32.5R型标准水泥相比，地聚合物的整体制备工艺实现50%~80%的碳减排效益。

　　据国家统计局数据，2015年，中国水泥的产能为23.48亿吨，产量位居世界第一，占全球水泥产量的57.27%，然而水泥生产能耗大、温室气体排放量大等问题尤其突出；同时，地聚合物生产过程的能耗不及水泥生产的2%，排放的温室气体将比水泥生产低80%，能够很好地解决水泥生产带来的环境问题。

　　2020年全球建筑信息模型（BIM）市场规模约为54.0亿美元。而根据 Transparency Market Research 的报告，2020年全球建筑信息模型市场规模达到57.6亿美元。当前经济环境对建筑用地聚合物胶凝材料的行业发展有着密切影响。贝哲斯咨询统计地聚合物市场数据发现，2022年全球地聚合物市场规模达到了3.81亿元（人民币）。针对未来几年地聚合物市场的发展前景预测，报告预测期为2022~2028年，并预估到2028年市场规模将以8%的增速达到6.05亿元。2019年全球地聚合物市场规模达到了21亿元，预计2026年将达到120亿元。

习　题

（1）地聚合物激发方式有哪几种？有何异同？
（2）简述地聚合物原料种类及特点。

（3）地聚合物可用于建筑行业领域，相比传统建材有何优点？

（4）影响地聚合物力学性能的原因是什么？

（5）简述地聚合物实际应用中的具体场景。

（6）以固废/传统矿物为原料设计一个简单的地聚合物实验方案。

参 考 文 献

［1］ 余春松，张玲玲，郑大伟，等．固废基地质聚合物的研究及其应用进展［J］．中国科学：技术科学，2022，52（4）：529-546.

［2］ Wei J，Cen K. A preliminary calculation of cement carbon dioxide in China from 1949 to 2050［J］. Springer Netherlands，2019，24（8）：1343-1362.

［3］ McLellan B C，Williams R P，Lay J，et al. Costs and carbon emissions for geopolymer pastes in comparison to ordinary portland cement［J］. Elsevier Ltd.，2011，19（9）．

［4］ Davidovits J. Geopolymers：Inorganic Polymeric New Materials［J］. Journal of Thermal Analysis & Calorimetry，1991，37：1633-1656.

［5］ 曹德光，苏达根，路波，等．偏高岭石-磷酸基矿物键合材料的制备与结构特征［J］．硅酸盐学报，2005，33（11）：1385-1389.

［6］ 郭昌明．以失效磷酸基抛光液为激发剂制备地质聚合物的研究与应用［D］．南宁：广西大学，2016.

［7］ 刘乐平．磷酸基地质聚合物的反应机理与应用研究［D］．南宁：广西大学，2012.

［8］ 郭艳玲．粉煤灰的性质及综合利用分析［J］．煤，2008（1）：43-54.

［9］ 罗玉萍，王立久，苏丽清，等．粉煤灰性质比较研究及综合利用途径探讨［J］．沈阳建筑大学学报，2007，5（3）：447-482.

［10］ 毛明杰，任进阳，张文博，等．粉煤灰地聚物混凝土的力学性能研究［J］．混凝土，2016（5）：78-80.

［11］ 唐灵，王清远，张红恩，等．硫酸盐环境下粉煤灰基地聚物混凝土的性能发展与微观结构［J］．混凝土，2016（1）：112-115.

［12］ 陈晨，程婷，贡伟亮，等．粉煤灰地聚物反应体系下的反应动力学研究［J］．硅酸盐通报，2016，35（9）：2717-2723.

［13］ 陈晨，程婷，贡伟亮，等．粉煤灰地聚物反应体系下的反应影响因素分析［J］．材料导报，2016，30（24）：118-123.

［14］ 仇秀梅．复合偏高岭土粉煤灰基地质聚合物固封重金属及原位转化分子筛的研究［D］．北京：中国地质大学，2015.

［15］ 童国庆，张吴渝，季港澳，等．粉煤灰地聚物强度特性及微观机理研究［J］．硅酸盐通报，2020，39（6）：1835-1841.

［16］ 孟宪建．碳纤维对粉煤灰地聚物复合材料性能的影响［J］．非金属矿，2018，41（2）：51-54.

［17］ 邵宁宁，刘泽，王小双，等. PET 纤维增韧的粉煤灰泡沫地质聚合物热性能分析［J］．人工晶体学报，2015，44（9）：2606-2613.

［18］ 孙双月．利用矿渣和粉煤灰制备地聚物胶凝材料的正交试验研究［J］．中国矿业，2019，28（11）：118-122.

［19］ 孙庆巍，马驰伟，张旭冉．粉煤灰基地聚物复合胶凝材料制备与性能研究［J］．非金属矿，2017，40（1）：26-29.

［20］ 高婉琪．粉煤灰基地聚物的研究及地聚物多孔材料的制备［D］．天津：天津大学，2014.

［21］ 张海燕，袁振生，闫佳．偏高岭土-粉煤灰地聚物混凝土高温后的力学性能研究［J］．防灾减灾工

程学报, 2016, 36 (3): 373-379.

[22] Okoye F N, Durgaprasad J, Singh N B. Mechanical properties of alkali activated flyash/Kaolin based geopolymer concrete [J]. Construction & building materials, 2015, 98: 685-691.

[23] 安金鹏. 粉煤灰地聚物水泥及其固化重金属和中低放废物的研究 [D]. 绵阳: 西南科技大学, 2008.

[24] 罗浩, 刘铭明. 粉煤灰-赤泥地聚物材料的早期强度研究 [J]. 建筑工程技术与设计, 2017 (7): 4857-4858.

[25] 龙涛, 石宵爽, 王清远, 等. 粉煤灰基地聚物再生混凝土的力学性能和微观结构 [J]. 四川大学学报 (工程科学版), 2013, 45 (S1): 43-47.

[26] 周艳华. 再生骨料对高钙粉煤灰基地聚物混凝土力学及耐久性能的影响 [J]. 科学技术与工程, 2017, 17 (11): 295-300.

[27] 唐灵, 张红恩, 黄琪, 等. 粉煤灰基地质聚合物再生混凝土的抗硫酸盐性能研究 [J]. 四川大学学报 (工程科学版), 2015, 47 (S1): 164-170.

[28] 刘乐平, 谭华, 邓家喜, 等. 矿渣基地质聚合物干粉材料的性能与反应机理 [J]. 武汉理工大学学报, 2014, 36 (6): 36-40.

[29] 尚建丽, 刘琳. 矿渣-粉煤灰地质聚合物制备及力学性能研究 [J]. 硅酸盐通报, 2011, 30 (3): 741-744.

[30] 宋学锋, 朱娟娟. 粉煤灰-矿渣复合基地质聚合物力学性能的影响因素 [J]. 西安建筑科技大学学报 (自然科学版), 2016, 48 (1): 128-132.

[31] 罗新春, 汪长安. 钙含量对偏高岭土/矿渣基地聚合物结构和性能的影响 [J]. 硅酸盐学报, 2015, 9 (12): 1800-1805.

[32] Son S G, Kim Y D, Lee W K, et al. Properties of the alumino-silicate geopolymer using mine taling and granulated slag [J]. Journal of Ceramic Processing Research, 2013, 14 (5): 591-604.

[33] 张晋霞, 刘淑贤, 牛福生, 等. 矿渣尾矿制备矿山充填胶结材料工艺条件的研究 [J]. 中国矿业, 2012, 21 (8): 110-112.

[34] 王帅旗. 低放射性氧化铝赤泥地聚物制备机制研究 [D]. 郑州: 中原工学院, 2019.

[35] Abdel-Raheem M, Gómez SantanaL M, Piñeiro CordavaM A, et al. Uses of red mud as a construction material [J]. Resilience of the integrated building, 2017: 388-399.

[36] 叶楠. 拜耳法赤泥活化预处理制备地聚物及形成强度机理研究 [D]. 武汉: 华中科技大学, 2016.

[37] 展光美. 赤泥地聚合物制备技术及耐久性试验研究 [D]. 北京: 中国矿业大学, 2016.

[38] Xu H, Van Deventer J S J. The geopolymerisation of alumino-silicate minerals [J]. International Journal of Mineral Processing, 2000, 59 (3): 247-266.

[39] 陶敏龙, 张召述, 卓瑞锋. 利用赤泥制备 CBC 复合材料的研究 [J]. 有色金属 (冶炼部分), 2009 (4): 45-48.

[40] 刘万超, 闫琨, 和新忠, 等. 拜耳法赤泥制备地聚物类无机聚合材料的研究进展 [J]. 硅酸盐通报, 2016, 35 (2): 453-457.

[41] 丁铸, 洪鑫, 朱继翔, 等. 碱激发赤泥-矿渣地聚合物水泥的研究 [J]. 电子显微学报, 2018, 37 (2): 145-153.

[42] Gong C, Yang N. Effect of phosphate on the hydration of alkali-activated red mud-slag cementitious material [J]. Cement and concrete research, 2000, 30 (7): 1013-1016.

[43] 张默, 王诗彧. 常温制备赤泥-低钙粉煤灰基地聚物的试验和微观研究 [J]. 材料导报, 2019, 33 (6): 980-985.

[44] Zhang G, He J, Gambrell R P. Synthesis, characterization and mechanical properties of red mud-based

geopolymers [J]. Transportation research record：Journal of the transportation research board, 2010, 2167 (1)：1-9.

[45] 刘峥, 等. 赤泥-偏高岭土地聚物的制备及水化机理研究 [J]. 中国粉体科技, 2015, 21 (5)：26-32.

[46] 陈贤瑞, 卢都友, 孙亚峰, 等. 超轻质泡沫地质聚合物保温材料的制备和性能 [J]. 建筑节能, 2015, 43：57-60.

[47] 徐建军, 吴开胜, 赵大军. 用于道路修复加固的地聚合物注浆材料的研制 [J]. 新型建筑材料, 2016, 43：26-28.

[48] 何流. 磷酸基地质聚合物的结构演变及固化模拟核素研究 [D]. 绵阳：西南科技大学, 2019.

[49] 余淼. 导电粉煤灰基地质聚合物固化重金属及光催化性能 [D]. 西安：西安建筑科技大学, 2018.

[50] 郭浩喆. 基于酸激发黏土矿物的地质聚合反应机理及其粉煤灰资源化中的应用研究 [D]. 北京：中国科学院大学, 2021.

[51] Liu L P, Cui X M, He Y, et al. The phase evolution of phosphoric acid-based geopolymers at elevated temperatures [J]. Mater Lett, 2012, 66：10-12.

[52] Wang Y C, Zhao J P. Facile preparation of slag or fly ash geopolymer composite coatings with flame resistance [J]. Construct build mater, 2019, 203：655-661.

[53] Nematollahi B, Ranade R, Sanjayan J, et al. Thermal and mechanical properties of sustainable lightweight strain hardening geopolymer composites [J]. Archives civil mech eng, 2017, 17：55-64.

[54] Luna-Galiano Y, Leiva C, Arenas C, et al. Fly ash based geopolymeric foams using silica fume as pore generation agent [J]. Physical, mechanical and acoustic properties. J Non-Crystalline Solids, 2018, 500：196-204.

[55] Arenas C, Luna-Galiano Y, Leiva C, et al. Development of a fly ash-based geopolymeric concrete with construction and demolition wastes asaggregates in acoustic barriers [J]. Construct Build Mater, 2017, 134：433-442.

[56] Zhang Z, Provis J L, Reid A, et al. Mechanical, thermal insulation, thermal resistance and acoustic absorption properties of geopolymer foam concrete [J]. Cement Concrete Compos, 2015, 62：97-105.

[57] 彭小芹, 杨涛, 王开宇, 等. 地聚合物混凝土及其在水泥混凝土路面快速修补中的应用 [J]. 西南交通大学学报, 2011, 46：205-210.

[58] 徐建军, 吴开胜, 赵大军. 用于道路修复加固的地聚合物注浆材料的研制 [J]. 新型建筑材料, 2016, 43：26-28.

[59] Xiao R, Polaczyk P, Zhang M, et al. Evaluation of glass powder-based geopolymer stabilized road bases containing recycled waste glassaggregate [J]. Transportation research record, 2020, 2674：22-32.

[60] Xia M, Muhammad F, Zeng L, et al. Solidification/stabilization of lead-zinc smelting slag in composite based geopolymer [J]. J cleaner product, 2019, 209：1206-1215.

[61] Guo X, Huang J. Effects of Cr^{3+}、Cu^{2+} and Pb^{2+} on fly ash based geopolymer [J]. J wuhan univ technol-mat sci edit, 2019, 34：851-857.

[62] 郭晓潞, 张丽艳, 施惠生. 地聚合物固化/稳定化重金属的影响因素及作用机制 [J]. 功能材料, 2015, 46：5013-5018.

[63] Zhang Y J, He P Y, Yang M Y, et al. A new graphene bottom ash geopolymeric composite for photocatalytic H_2 production and degradation of dyeing wastewater [J]. Int J Hydrogen Energy, 2017, 42：20589-20598.

[64] 张科. 生态友好导电粉煤灰基地质聚合物复合材料的合成及光催化染料降解 [D]. 西安：西安建筑科技大学, 2017.

［65］ Liu Y, Yan C, Zhang Z, et al. A comparative study on fly ash, geopolymer and faujasite block for Pb removal from aqueous solution ［J］. Fuel, 2016, 185: 181-189.

［66］ Khalid M K, Agarwal V, Wilson B P, et al. Applicability of solid process residues as sorbents for the treatment of industrial wastewaters ［J］. J Cleaner Product, 2020, 246: 118951.

［67］ Runtti H, Luukkonen T, Niskanen M, et al. Sulphate removal over barium-modified blast-furnace-slag geopolymer ［J］. J Hazard Mater, 2016, 317: 373-384.

［68］ Padmapriya M, Ramesh S T, Biju V M. Seawater based mesoporous geopolymer as a sorbent for the removal and recovery of methylene blue from wastewater ［J］. Desalinat Water Treatment, 2019, 138: 313-325.

10 选矿自动化

本章教学视频

随着选矿行业的发展和国家节能降耗相关政策的实施，以往所采用的粗放式生产方式将不再适用，这就对选矿行业的技术进步和升级提出了更高的要求，选矿自动化、智能化控制逐渐成为关注的重点。针对选矿行业的技术发展趋势，本章重点放在自动控制理论在选矿领域的应用方面，部分涉及少量在线检测技术。需要指出的是，本章所讲述的选矿控制理论以现代控制理论和模糊控制理论为主，这也体现了选矿控制理论与现代控制理论前沿的融合。在此基础上，本章还介绍了人工神经网络等理论在选矿领域中的应用，以便将选矿领域涉及的自动化相关知识更为全面地呈现给大家。结合国内外现阶段对选矿自动化的最新研究，本章将从以下 6 个方面对其进行介绍。

第 1 节控制理论入门基础知识，由于篇幅有限，仅介绍了部分必需的基础知识，若要具备一定的自动控制理论基础还需要辅助相关书籍。

第 2 节介绍了破碎筛分过程控制系统，从破碎系统中常见的给矿量、功耗、料位等参数着手，详细介绍了相关控制方法。

第 3 节为磨矿分级过程控制系统，磨矿分级控制系统在选厂中占据重要位置，一直以来该部分的节能降耗智能控制技术是国内外研究人员研究的重点。在该节中，除了磨矿过程中常规的浓度控制和给矿量控制以外，还介绍了磨机钢球补加和磨矿分级专家系统等方面的知识。

第 4 节介绍了重选、磁选和电选设备的自动控制；对重介、强磁和电选设备的自动控制方式进行了介绍。

第 5 节主要介绍了浮选过程的在线检测和自动控制；浮选是选厂中极其重要的环节，本节针对浮选过程的加药系统、浮选槽的控制和浮选柱的控制方法进行了详细阐述，同时，本节还重点介绍了图像处理技术在浮选过程中的应用。

第 6 节介绍了选矿自动化的意义。

10.1 控制理论基础

10.1.1 自动控制概念及原理

自动控制是指在没有人参与的情况下，利用外部设备和装置使机器、设备或生产过程的某个工作状态或参数自动地按照预定的规律运行。例如，化学反应炉的温度或者压力自动维持恒定，磨矿粒度的自动维持和调节，以及浮选流程中药剂制度的自动调节等。

自动控制理论发展初期主要是为了满足工业需求，以反馈理论和传递函数为基础，称为经典控制理论。随着电子技术的发展，为适应航空航天的发展，在经典控制理论基础上逐渐发展出一种针对多变量参数系统的最优问题的控制理论——现代控制理论。

目前，控制理论正在向智能控制理论深入发展。在选矿领域，越来越多的研究人员将模糊理论、专家系统和人工神经网络应用在磨矿、浮选等流程中，取得良好的效果。

控制理论基础就是反馈控制理论，在各种控制系统中，要使被控量保持恒定值，必须对被控量的波动变化进行反馈，即将被控量实时值采集，与预先设定值进行对比计算其偏差大小，然后控制器根据偏差调节执行机构，使被控量逐步接近设定值，该被控量采集过程称为反馈，带有反馈的控制系统称为反馈控制系统，也可称为闭环控制系统。

若反馈信号与输入信号相减，使产生的偏差越来越小，则称为负反馈；若反馈信号与输入信号相加，使产生的误差增加，则称为正反馈。

虽然不同的行业有不同类型的控制系统，并且每个系统的要求也不相同，但综合来说，可以归结为稳定性、快速性和准确性。

10.1.2 自动控制系统的数学模型

对一个系统进行控制，其前提是对该系统建立数学模型。控制系统的数学模型是系统内部物理量（或变量）之间关系的数学表达式。在静态条件下（即变量各阶导数为描述变量之间关系的代数方程叫静态数学模型，而描述变量各阶导数之间关系的微分方程叫动态数学模型），如果已知输入量及变量的初始条件，对微分方程求解，就可以得到系统输出量的表达式，并由此可对系统进行性能分析。

建立控制系统数学模型的方法有分析法和实验法两种。分析法是对系统各部分的运动机理进行分析，根据它们所依据的物理规律或化学规律分别列出相应的运动方程。例如，电学中有基尔霍夫定律，力学中有牛顿定律，热力学中有热力学定律等。实验法是人为地给系统施加某种测试信号，记录其输出响应，并用适当的数学模型去逼近，这种方法称为系统辨识。目前，选矿领域自动控制系统的数学模型主要分为时域数学模型和复数域数学模型。

时域是描述数学函数或物理信号对时间的关系，我们可以根据元件的工作原理及在系统中所起到的作用，确定输入量和输出量；分析元件所遵循的物理或者化学规律，列出相应的微分方程；消除中间变量，得到输出量与输入量之间关系的微分方程即可得到系统的时域数学模型。

微分方程的建立可以直观地描述系统的动态性能，然而当系统结构发生变化时，需要重新建立微分方程，不利于对系统进行分析和设计。用拉普拉斯变换求解微分方程时，可以得到控制系统在复数域内的数学模型数。传递函数可以表征系统的动态性能，还可以研究系统结构变化对系统性能的影响。

10.2 破碎筛分过程控制系统

10.2.1 破碎机给矿量控制

多数破碎机给料皮带的控制方式是变频器频率开环控制，通过中控室操作人员在计算机操作画面"破碎机给矿皮带频率给定栏"中手动输入给料皮带变频器的频率，频率给定值完全凭操作人员实际经验来给定，然后中控室通知岗位人员观察现场给料皮带上矿石粒度大小变化情况以及矿石的潮湿度情况，通知中控室的操作人员来调整给料机的速度。

　　这种操作方式不仅给岗位工人增加了大量劳动量，也会造成中控室的操作人员不能及时调整破碎机给料皮带的速度，致使破碎机台时效率低，不能发挥破碎机的最大效率。不仅浪费电能、增加成本，而且由于破碎机不能充满给矿，造成破碎机上下颠簸震动，液压缸和锁紧缸损坏漏油、破碎机的脚螺栓松动、破碎机铜质瓦套受损等设备故障的发生，降低了破碎机的使用寿命[1]。

　　针对上述问题，目前有两种控制方式：给矿量恒定控制和破碎机功耗控制。

　　给矿量恒定控制是采用皮带秤，对给矿量实时监控，配上 PID 控制，可以保证皮带给矿量严格按照设定值运行。

　　该控制方式主要是通过皮带秤实时检测给矿重量，将矿石重量信号传送给计算机计算出瞬时给矿量，计算遵循如下公式：

$$D = \sum_{0}^{nt} d$$

式中，D 为某时段的给矿量；d 为皮带秤瞬时采样值；t 为皮带秤采样周期。计算机将 D 值与内部存储的设定给矿量进行比较，若给矿量大于设定值，则通过变频器减小皮带传送速度；若给矿量小于设定值，则通过变频器增大皮带传送速度，最终使给矿量稳定在一固定值。

10.2.2　破碎机排矿口控制

　　破碎机排矿口自动控制主要是恒负荷控制，其目的是实现破碎机效率的最大化，即液压系统的压力和控制驱动电动机的功率维持在较高水平，而影响两者可控的主要因素是破碎机排矿口。因此，该系统主要通过控制破碎机排矿口来保证破碎机在高效率的状态下工作。

　　系统通过变送器检测主电动机功率和液压系统压力，通过位移传感器检测主轴位移，将信号送至控制器，控制器将检测的功率和压力值与设定值进行比较，根据其偏差及偏差变化率，通过设计的控制规则，推理得到一个控制量，由该控制量控制液压泵，改变主轴位置，即调整排矿口的大小。

　　反馈回路根据圆锥破碎机的功率消耗来计算排矿口的最佳开度，此开度为控制破碎机排矿口的辅助值，同时根据圆锥破碎机的压力控制动锥的升降，从而控制破碎机排矿口大小。

　　控制器分别以液压系统压力、主电动机功率的误差和误差变化量作为输入，以控制破碎机动锥升降的液压泵变化量作为输出来实现破碎机排矿口的调节。

　　例如，高源等[2]设计的 CC 1000 型圆锥破碎机控制系统就是通过在定锥调整环小齿轮上装设传感器，监测排矿口的大小，依次通过 PLC 控制系统反馈调节排矿口的大小，以此来实现破碎机排矿口的自动控制。

10.2.3　破碎系统模糊控制

　　江西理工大学机电工程学院蔡改贫等[3]针对 1000/100 液压颚旋式破碎机系统存在的多变量、强耦合、时变性等特性，采用模糊解耦控制算法对其破碎过程进行自动控制，从而优化破碎过程中出现的控制精度低、破碎效率不佳以及破碎产品质量不高等问题。考虑到多输入、多输出模糊控制器设计过程较为复杂，且常规模糊控制又难以达到预期的控制效果，故采用对角矩阵解耦算法将破碎过程动态模型进行简化，解耦得到两个相互独立的单输入、单输出子系统，并分别设计两个模糊控制器对破碎系统进行联合控制；为解决标准 PSO 算法早熟、易陷入局部最优的问题，提出动态惯性权重改进 PSO 算法，对模糊控制器控制参数进行寻优。通过仿真以及现场破碎试验研究发现，采用改进 PSO 算法优化的模糊解耦控制器效果好、稳定性高、鲁棒性强，能较好地满足 1000/100 液压颚旋式破碎机的控制要求，促进了破碎效率和破碎产品质量的提高。

10.2.4 破碎过程料位控制

中南大学胡纯用 Simulink 软件[4]，对选矿破碎过程控制系统的对象模型进行算法仿真，将自适应 Smith 控制算法与 PID 控制和常规 Smith 控制两种算法进行对比，从而通过仿真波形的对比分析，验证所采用的自适应 Smith 控制算法对于选矿破碎过程的控制效果能否达到控制要求，并以此为依据设计一个基于 Profibus 的选矿破碎过程集散控制系统。整个系统是一个三层的系统控制结构，分别为管理监控层、控制层和现场执行层。软件方面，结合破碎过程系统的生产工艺要求，设计破碎过程控制系统的上位机监控画面以及整个破碎过程控制的程序流程。

10.2.5 圆锥破碎机液压系统控制

太原理工大学程瑞辉[5]利用神经网络中的极限学习机建模拟合球磨机料位随时间变化的模型。在球磨机实验过程中，其针对 ELM 预测球磨机料位结果不稳定的缺点，采用 OBE，在误差未知但有界的条件下，对训练好的 ELM 网络模型进行优化，提高模型的预测准确度和稳定性，并通过实验证明该方法的有效性。利用深度网络对球磨机数据进行软测量建模时，为了更好地抽取样本中最高层次的抽象表达，其提出一种多层 OBE-ELM 算法（Multi-Layer OBE-ELM，ML-OBE-ELM），基于自编码器重构思想，采用 OBE 迭代算法学习输入数据的高层特征表示，最后利用 ELM 算法得到高层特征与样本标签的关系式。为了验证该算法的有效性，选用传统的 UCI 数据集和实际球磨机数据集作为实验数据，分别验证了该算法在回归和分类中都有较好的预测性能。为了解决球磨机，料位中时变和工况迁移的问题，提出基于 OBE-PLS 的动态软测量模型，首先利用离线数据训练软测量模型，当新的查询样本到达时，利用 OBE 在原有模型的基础上动态地调整参数，从而实现该模型对查询样本的实时跟踪，并通过数值例子和小型球磨机实验对该方法的有效性进行验证。

10.3 磨矿分级过程控制系统

10.3.1 磨机给矿控制

昆明理工大学机电工程学院的钱杰等[6]设计的球磨机给矿量的智能控制系统，其基本原理就是给球磨机加装电耳，电耳是根据球磨机内钢球和物料的碰撞所产生的特殊频率特性而制造的。通过监测球磨机内部的声音可以直观反映球磨机的工作状态。在球磨机运行过程中，当给矿量过多，电耳的输出电流就会变大，当填充率过大超过球磨机的极限时会发生"涨肚"现象；当给矿量很少，电耳的输出电流就会变小，当填充率过低时会出现球磨机"空肚"现象。电耳的工作原理如图 10.1 所示，而球磨机就是通过这种反馈调节来改变给矿装置的功耗，从而间接地控制给矿量。

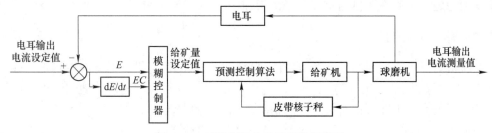

图 10.1　球磨机给矿量智能控制原理

10.3.2　磨矿浓度控制

江西理工大学的祁中培[7]通过对当下先进智能控制算法的研究，结合选厂的实际指标要求，对磨矿分级过程中的各个设备参变量进行研究与调整。通过研究模糊控制、神经网络等原理与优势，将两者有机融合起来，利用 MATLAB 软件设计出一套基于模糊神经网络控制算法的磨矿分级控制系统，通过对算法进行仿真来观察不同算法对数据的拟合程度。在相同数据情况下，模糊神经网络算法相较于单一神经网络算法具有更加准确的控制精度，可以很好地预测矿浆溢流细度的变化趋势，其实际检测值更加接近控制系统的估计值，两者之间的误差更小。因此，模糊神经网络算法可以提高控制系统的稳定性与精确性，从而实现整个磨矿分级系统的作业效率提高，进一步达到节能降耗的目的。通过选厂现场监控系统的人机交互界面，可以了解整个磨矿分级控制系统的实时运行情况，也可以从监控界面获取数据报表，为了验证模糊神经网络算法在磨矿分级过程中的控制效果，根据矿物的粒度分布对细度数据进行分析和整理，通过 JKSim Met 软件对两段磨矿分级过程进行模拟，并对细度数据进行质量平衡，最终平衡得到的溢流浓度保持在 37.54。与实际值 35.00 进行对比，得到获取到的溢流细度数据具有可靠性、精确性，进而得到控制系统所检测与调节的数据参数，可以很好稳定地控制整个磨矿分级流程。依据柿竹园现场操作工师傅的工作经验和选矿专家知识，制定一套控制规则来优化算法，将设计好的模糊神经网络控制器应用到柿竹园选厂的磨矿分级系统中。通过对比之前的单一神经网络控制算法，磨矿分级中各项工艺参数的控制精度更加准确，在给定处理量稳定的情况下，最终的溢流浓度保持稳定状态，减少了设备的工作时长，从而提高了矿产品的质量，使企业实现节能降耗的目标。未来在产品质量满足要求的情况下，也可适当提高球磨机的处理量来提高企业的经济效益。

宜春钽铌矿有限公司郭文萍等[8]针对磨矿系统的非线性、时变、滞后的特点，应用串级 PID 控制技术对磨矿浓度进行控制，实现了磨机的给矿、浓度、负荷、补水等参数的最优控制。系统应用后，磨机的矿石处理量有一定比例的提高，磨矿浓度控制在相对稳定的范围内，磨矿粒度能够满足下段工艺要求，从而减轻了磨机操作工的劳动强度，解决了人工操作凭经验造成的矿石处理量波动的问题。

北方铜业铜矿峪矿选矿厂的孟飞[9]发现球磨机的排矿水与溢流浓度、球磨给矿量与返砂水、球磨填充率与磨矿浓度之间存在离散非线性关系，增加了自动化控制的难度。因此，以北方铜业铜矿峪矿选矿厂磨矿控制为例，介绍了磨矿系统溢流浓度的控制方案、控制原理及控制算法，在恒定给矿的基础上通过比例给水控制，将溢流浓度控制在合理范围内，从而稳定了选矿主要技术指标和经济指标。

10.3.3 磨机负荷控制

磨机负荷难于直接检测，磨音可以间接反映球磨机的负荷量，但是考虑到工作现场的噪声干扰，磨机电流也引入其中，通过三者的综合判断，可以快速准确地判断出当前的磨机负荷。根据实际工况可把磨机运行的情况总结为 5 种情形，具体如下：

情形 1：磨音清脆，磨机电流小，表明球磨机欠磨运行。

情形 2：与情形 1 相比，磨音较清脆，磨机电流较大，表明球磨机依然在欠磨运行，但是欠磨程度有所好转，且球磨机负荷呈上升趋势。

情形 3：磨音约为 61dB，磨机电流大，表明球磨机正常运行，磨机负荷处在最佳区间。

情形 4：磨音沉闷，磨机电流较小，表明球磨机饱磨运行，且磨机负荷呈下降趋势。

情形 5：磨音沉闷，磨机电流剧烈跳变，表明球磨机饱磨运行，且随时可能出现"胀肚"的情况。

上述 5 种情形用文字定性地划分了球磨机的运行状态，可以为磨机负荷的判断指引方向。球磨机能否持续稳定运行不仅影响着选矿厂的经济效益，而且过多消耗掉的能源对生态环境亦造成严重影响。针对球磨机运行过程中对于磨机负荷的控制无法建立精确的数学模型这一情况，一般采用基于模糊控制的专家控制系统来对磨机负荷进行控制。

河北联合大学电气工程学院的王建民等[10]为解决磨矿过程磨机负荷不易及时、有效、准确地控制问题，提出了基于专家控制的磨机负荷变步长自寻优控制算法。将专家控制、模糊控制与自寻优算法相结合，用 VB 平台实现 OPC 客户端的编写，并对现场数据进行实时存取和更新。用 VC 编写控制算法，实现磨机负荷的自动控制以及对各参数运行曲线的描绘和报警功能。

10.3.4 磨机钢球补加控制

山东钢铁股份有限公司的毕欣成等[11]研发了一种磨机加球控制方法和系统，其中控制方法包括以下步骤：获取磨机的振幅 Z_i、进口粒度 $L_{进i}$ 和出口粒度 $L_{出i}$；进行振幅分析和粒度分析，得到修订球量和修订时间；根据原定球量、原定时间、所述修订球量和所述修订时间得到应加球量和应加时间；根据所述应加球量和所述应加时间进行加球操作。该专利的磨机加球控制方法，通过振幅分析和粒度分析来确定加球方案，可及时预警钢球补加时间和总量，有效解决了加球不当造成的润磨效率低下等问题，并且操作简单，易于推广。

10.3.5 分级机溢流浓度的控制

江苏师范大学电气工程及自动化学院的赵明伟等[12]设计了基于 CC-Link 总线的磨矿

分级集散监控系统，便于系统间的监控信息交互及过程优化控制。首先提出系统给矿量、磨矿浓度和分级机溢流浓度的工艺流程、控制结构与要求和模糊 PID 控制算法。其次设计基于 CC-Link 总线的系统架构、网络化控制的硬件配置及给矿量、磨矿浓度和溢流浓度检测设备的选型。然后在软件部分完成对主站数据通信结构、系统控制流程及性能优化的模糊 PID 调节算法的设计。最后用系统运行结果证明所设计的控制系统能够有效地利用网络技术收集系统控制参数、状态信息数据进行优化控制，具有结构简单、实时性好、控制性能稳定的特点。

10.3.6 磨矿分级系统的优化控制

昆明理工大学的张元元[13]结合玉溪大红山铁矿三选厂磨矿分级作业对磨矿分级的智能优化控制展开研究。介绍了磨矿分级优化控制系统的背景意义，分析了国内外磨矿分级控制系统的发展现状、存在问题及发展趋势。分析了现场磨矿分级系统的机理特性，提出了以提高磨矿分级效率和节能降耗为目标的分布式优化控制专家系统的控制方法，在原有的基础自动化系统上，通过网络连接控制专家系统服务器，从而实现基础自动化系统的智能化控制。提出了分布式优化控制专家系统的架构，由一段磨矿优化控制专家子系统、二段磨矿优化控制专家子系统和协同控制子系统组成。通过对一段磨矿分级系统的磨矿控制流程、磨矿设备的主要控制参数作用机理以及一段磨矿分级系统控制操作经验的分析与综合，提出了一段磨矿分级系统优化控制方法；通过对二段磨矿分级流程、旋流器及其主要参数的机理特性的分析以及二段磨矿系统优化控制经验的分析与综合，提出了二段磨矿分级系统的优化控制方法；通过对两段磨矿分级的相互作用机理分析，提出了两段磨矿分级优化控制专家系统的协同控制方法；设计了磨矿分级分布式优化控制专家系统的软件功能模块。控制专家系统通过 OPC 与基础自动化系统的 PLC 进行通信，通过改变基础自动化系统控制回路的给定值，实现对磨矿分级过程参数的优化控制。该研究成果已成功应用于玉溪大红山铁矿三选厂的磨矿分级作业，提高了磨矿分级效率、稳定了磨矿产品质量、实现增产节能降耗，取得了显著的经济和社会效益。

10.4 重选、磁选和电选设备的自动控制

10.4.1 重力选矿过程控制系统

江西理工大学的游科顺[14]利用机器视觉和机器学习技术，替代人工对摇床的分选状态进行客观准确的判断，并构建分带特征与控制参数的关系模型，研究相应的寻优方法，获得摇床的最优控制参数组合，以保证摇床分选效率的最大化，从而实现摇床控制参数的优化。准确而多尺度地提取分带特征以判定摇床分选状态是实现摇床分选状态实时监测的重要基础。为此，本节比较了各类边缘检测和语义分割等算法对摇床矿物分带的识别效果、精度，通过评价和分析，最终采用了基于 Deep Lab V3+的深度学习语义分割模型对分带图像特征进行提取的方法，该方法对从工业中取得的图像样本进行识别，结果证明此方法准确有效。摇床的控制参数包括"横向冲洗水、床面横向倾角、冲程、冲次"等，根据已有经验，冲程、冲次的选择与矿物的粒度和比重性质有关，对于相对固定的某种矿

物，影响摇床选矿效率的主要是"横向冲洗水、床面横向倾角"两个控制参数，所以本节主要研究摇床的"横向冲洗水、床面横向倾角"两个控制参数对分选的影响。通过在实验室搭建选矿摇床试验系统进行矿物分选试验，针对试验采集获取的数据样本，我们首先采用基于麻雀搜索优化的支持向量回归（SSA-SVR）算法构建了控制参数与分带特征的关系模型，随后在试验系统又进行了某钨矿的选矿试验，利用获取的数据样本，构建了基于（SSA-SVR）的分带特征与选矿效率关系模型，经仿真验证，精度可靠。最后提出了一种基于最大选矿效率的摇床多参数组合渐进寻优方法，借助以上模型进行仿真模拟，成功获得了最优控制参数组合，优化结果证明了优化方法的可行性。本节的研究成果为摇床生产的智能化控制及智能摇床的开发打下了基础，将本研究成果与摇床的自动控制系统进行集成，将可开发出选矿指标可控、分选效率最大化的智能选矿摇床。

10.4.2　磁力选矿过程控制

成都市锐晨科技有限公司的古晓跃[15]发明了一种自动化控制选矿用短锥旋流器，利用重力与磁力物理法选矿的设备，适用于磁性矿石的分选，尤其适用于微细颗粒磁性矿物尾矿再选，含磁性矿物多金属矿，含磁性矿物多金属矿尾矿再选。为了克服现有技术中短锥旋流器分选过程较难控制与现有的磁选设备无法高效分选回收微细颗粒磁性矿物的缺陷。采用密度传感器自动化调整矿浆浓度，矿浆流量传感器与压力传感器和工业电脑自动化控制短锥旋流器分选过程，液位传感器控制起停系统，采用磁力与重力的复合力场作用高效稳定地完成微细颗粒磁性矿物分选回收。由自动化控制矿浆密度调浆桶、短锥旋流器工作压力自动化控制装置、永磁磁力装置、自动化控制起停装置构成。

10.4.3　电选控制系统

中国矿业大学的赵斌[16]开发了一套基于模糊 PID 算法，同时以 LabVIEW 和 PLC 为核心的控制系统，具体内容如下：通过对电选系统的结构和工作原理进行分析后，发现风量作为贯穿整个分选过程的参数直接影响到系统的分选效果，因此保证其稳定性及调控性至关重要。PID 控制不仅结构简单，而且鲁棒性强，是目前过程控制领域中应用最为广泛的控制方式之一。但是，在复杂的工业过程控制中，单独的 PID 控制同样存在局限性。本书在结合电选系统的实际运行特点后，决定采用模糊算法对 PID 控制器的三个参数进行在线整定以实现对风量的快速精确调控。在 Simulink 仿真平台中分别建立了模糊 PID、传统 PID 的仿真模型，并对二者在阶跃信号下的仿真结果进行了对比。结果表明，模糊 PID 控制器有着更好的控制效果。在 LabVIEW 编程环境下对摩擦电选控制系统进行了上位机软件的开发。对控制系统各部分功能需求进行研究分析后，将软件划分为登录模块、通信模块、联合仿真模块、设备监控模块和数据库模块五部分，并对编译各模块所需调用的功能函数进行自定义封装以实现软件的模块化开发。在 STEP-7 MicroWIN 环境下对 PLC 部分进行程序设计，包括各设备的顺序启停控制以及系统运行中各参数的监测和数据传递等内容。结合各软硬件的特点和兼容情况，选择合适的通信方式进行通信：PLC 与上位机软件的通信方式选择 OPC 通信，上位机软件与数采模块的通信选择 DCON 协议的 RS485 通信，PLC 与变频器之间采用 Modbus 协议的串口通信。在 LabVIEW 和 Matlab 的联合作用下，风量调节响应快、控制精度高。上位机软件的人机界面布局合理，逻辑清晰，便于用户操作。整个摩擦电选机控制系统功能完善、运行稳定、控制效果良好。

10.5 浮选过程的在线检测和自动控制

10.5.1 浮选加药系统

华北理工大学张晋霞等[17]提出一种自动浮选加药系统，该系统包括四条控制系统，分别为预处理加水系统、浮选机多级加药系统、精矿二次浮选加药系统以及尾矿二次浮选加药系统；还包括药剂存储装置和药剂混合装置，上述四个所述系统均与药剂存储装置连接，所述药剂混合装置的入口与药剂存储装置连接，所述药剂混合装置包括药剂乳化器A、药剂乳化器B以及药剂乳化器C，所述药剂存储装置包括水箱、捕收剂箱、起泡剂箱以及调整剂箱，所述水箱、捕收剂箱、起泡剂箱以及调整剂箱的出口均设置有电动阀门。本发明有效解决了现有的浮选工艺多采用人工加药，精准度低影响产品质量的问题。

淮北矿业股份有限公司煤炭运销分公司的郭清杰[18]基于无源在线测灰仪的浮选加药系统，通过检测煤炭中天然含有的微量放射性元素来分析灰分，精度较高、绿色无公害、运行管理维护成本较低，实现了对加药系统的有效反馈调节、煤质的适时调整和煤厂智能化管理。

10.5.2 槽式浮选机的控制

腾冲市子云工贸有限责任公司[19]提出一种新的浮选机矿浆槽液位自动控制装置。该专利公开了一种浮选机矿浆槽液位自动控制装置，属于自动浮选机领域，包括底座，底座的上端面中部固定安装有矿浆槽，底座的上端面位于矿浆槽的一侧固定安装有水泵，水泵的两侧均固定安装有水管，水管的一端固定安装于矿浆槽的下端侧面，水管的另一端固定安装于外界矿浆液储存池的内部，矿浆槽的内部滑动连接有滤网，滤网的上下端均固定安装有安装板，安装板的侧面分别开设有第一通孔和第二通孔，第二通孔滑动套接于矿浆槽下端面固定安装的定位杆的侧面，矿浆槽的侧面开设有凹槽。该浮选机矿浆槽液位自动控制装置，通过滤网可将矿浆槽内的矿物材料过滤干净，避免在排放矿浆液时损坏水泵，提高使用效果。

10.5.3 浮选柱控制

江西理工大学资源与环境工程学院祁中培等[20]针对当前浮选柱自动控制的研究现状，考虑到传统的人工操作系统的局限性与当前自动化的不足之处，以浮选柱的控制机理为出发点，提出其工作原理及其控制的可实施性。主要从加药量控制、液位控制、给矿浓度控制、进气量控制4个方面着重分析控制过程原理及检测仪器的应用情况。其中，加药量控制主要探讨了给定加药量与矿浆流量以及矿浆浓度的关系；对于液位控制，主要介绍了两种不同的检测液位的仪器设备超声波液位变送器与静压式液位计；对于给矿浓度控制，主要讲述了底流泵频率与底流浓度的关系，并建立数学模型；对于进气量控制，主要讲述了其控制机理与结构，引出两种控制方式，最后探讨并提出浮选柱自动控制技术的发展方向。

中南大学资源加工与生物工程学院蒋昊等[21]综述了浮选柱的基本结构、基本工作原理和主要操作参数；归纳了浮选柱的发展历程及分类；重点阐述了 Jameson 浮选柱、旋流-静态微泡浮选柱、充填式浮选柱的基本结构与工作原理、优缺点、研究现状和应用进展；归纳了浮选柱的气泡发生器、数学模型、按比例放大及自动控制等相关研究进展；介绍了几种新型浮选柱的特点及应用。最后，指出了浮选柱的未来发展应是气泡发生器的研制与应用、综合力场的结合、数学模型及按比例放大、自动化等方向。

10.5.4　基于图像处理的浮选泡沫分析

太原理工大学矿业工程学院王靖千[22]针对选煤厂浮选尾煤灰分多采用离线检测而无法实现在线准确测量，以及当前浮选软测量多采用单一的灰度图像从而导致软测量模型精度及适应性较差的问题，提出了一种基于彩色图像处理的浮选尾煤软测量方法，建立了基于最小二乘支持向量机（LSSVM）的浮选尾煤灰分软测量模型。模型以不同颜色空间的彩色特征、灰度均值以及浓度特征为输入变量，以尾煤灰分作为输出变量，采用粒子群优化算法对 LSSVM 模型参数进行优化。结果表明，所建立的尾煤灰分软测量模型可以较好地实现浮选尾矿灰分的在线预测，引入浮选尾矿图像的彩色特征可以提高尾煤图像分析的精度，预测精度达 96.89%。研究成果在柳湾选煤的厂现场应用，并取得了较好的尾矿灰分测量效果。

10.6　选矿自动化意义及展望

在现代矿业发展中，选矿自动化技术尤为重要。在矿业生产领域，工作人员面临的工作环境极为恶劣，如果长期处于这种环境下，会对工作人员身体造成严重损害，诱发多种职业疾病。同时，选矿工作流程比较复杂，需要企业投入大量的人力资源以及设备资源。但是，如果在工作中引入自动化技术，就可以切实解决上述问题。自动化技术以计算机和互联网为载体，工作人员只需在计算机上设置相关程序，就可以对整个工作进行实时操控，全程机械化的作业可以让工作流程更加简洁，有效提升工作质量，减少各方面的成本投入。在现代社会中，矿产企业要想在激烈的行业竞争中脱颖而出，就必须提高自动化技术的应用比例，减少成本，提升工作质量。选矿自动化技术的发展相对于西方发达国家，我国的矿业活动起步比较晚，自动化水平较低[23]。

但是，近年来，我国在选矿技术领域的发展速度不断加快，且取得了诸多成就。一些矿产企业不断提高选矿工作的自动化水平，并利用一些新技术，例如磨机负荷在线检测技术、粒度分析技术、图像处理技术以及自动获取磨矿变量信息的技术等。但目前，选矿自动化技术的应用过程中仍然存在一些发展问题。

首先，即使运用了选矿自动化技术，工作质量和工作效率仍然比较低。这主要是因为选矿工作环境比较恶劣，而传感器本身是比较敏感的，恶劣的环境不仅会影响传感器数据传输的准确性，而且会导致传感器的使用寿命大大缩短。

其次，选矿工作中所使用到的机械设备需要精心维护，但日常保养成本较高。机械设备在使用过程中是通过计算机远程操控的，计算机不仅容易受到病毒攻击，而且容易发生网络中断的情况，导致设备工作中断，引发一系列问题，需要工作人员花费大量时间排查检修。

再次，在选矿工作中传感器工作质量差、效率低。传感器在具体作业中所获取的数据精确度不高，存在较大的数值误差，这对选矿工作造成了一定的负面影响。同时，传感器的使用寿命比较短，经常发生各种故障，严重影响了选矿工作的效率。

最后，对选矿自动化控制方面的设计还不够科学，主要体现在自动化控制系统无法长时间进行作业，具体的程序设计也缺乏针对性，导致自动化控制系统未能在选矿工作中充分发挥出自身价值。

提高选矿工作自动化发展水平的具体策略如下：提高传感器的工作质量，推动传感器运转朝着现代化方向发展；优化全方位控制体系；提高破碎自动化控制水平；加强磨矿自动化控制水平；加强浮选过程中的自动化控制活动。

10.6.1　提高传感器的工作质量

在选矿工作中，加强传感器的技术创新尤为重要，通过不断完善传感器的功能，可以提高数据传输的准确性和效率。因此，在选矿工作中必须不断加强传感器的研究工作，推动传感器朝着智能化、现代化的方向发展，实现传感器稳定运转，并且最大限度地保证数据的准确性。首先，在传感器研发和创新工作中，工作人员必须要准确认识传感器在工作中的作用，了解传感器的三大基本要素，即传感器、感知对象以及用户。其次，充分利用现代化信息技术、计算机技术，促进传感器的数字化、自动化及智能化发展。同时，利用这些技术推动选矿工作朝着虚拟化的方向发展，改善恶劣的工作环境，以此来延长传感器的使用寿命，减少设备方面的成本投入。除此之外，工作人员还要加强对传感器双向数据输入以及多项数据输入的研究，以保证传感器在恶劣工作环境下数据传输的稳定性和准确性。

10.6.2　优化全方位控制体系

在推动选矿工作自动化发展的过程中，工作人员要充分利用好各种控制系统，严格遵循控制系统的工作原理，从而实现选矿活动的自动化发展。在自动化的体系下，选矿工作仍然会出现诸多问题，因而，在构建和优化自动化控制体系时，工作人员需要着重加强以下几方面的建设。首先，优化控制活动。优化控制活动是指矿产企业在经营发展过程中要注重经济效益并做好控制工作，而经济效益是通过完善的管控制度来实现的，因此，在管理时，工作人员必须要设计科学的集散系统设定值，以确定后期选矿工作自动化控制的方向。其次，加强智能控制。智能控制活动是对传统控制活动的发展和完善，因此，不能将其和传统控制活动完全割裂开来，在某些领域仍然需要借助一些常规的理论来指导实践活动的开展。智能化自动控制的对象主要是一些闭环的自动控制活动，即人工操作难度大且无法高质量完成的非结构化、多数据、不确定的控制活动。因为这些控制活动比较复杂，其中涉及的数据计算较多，利用以计算机为主的自动化控制系统的数据处理效率更高、结果更加准确。关于模型预测控制在选矿工作中的应用方面，工作人员需要通过模型预测控制来建立相关数学模型，但这种模型的建立是非常难的。因为在建立过程中，每一个数据都必须准确，需要将具体的情况和具体数据相联系，这样才能指导各种实践活动顺利开展。因此，在研究中，工作人员必须要加强这方面的建设，不断进行技术突破。

10.6.3   提高破碎自动化控制水平

在选矿工作中，第一个环节是对所选的矿物质进行破碎化处理，而破碎化处理仅靠人工是无法完成的，需要借助自动化的机械设备按照相关程序进行破碎（见图 10.2）。与人工操作相比，自动化处理技术的处理质量更高，且可以减少人力资源投入，节约成本。在运用该技术时，工作人员应根据矿物的特点、矿物质需要破碎的粗细程度以及内部粗细分布数据选择合适的破碎技术，根据矿物质的用途制定对应的破碎项目，借助计算机软件程序进行数据分析处理，切实提高工作质量。因此，工作人员需不断优化碎矿和磨矿之间的负荷配置，在运用过程中，工作人员应该尽量使用连锁控制技术，在使用之前，还需要对相关机械设备进行检测，一旦发生任何故障，要马上停止作业[24]。

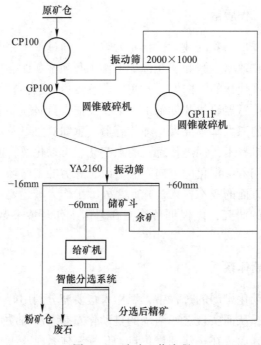

图 10.2   选矿工艺流程

10.6.4   加强磨矿自动化控制水平

磨矿是选矿的重要环节，该环节主要是对已经破碎的矿物质进行后期处理。在这一环节，工作人员必须要提前做好原料的选择工作，根据矿物质的后期用途设置磨矿机的相关参数，例如，磨矿的浓度、分级溢流浓度等。磨矿工作属于一种非线性的工作，在工作过程中，即使工作人员按照正确的操作流程及数据设计进行操作（见图 10.3），但最终获得的磨矿效果仍可能不理想，这主要是因为在磨矿活动中存在较强的耦合性，这种耦合性会影响机械设备的控制效率。针对这种情况，工作人员应该在 PID（Proportional Integral Derivative）控制活动中引入模糊控制回路。同时，工作人员还可以在自动控制系统中安装电耳，这样在发生事故时就可以及时进行解决。另外，还可以通过仪表检测的技术手段来解决磨矿自动化控制中的问题，在后期研究工作中，工作人员应不断提高仪表检测器的

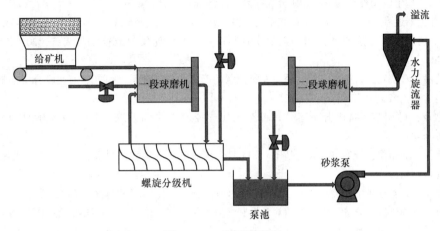

图 10.3　二段磨矿分级

灵敏度，从而不断提高实际工作效率[25]。

10.6.5　加强浮选过程中的自动化控制活动

在浮选活动中引入自动化控制系统可以大大提高浮选工作的质量。浮选工作主要是工作人员自行操作，如果工作人员的专业素质较差，那么浮选出来的矿物质则无法达到相关要求。而自动化控制系统可以避免这一问题，工作人员只需要输入具体的数据，机械设备就可以根据浮选要求对矿物进行准确判断，浮选出符合要求的矿物质。目前，在这一领域运用的主要是流量控制浮选方法，对电磁阀等设备进行操控。

习　题

（1）破碎系统自动化体现在哪些方面？
（2）磨矿系统主要从哪些方面体现自动化？
（3）浮选自动化主要包括哪些方面？
（4）选矿自动化目前存在的问题有哪些？
（5）你对智慧矿山有何认识？

参 考 文 献

[1] 张翼. 选矿过程自动化 [M]. 北京：化学工业出版社，2017.
[2] 高源，杜自彬，姬建钢，等. CC1000 型圆锥破碎机控制系统设计 [J]. 矿山机械，2017（6）：33-37.
[3] 蔡改贫，周小云，刘鑫，等. 改进 PSO 算法优化的 1000/100 液压颚旋式破碎机模糊解耦控制 [J]. 制造业自动化，2020，42（12）：12-17. DOI：10.3969/j.issn.1009-0134.2020.12.003.
[4] 胡纯. 选矿破碎过程料位控制系统研究 [D]. 长沙：中南大学，2014.
[5] 程瑞辉. 基于集员估计在球磨机料位软测量建模中的应用研究 [D]. 太原：太原理工大学，2017.
[6] 钱杰，魏镜弢，王家涛. 球磨机给矿量的智能控制 [J]. 化工自动化及仪表，2019，46（7）：523-527. DOI：10.3969/j.issn.1000-3932.2019.07.003.

[7] 祁中培. 基于模糊神经网络的磨矿分级控制与优化研究 [D]. 赣州：江西理工大学，2022.

[8] 郭文萍，刘述春，陈清，等. 磨矿浓度的串级 PID 控制 [J]. 中国钨业，2019 (4)：32-35.

[9] 孟飞. 选矿磨矿浓度自动控制功能的实现与应用 [J]. 现代制造技术与装备，2020，56 (7)：200-201.

[10] 王建民，贺晓巧，曹艳忙，等. 基于专家控制的磨机负荷控制算法 [J]. 河北联合大学学报 (自然科学版)，2015，37 (1)：77-82.

[11] 毕欣成，付相宇，张雨凡，等. 一种磨机加球控制方法和系统：中国，CN109847866A [P]. 2019-06-07.

[12] 赵明伟，刘丽俊，李春杰，等. 基于 CC-Link 总线磨矿分级集散控制系统 [J]. 煤矿机械，2019，40 (11)：162-166.

[13] 张元元. 磨矿分级优化控制专家系统的研究 [D]. 昆明：昆明理工大学，2017.

[14] 游科顺. 选矿摇床分选过程模型构建及控制参数优化研究 [D]. 赣州：江西理工大学，2022.

[15] 古晓跃. 自动化控制水力磁力短锥旋流器选矿系统：中国，CN201910409795.4 [P]. 2020-04-21.

[16] 赵斌. 基于模糊 PID 控制的摩擦电选机控制系统的研究 [D]. 北京：中国矿业大学，2019.

[17] 张晋霞，牛福生，武佳慧，等. 一种自动浮选加药系统：中国，CN114570532A [P]. 2022-06-03.

[18] 郭清杰. 无源在线测灰技术在浮选加药系统中的应用探索 [J]. 安徽科技，2022 (4)：51-53. DOI：10.3969/j.issn.1007-7855.2022.04.017.

[19] 一种浮选机矿浆槽液位自动控制装置：中国，CN216988096U [P]. 2022-07-19.

[20] 祁中培，夏青，吴彩斌. 浮选柱自动控制技术的发展与应用 [J]. 有色金属 (选矿部分)，2021 (5)：117-123.

[21] 王宾，蒋昊. 浮选柱的研究与应用 [J]. 中国有色金属学报，2021，31：1027-1041.

[22] 王靖千，王然风，付翔，等. 基于彩色图像处理的浮选尾煤灰分软测量研究 [J]. 煤炭工程，2020，52 (3)：137-142. DOI：10.11799/ce202003028.

[23] 刘闯. 我国选矿自动化发展现状及改善策略 [J]. 河南科技，2021，40 (5)：75-77.

[24] 赵斌. 基于模糊 PID 控制的摩擦电选机控制系统的研究 [D]. 徐州：中国矿业大学，2019.

[25] 祁中培. 基于模糊神经网络的磨矿分级控制与优化研究 [D]. 赣州：江西理工大学，2022.

11 非金属矿提纯新技术

非金属矿物材料已经成为无机非金属新材料的重要组成部分，成为"新能源、环保"等高新技术产业发展的重要支撑材料，产品质量被提出了更高的要求。我国非金属矿的持续有效供给形势严峻，非金属矿产资源领域的科学技术亟需发展。因此，加强我国非金属矿的开发利用和深加工，提升产品的附加值是我国非金属矿业一项任重道远的艰巨任务。本章总结了非金属矿产资源例如石英、萤石、石墨、高岭土、云母、磷矿等非金属矿物提纯新技术，为我国非金属矿提纯技术的研制与优化提供了一定科学依据。

11.1 非金属矿产现状

11.1.1 非金属矿资源量

全国现已探明资源量的非金属矿产地有 5000 多处。已发现的非金属矿产资源种类 94 种，其中，查明资源储量的有 93 种；亚类 164 种，其中，工业矿物非金属矿产 40 种，工业岩石非金属矿产 49 种，宝玉石矿产、观赏石 4 种。截至 2019 年年底，我国探明资源量居世界前列的非金属矿产有石墨（5.31 亿吨）、普通萤石（氟化钙 2.27 亿吨）、滑石（2.98 亿吨）、石膏（825.11 亿吨）、高岭土（35.37 亿吨）、重晶石（3.78 亿吨）、硅灰石（2.25 亿吨）、水泥用灰岩（1493.16 亿吨）、菱镁矿（35.02 亿吨）、膨润土（30.05 亿吨）、岩盐（14701.26 亿吨）等。

11.1.2 非金属矿困境与破题

目前，我国非金属矿行业发展主要呈现追求产量，且低端产品比例大、建设重复、资源利用率低、环境污染严重、综合效益较低、产能过剩、多数尾矿尚未有效利用、附加值低、生产信息化自动化程度低、一些战略性非金属矿资源的储备及监管制度有待完善，总体呈现粗放型发展。一些前沿的深加工技术，例如"超细、超纯、改性、复合"等，还跟不上世界的步伐[1]。由于目前国内许多提纯技术较国外落后，导致非金属矿物纯度不够，出售价格低廉，因此，研究开发新型高效且环境友好型的非金属提纯工艺对于提高"贫、细、杂"的非金属资源综合利用率具有重要意义，同时也成为国家战略目标的迫切需求。本章将介绍传统非金属矿提纯方法及近几年新型提纯工艺研究和应用现状。

11.2 典型的非金属矿提纯新技术

11.2.1 石英

11.2.1.1 传统石英提纯方法

不同石英原料的矿石性质差异较大，提纯潜力受矿石的化学成分、嵌布粒度特征、脉石矿物、包裹体和晶格杂质等性质的影响。高纯石英产品的加工过程具有原矿性质影响大、产品要求纯度高和易受污染的特点。高纯石英的提纯方法主要分为物理法和化学法。不同的共伴生矿物采用不同的分选技术，物理法提纯主要有色选、擦洗、重选、磁选和浮选等工艺，可以去除几乎所有以单体存在的矿物杂质，除杂后杂质元素的含量处于较低水平。此时，气液包裹体和晶格内部类质同象杂质是主要的杂质来源，而这些杂质是制约高纯石英产品制备的关键性因素。物理法提纯无法去除这些杂质，需要进行化学法深度提纯。化学深度提纯主要包括酸（碱、盐）处理法和热处理法，酸（碱、盐）处理主要去除以包裹体形式存在石英砂颗粒表面或镶嵌于颗粒中的杂质，热处理法主要是利用高温去除包裹体或晶格中类质同象类杂质。相对于物理提纯方法而言，化学提纯操作复杂、成本较高，但在制备高纯石英时，化学处理是最有效的，也是必不可少的[2]。

11.2.1.2　石英提纯新技术

杨诚等[3]对安徽某地石英砂岩矿进行了提纯工艺研究，采用破碎—高温煅烧水淬—磁选—浮选—酸浸流程，考察了煅烧温度、磁选场强、浮选药剂用量、混合酸液种类和酸浸时间对石英砂提纯效果的影响，通过不断优化参数结果，得到了在 900℃ 高温煅烧后破碎磁选，进一步采用捕收剂油酸钠、十二胺和抑制剂氟硅酸钠进行浮选，并在混合酸（15%HCl+10%HNO$_3$+5%HF）中酸浸 6h，使得 SiO$_2$ 纯度从 93.35% 上升至 99.92%，杂质元素含量从 6.65% 下降至 0.08%，使得石英砂岩矿的提纯效果显著。尹金辉等[4]则通过对提纯设备的研究发明了在鼓泡动力装置内形成溶有二氧化碳气体的有压浮选液，输出溶有二氧化碳气体的浮选液并注入待分离提纯的石英样品中形成富含气泡的泡沫，含气泡的泡沫可作为疏水性矿物的运载工具以携带长石等疏水性的非目标矿物，倾倒掉上层泡沫以去除石英样品中含有的长石等杂质矿物，实现高效率分离提纯石英样品。邵宗强等[5]则通过对某石英尾矿的研究，发明了首先将超过循环返回酸浸出工序条件的废酸浸出溶液导流到废酸处理室；调酸度至近中性，在调酸度过程中加入碱和沉淀剂，以反应生成更多沉淀物，包括硫酸钙/草酸钙与氢氧化铁，对包含多沉淀物的混合物进行硫酸盐/草酸盐的固液分离，以分离出所述多沉淀物固体与近中性液体；将所述硫酸盐/草酸盐的固体分离工序分离出的近中性液体返回石英尾矿提纯制程中后续的漂洗工序循环利用，使得废酸处理方法为零废酸排放，该发明达到了石英提纯工艺中无废水、无固体废危物排放的效果。李育彪等[6]则发明公开了一种氯化焙烧提纯石英的方法，包括如下步骤：（1）脉石英原矿经磨矿和磁选除杂后，得到非磁性产物；（2）非磁性产物经稀盐酸溶液酸洗，得到脉石英精矿；（3）向脉石英精矿中加入酸调节 pH 值至 2~3，再向脉石英精矿中加入阴离子捕收剂和阳离子捕收剂进行浮选处理；（4）将浮选后的脉石英精矿与氯化剂混合后，在850~950℃下焙烧 5~9h，焙烧完毕后，进行水淬处理；（5）将氯化焙烧脉石英精矿与浸出液混合，进行热压浸出处理，热压浸出温度为 240~260℃，时间为 2~6h，浸出液为硫酸溶液和氯化铵溶液的混合液。本发明的方法能得到纯度较高的石英砂，且制备过程中不使用氢氟酸，对环境友好。

11.2.2　石墨

11.2.2.1　传统石墨提纯方法

高纯石墨的制备根据原料的不同，选择的制备方法也不同。利用天然石墨制备高纯石墨往往是先利用浮选方法对石墨矿进行初步提纯,而后利用碱酸法、氢氟酸法对浮选精矿进一步提纯,最终利用高温法或高温氯化法获得高纯石墨产品。而人造高纯石墨一般是将原料经过初步处理后放入特制高温反应炉中进行石墨化和提纯,主要炉型有艾奇逊石墨化炉、内热串接石墨化炉和连续式石墨化电炉三类。主要是利用高温炉的超高温度将石油焦和沥青焦石墨化,并通入卤素气体与杂质反应使之气化而挥发,从而获得高纯石墨[7]。目前关于石墨的提纯方法主要有浮选法、化学法和高温法三种。其中,化学法又包含碱熔酸浸法(见图 11.1)、氢氟酸法(见图 11.2)、混酸法、氯化焙烧法(见图 11.3)四种,四种方法的对比见表 11.1[8]。高温法设备昂贵,投资较大,生产规模也受到限制;氯化焙烧法设备复杂,工艺稳定性不好,产品固定碳质量分数有限(98% 左右);浮选法只能将 20% 以下的天然石墨矿大幅度富集至纯度为 95% 的石墨精矿;碱酸法纯化效率较低,影响石墨行业的可持续发展;氢氟酸法工艺流程简单稳定,提纯效率高,由于氢氟酸能与天然石墨中几乎所有杂质反应,故可制备出 99% 的高碳石墨,甚至 99.9% 的高纯石墨,更符合工业上天然石墨原材料的生产实际[8-12]。随着科技的不断发展,传统氢氟酸法提

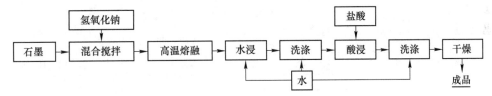

图 11.1 碱熔酸浸法提纯石墨的工艺流程

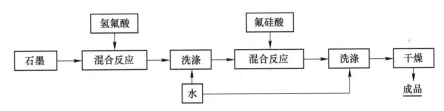

图 11.2 氢氟酸法提纯石墨工艺流程

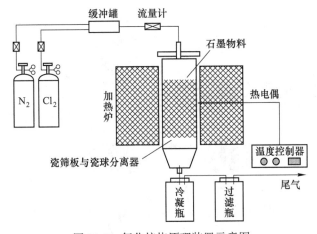

图 11.3 氯化焙烧原理装置示意图

纯天然石墨工艺得到的产品纯度不能满足当前所有产业的需要，需要进一步提高产品的纯度，且工业上酸法或两酸法提纯 1t 石墨，需用质量分数为 40% 的氢氟酸 1.5~2.0t，提纯后产生大量的含氟废水以及含氟固废，后续环保处理成本过大。为有效遏制含氟污染并降低处置成本，亟需开发一种能得到更高纯度石墨并节能减排的提纯技术，以推动石墨深加工产业的发展。

表 11.1　石墨提纯工艺对比

提纯方法	产品碳含量	主要工艺温度	主要试剂	设备要求
浮选法	85%~98%	常温	捕收剂、起泡剂、调整剂、抑制剂	设备简单
酸碱法	99%~99.9%	500~900℃	碱用量 400~450kg/t 酸用量 450~500kg/t	设备简单，通用性强
HF 法	99%~99.98%	室温~90℃	HF HF+HCl HF+HNO$_3$ H$_2$SO$_4$+NH$_x$F$_y$	设备简单
氯化焙烧法	98%~99.54%	1100~1200℃	还原剂：碳 Cl$_2$：270~300kg/t	设备复杂
高温提纯法	99.99%以上	2700~4000℃	惰性气体	需专门设计，设备复杂

11.2.2.2　石墨提纯新技术

周国江等[9]在温度 50℃、氩气压力 3MPa 条件下，可将球形石墨尾料的纯度由 97.69% 提高至 99.54%，改进的工艺中，以球形石墨尾料为原料的无氟酸浸—焙烧活化—加压酸浸法，不仅可得到 99.979% 的高纯石墨，而且可从源头减少环保成本。罗群[10]提出了盐酸—高温氯化联合法制备高纯石墨的工艺方案，通过酸浸，除去大部分可溶酸的金属元素杂质，再采用高温氯化法进行提纯。该纯化工艺有高提纯率、高效率、较低能耗等优点，为高纯石墨的制备提供新的思路，具体工艺流程如图 11.4 所示，结果表明，通过高温氯化法可以使酸浸后石墨的碳含量增加到 99.99% 以上。肖骁等[11]采用改进碱酸法（碱酸法工艺中增加碱洗工序）提纯浮选石墨精矿能够得到高纯石墨产品，产品固定碳含量可达 99.95%，具体工艺流程如图 11.5 所示，该流程通过改进酸碱法，增强了脱硅效果，考察了温和条件下改进碱酸法纯化石墨精矿制备高纯石墨的可行性。

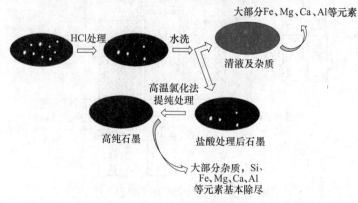

图 11.4　盐酸—高温氯化联合法制备高纯石墨流程图

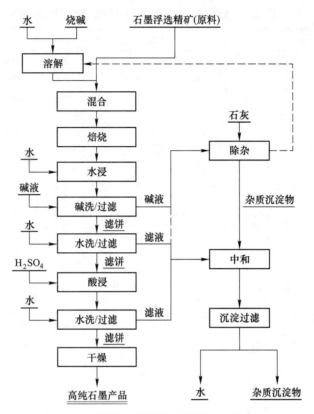

图 11.5 改进碱酸法制备高纯石墨工艺流程

11.2.3 萤石

11.2.3.1 传统萤石提纯方法

石英、重晶石、方解石以及黏土矿物常伴生于萤石矿物之中，因此伴生型萤石矿属于难选别矿物，需要通过浮选这种物理化学选别方法来达到萤石的提纯富集。由于萤石的伴生矿物与萤石具有几乎相同的密度，重选难以有效分离；且萤石与其伴生矿物的磁性都很弱，在静电场中的偏离电位差相近，介电常数相近，均无反向性，故磁选、电选也均不适用；故而浮选对于细粒萤石矿来说成了最有效的方法，并且在国内外都已经广泛地应用，也成了萤石行业研究的重点和热点。对石英-萤石型矿石，一般采用"磨矿—粗选—粗精矿再磨—多次精选"的工艺流程，抑制剂常用水玻璃、碳酸钠作为调整剂使用，捕收剂常选用脂肪酸及其衍生物；对碳酸盐（或重晶石）-萤石型矿石，一般加单宁、烤胶、糊精、水玻璃等抑制方解石和重晶石；对于硫化矿-萤石型矿石，一般先采用黄药类捕收剂优先浮选硫化矿，然后再利用脂肪酸类捕收剂来回收萤石。常规的多次浮选工艺对硅酸盐型-萤石矿有较好的选别效果。对于其他类型的萤石矿，比如含方解石或重晶石的萤石矿，由于萤石、方解石和重晶石可浮性相近，需要选择合适的抑制剂及工艺流程才会得到较好的分选效果。

根据极性基团的种类，萤石浮选所用的捕收剂可分为三大类：阴离子型、阳离子型和其他捕收剂。常用捕收剂及其捕收机理见表 11.2。

表 11.2　萤石浮选常用捕收剂和抑制剂作用机理

药剂种类		作用效果	作用机理
阴离子型	脂肪酸	对萤石有强捕收性，但选择性不强	浓度低时，形成单层结构；浓度升高后，形成多层结构的油酸钙沉淀
	氧化石蜡皂	对萤石具有强捕收性和选择性	在萤石表面电位小于零时，发生各向异性静电吸附，即物理吸附；电位大于零时，在萤石表面化学吸附
	异羟肟酸	对萤石具有更强选择性	分子中包含具有孤对电子的氧和氮，能与金属离子生成稳定螯合物
	烷基磺酸盐	可实现萤石与方解石、石英等脉石矿物的低温分离	主要通过静电吸附在萤石表面，可显著降低萤石表面 Zeta 点位，提高矿物颗粒静电排斥力；可显著降低浮选矿浆表面张力，具有起泡性
	有机膦酸	对萤石选择性强，pH 值适用范围广	与 Ca^{2+} 螯合形成三维双环或多环
阳离子型	脂肪胺	用量大、选择性差	静电（物理吸附）
其他	两性捕收剂	良好的水溶性和耐低温性	静电吸附、化学吸附

　　萤石浮选中的抑制剂大致可分为两类，即无机抑制剂和有机抑制剂。常用抑制剂作用机理见表 11.3。

表 11.3　常用抑制剂作用机理

药剂种类		用途	作用机理
无机抑制剂	水玻璃	抑制方解石	形成亲水性硅酸胶体；水解组分 $SiO(OH)_3^-$ 和 $SiO_2(OH)_2^{2-}$ 与矿物表面钙离子发生化学反应，生成硅酸钙沉淀，阻碍捕收剂吸附
	改性水玻璃	抑制方解石、硅酸盐矿石	酸化/盐化处理促进液中二氧化硅胶体生成，增强对脉石矿物的选择性抑制作用
	聚磷酸盐	抑制方解石、重晶石	与 Ca^{2+} 络合，阻碍捕收剂吸附
有机抑制剂	淀粉	抑制方解石、重晶石、云母、硫化矿和氧化铁矿	淀粉官能团和矿物表面间强静电吸附；淀粉与矿石表面 Ca^{2+} 形成配合物
	改性淀粉	同普通淀粉	具有更高的可溶性和抱水性
	腐植酸钠	抑制方解石、石英	分子中含有羧基，与金属离子形成螯合物
	单宁酸	抑制方解石、石英	单宁酸的羧基吸附在矿物表面，与水分子通过氢键形成水化层和亲水表面

　　目前，伴生萤石分选难度大，开发更高效的浮选药剂是提高伴生型萤石矿利用效率的关键。探究药剂活性基团在矿物表面的作用位点及吸附过程，可有效指导高效浮选药剂的合成和开发。以密度泛函理论计算（DFT）为代表的模拟计算方法能够从分子和原子水平

揭示药剂与矿物表面的作用机理，为萤石浮选药剂开发提供理论依据并缩短开发周期[12]。

11.2.3.2　萤石选别关键技术难题

随着浮选技术的发展，萤石与重晶石、石英、硫化矿等脉石矿物的分离工艺已经日趋成熟。但是，萤石浮选提纯仍存在尚未攻克的技术难题：（1）萤石与方解石由于表面性质相近，实际浮选过程中由于矿浆成分复杂，浮选分离困难；（2）浮选药剂不耐低温，矿浆需要加热，产生额外成本；（3）难选离子干扰药剂吸附，阻碍萤石与脉石矿物的分离[13]。

11.2.3.3　萤石提纯新技术

马强等通过对湖南某萤石和方解石矿研究，揭示了 CMC 对萤石和方解石的选择性抑制机理。结果表明，20mg/L 的 CMC 浓度在 pH=8 时有效地抑制了方解石，并使浮选分离最大化[14]。朱一民等[15]研制了一种新型常温捕收剂 DCX-1，当使用水玻璃作为方解石抑制剂时，单矿物浮选结果表明，萤石回收率为 98.37%，方解石回收率只有 13.90%。与油酸和水玻璃浮选萤石、方解石效果相比，在方解石得到充分抑制的前提下，DCX-1 对萤石的捕收能力更强，且具备耐低温的优点。宋宪伟等[16]则通过对河南某萤石矿进行了一系列的选矿试验研究工作，最终得出在磨矿细度 -0.074 mm 占 70%、矿浆 pH 值为中性的条件下，油酸钠作捕收剂，选用混合抑制剂 S-824，可得到萤石精矿 CaF_2 品位为97.57%，回收率90.23%的结论，实现了萤石与石英的高效分离，实验所用开路流程如图11.6 所示。黄健等[17]针对贵州某石英型低品位萤石矿，开发了新型捕收剂 LY13，通过条件试验确定适宜的药剂制度为 Na_2CO_3 用量 300g/t，水玻璃用量 600g/t，LY13 用量600g/t。经"1 粗 6 精 1 扫"闭路试验流程，获得了 CaF_2 品位 98.46%、回收率为80.75%的萤石精矿，如图 11.7 所示。

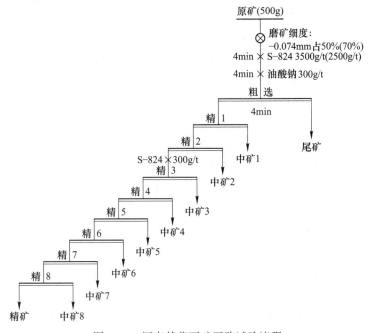

图 11.6　河南某萤石矿开路试验流程

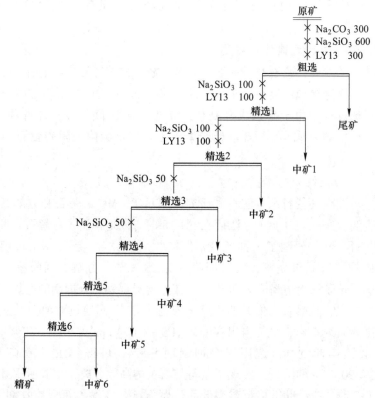

图 11.7　贵州某石英型低品位萤石矿开路试验流程（药剂用量单位：g/t）

11.2.4　磷矿

11.2.4.1　传统磷矿提纯方法

磷矿是我国重要的不可再生矿产资源，用于生产磷化肥、磷酸等磷化工产品。经过多年开采，我国高品位磷矿资源储量已所剩无几，目前的磷矿资源大部分是成分复杂的中低品位磷矿。硅和镁是磷矿中含量较多的杂质，Fe_2O_3 和 Al_2O_3 是磷矿中常见的金属杂质，通常称为倍半氧化物。在磷肥生产过程中，磷精矿中倍半氧化物含量过高时，易与磷酸生成絮凝状磷酸盐，降低 P_2O_5 利用率。在脱除硅、镁杂质的同时去除磷矿中的铁、铝倍半氧化物，对后续工业磷加工有很大益处。对于成分复杂、杂质较多的磷矿，一般采用正反浮选和双反浮选工艺脱除杂质。正反浮选一般使用正浮选工艺实现磷矿石与石英、云母等硅质脉石矿物的分离，再使用反浮选工艺脱除白云石、方解石等碳酸盐脉石，该工艺适用于高硅、高镁的混合型硅钙质磷矿的选矿。双反浮选流程一般采用阴离子捕收剂浮选碳酸盐矿物、阳离子捕收剂浮选硅质脉石矿物，该工艺适用于杂质含量低的中高品位磷矿。

11.2.4.2　磷矿提纯新技术

石波等[18]针对贵州某硅、镁含量较低的硅钙质磷矿，采用双反浮选工艺进行选矿试验，结果是使用捕收剂 WF-04 和 M-51，采用双反浮选工艺脱除其中的硅、镁杂质以及倍半氧化物，可得到 P_2O_5 品位 34.45%、MgO 含量 0.94%、SiO_2 含量 6.64%、Al_2O_3 含量 1.67%、Fe_2O_3 含量 0.58%、P_2O_5 回收率 79.19% 的磷精矿，并对捕收剂的作用机理进行探究，通过 Zeta 电位和红外光谱分析研究了脱硅捕收剂 M-51 的作用机理，结果表明，M-51 通过物理吸附伴随氢键作用有效地吸附在石英表面，而在磷灰石表面几乎不吸附，为该磷矿的工业化生产提供技术支撑。

11. 2. 5 高岭土

11. 2. 5. 1 传统高岭土提纯工艺

提高高岭土的白度就等同于对高岭土进行提纯，可以去除高岭土中的石英石、钛矿物等杂质。提纯之后的高岭土可以提高相关高岭土制作的产品品质，充分利用高岭土资源，使商家获得更好的经济效益。目前，社会上主要的提纯工艺是用浮选、化学漂白等来去除有机杂质。化学漂白用于提纯高精度的高岭土精矿，获得高品质的高岭土。经过数据调查得到单一的提纯工艺很难获得高品质的高岭土产品。所以说，多数工艺都是几项工艺相结合的联合流程。以下是几种高岭土提纯工艺。

重选提纯工艺主要是利用去除有机质锰、铁、钛等元素杂质，减轻杂质对白度的负面影响，达到提纯高岭土的目的。去除脉石颗粒可以采用离心工艺，根据脉石颗粒的密度差异来达到最终的目的。提出高岭土用重选的方法是有效的，用离心机来洗涤和筛选可以实现洗涤和分级去除杂质的目的，有非常好的应用价值。但是要达到最终符合要求的高岭土产品，单靠重选工艺是很难做到的。通常情况下，还需要其他工艺，如浸出、煅烧等方法来达到最后的提纯目的。

磁选提纯工艺，磁选提纯多用于去除黄铁矿、赤铁矿等弱磁性杂质。但现阶段我国环保部门对工业生产企业加大了环保监察力度，所以很多企业采用磁选的方式对高岭土进行了提纯。磁选很环保，没有环境污染，也不需要使用化学药剂，所以被很多领域广泛应用。因为磁选技术可以有效地去除高岭土中的弱磁性杂质颗粒，所以有效地实现了非金属矿的磁选提纯。经过调查研究发现，很多公司都采用 SLon 立环高梯度磁选机进行提纯筛选，磁选机也在科技的进步下得到了改善，改善过后，合理的控制转速，使得一些零件避免了二次污染。相信在未来生产中磁选技术的发展对提高高岭土的提纯工艺有着很好的影响作用。另外，在高岭土中广泛应用的另一种超导磁选机设备也具有很大的优点，比如说高场强、生产能力大等。经过实验表明越细的磁介质、越高的场强，除铁的效果就越好。高岭土资源开发利用中，因为含铁量高而导致高岭土品质较低。所有的成功都是靠合作来完成的，所以对高岭土的提纯也不能只靠磁选提纯工艺单独完成，需要与其他工艺相结合[19]。

11. 2. 5. 2 高岭土提纯新技术

周立军等[20]通过对内蒙古某低品位硬质高岭土矿石研究表明，采用捣浆分级—酸浸漂白—工艺，以六偏磷酸钠作为分散剂，在液固比 4∶1 的条件下，捣浆 30min 后经水力旋流器 2 次分选除杂得到高岭土精矿，再采用盐酸+硫酸+硝酸（3∶2∶1）进行酸浸漂白，最终获得了产率 52.29%、Al_2O_3 含量 28.78%、回收率 86.34%的精矿产品，产品白度为 85%，将流程简化得到了符合工业标准的产品。马骏辉等[21]以四川某煤系高岭土为原料，对其进行提纯试验研究。考察磨矿时间、磁感应强度、煅烧温度等条件对提纯效果的影响，确定较优的工艺流程，如图 11.8 和图 11.9 所示。结果表明，低温超导磁选和高温煅烧可显著提高煤系高岭土白度，煅烧温度过高会改变高岭石性质，降低其白度。采用"超细磨矿—三次磁选—离心—酸浸—还原煅烧"工艺流程，可获得煅烧白度分别为70.89%和83.36%的煅烧高岭土产品，除铁率分别为67.90%和70.23%，满足陶瓷用料要求，可为当地高岭土开发应用提供技术支持和理论依据。

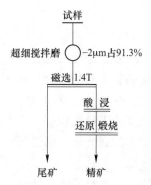

图11.8　"磁选—酸浸—煅烧"试验流程图

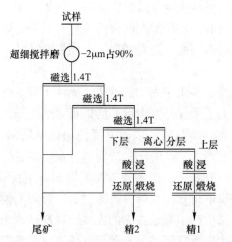

图11.9　"磁选—离心—酸浸—煅烧"试验流程图

11.2.6　云母

11.2.6.1　传统云母提纯方法

当云母粒度小于0.5mm时，用常规物理方法无法有效分离云母和脉石矿物，此时可以通过浮选的方法进行选别。胺类捕收剂是一种常见的阳离子捕收剂，胺在水溶液中解离后会产生大量疏水性阳离子，可与表面荷负电的云母形成较为稳定的物理吸附。以十二胺作捕收剂，固定矿浆浓度为30%，H_2SO_4用量为600g/t，十二胺用量为100g/t，2号油用量为30g/t。以图11.10所示的试验流程进行尾矿中浮选回收云母探索试验[22]。

11.2.6.2　云母提纯新设备

王紫越[23]研究设计了一种基于机器视觉技术的云母矿预选系统，其整体骨架由BS-8-4040C铝型材搭建而成，并对其连接部分进行加固处理，底部相对应地增加脚座。另

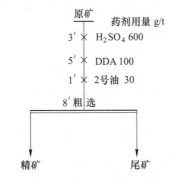

图 11.10 浮选回收石墨尾矿中云母流程

外，由于云母片常夹杂粉末，混于电子设备中易造成损坏，因此对相应部分做一定的密封处理，最终整体构造如图 11.11 所示。

图 11.11 整体构造图

其中，剔除片指经过分选系统，判断为废料（尾矿）的部分，未剔除片则指判断为优质云母（精矿）的部分。若将分选系统的正确处理云母数量与相应物料总数的比值作为筛选效率，则斑污云母筛选效率为 87%，优质云母筛选效率为 81.78%。分析结果可知，本节针对机器视觉技术的云母片预选系统，能够基本完成分选，且对含斑污云母片的剔除效果较好，但由于沾染泥土，或剔除废料时带动相邻云母片等因素，合格云母筛选效率较低。

11.3 结论与展望

在全球范围内，矿产资源分布极不均衡，导致各国矿产品很难做到完全自给自足，这也直接影响了相关产业的发展。尤其是进入 21 世纪以来，人类社会的发展对矿产品的依赖程度日益加剧，矿业领域早已成为各国博弈的重要阵地。面对矿产资源供应可能出现的危机，美国、欧洲、日本等国围绕萤石、石墨、高纯石英、重晶石等主要非金属矿产陆续提出了"危机矿产""关键矿产""战略性矿产"等概念，其实质是为了有效指导其国内非金属矿产资源的开发，实现其非金属工业的可持续发展。早在 2002 年，基于我国矿产资源形势，国务院批准通过的《全国矿产资源规划（2016—2020 年）》（简称《规划》）

中确定了我国的 24 种战略性矿产，其中包括磷矿、钾盐、石墨和萤石 4 种非金属矿产[24]。所以，研究非金属矿提纯技术，开发新型高效且环境友好的流程仍未脱离时代主线，仍是今后非金属矿的主要研究方向。本章通过简要梳理上述典型非金属矿产及其相关分离技术进展，以期为我国非金属工业的健康可持续发展提供参考。

习　题

(1) 非金属矿物常用的选矿方法有哪些？

(2) 与金属矿相比，非金属矿提纯的特点是什么？

(3) 石墨提纯常用的方法有哪些？

(4) 萤石浮选常用药剂有哪些？

(5) 磷矿石选矿工艺流程有哪些？

参 考 文 献

[1] 靳涛，郑业萌，李刚，等．我国非金属矿行业经济现状与发展 [J]．现代化工，2023，43（2）：6-11.

[2] 张海启，马亚梦，谭秀民，等．高纯石英中杂质特征及深度化学提纯技术研究进展 [J]．矿产保护与利用，2022，42（4）：159-165.

[3] 杨诚，张鹏鹏，曹阳，等．安徽某石英岩矿选矿提纯工艺研究 [J]．矿产保护与利用，2022，42（5）：64-69.

[4] 尹金辉，石文芳，郑勇刚．一种实验室石英浮选提纯装置及浮选提纯方法：中国，CN115493905A．[P]．2022-12-20.

[5] 邵宗强，黄燕生．石英尾矿提纯制程中酸浸出的废酸处理方法与装置：中国，CN111204768B．[P]．2022-11-11.

[6] 李育彪，柯春云，肖蕲航，等．一种氯化焙烧提纯石英的方法：中国，CN111874913B．[P]．2022-11-01.

[7] 曹世界．高纯石墨用原料的提纯工艺研究 [D]．昆明：昆明理工大学，2022.

[8] 郭润楠，李文博，韩跃新．天然石墨分选提纯及应用进展 [J]．化工进展，2021，40（11）：6155-6172.

[9] 周国江，王浩，王娇，等．基于加压酸浸工艺的天然石墨低氟提纯方法 [J]．黑龙江科技大学学报，2022，32（3）：345-350.

[10] 罗群．盐酸—高温氯化联合法制备高纯石墨的研究 [D]．哈尔滨：哈尔滨理工大学，2022.

[11] 肖骁，龙渊，刘瑜，等．石墨浮选精矿碱酸法制备高纯石墨 [J]．矿冶工程，2021，41（6）：145-149.

[12] 李育彪，杨旭．萤石浮选药剂及浮选机理研究进展 [J]．金属矿山，2022，100：18.

[13] 李育彪，杨旭．我国萤石资源及选矿技术进展 [J]．矿产保护与利用，2022，42（2）：49-58.

[14] 马强，李育彪，李万青，等．CMC 浮选分离萤石与方解石作用机理研究 [J]．金属矿山，2022（7）：187-192.

[15] 朱一民，高子蕙，陈星，等．新型萤石捕收剂 DCX-1 的浮选性能研究 [J]．金属矿山，2017（9）：130-133.

[16] 宋宪伟，梅光军，高志，等．河南硅酸盐型萤石浮选工艺研究 [J]．矿业研究与开发，2022，42（4）：16-20.

［17］黄健，彭伟，李武斌，等．新型捕收剂浮选石英型低品位萤石矿试验研究［J］．金属矿上，2023（1）：223-227．

［18］石波，徐伟，田言，等．贵州某磷矿双反浮选工艺及机理研究［J］．矿冶工程，2022，42（6）：74-77．

［19］李坤．高岭土提纯工艺及其应用研究进展［J］．化工管理，2018，507（36）：108-109．

［20］周立军，刘永祥，赵绎钧．内蒙古某低品位高岭土提纯试验研究［J］．现代矿业，2022，38（5）：111-113．

［21］马骏辉，任子杰，高惠民，等．四川某煤系高岭土提纯试验研究［J］．非金属矿，2021，44（5）：79-82．

［22］任鹏鲲．四川南江石墨矿石中石墨及云母选矿工艺研究［D］．绵阳：西南科技大学，2018．

［23］王紫越．基于机器视觉的云母矿预选系统研究［D］．武汉：武汉工程大学，2022．

［24］唐远，朱奥妮，陈琲琲，等．我国战略性非金属矿产分离技术进展［J］．化工矿物与加工，2022（11）：11-37．

12 重选、磁选、电选新设备、新技术

本章主要讲述了近年来矿物加工工程的重选、磁选、电选的部分设备及新工艺。

12.1 新 设 备

12.1.1 重选

重选方面的新型设备较少,本节以新型的跳汰机洗选检测系统为例,介绍一下新型智能跳汰机的组成和结构。

(1) 系统组成。跳汰机洗选检测系统主要包含智能采样机、多种工业传感器、PLC三部分(见图12.1)。智能采样机主要是通过自动采样装置对采样点进行采样、制样、化验、弃样的一系列操作,能够及时反馈产品灰分值并与原煤灰分对比分析,为灰分回控提供依据,以便于及时调整洗选控制参数,提高洗选效率。工业传感器是对运行系统中的控制参数或运行参数进行实时监测,为洗选系统的控制参数调节提供依据,对正常或超限进行报警提示。PLC采集现场的仪器、仪表信号数据以及控制智能采样机的运行,并与生产系统之间形成通信,进行数据交互和采样机设备控制。

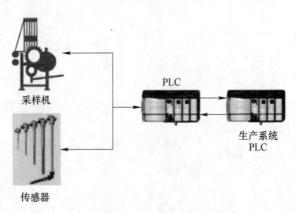

图 12.1 系统组成

(2) 智能采样机部分。跳汰机洗选的煤质化验主要依靠于煤质化验室人工检测,人工采样、制样、化验耗时长,导致灰分值反馈滞后。原煤灰分、产品煤灰分不能及时监测,则会导致洗选过程参数配置不合适和对原煤灰分变化响应不及时的结果,最终造成资源流失、产品煤不合格的现状。智能采样机安装在跳汰机上方,直接从跳汰机采样,然后自动完成制样、化验、弃样,节省了大量时间,解决了灰分检测不及时的问题。

智能采样机构成如图12.2所示。

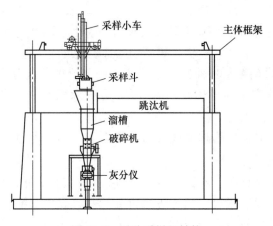

图 12.2 跳汰采样机结构

智能采样机可根据洗选要求，调整采样间隔，自动开始运行，采集数据。行走机构带动采样斗在跳汰机溢流堰上方移动，经升降机构上下动作采集样品，采集子样经溜槽进入下方破碎机。破碎机的入料粒度应满足物料粒度要求（最大粒度为 200 mm），出料粒度应满足在线测灰仪的入料粒度要求（粒度小于 13mm）。破碎后的物料经输送机通过灰分仪在线检测后落入二层捞坑内，在物料返回斗子捞坑之前，旋转缩分器自动预留样品，方便人工集样校对灰分仪。智能采样机工作流程如图 12.3 所示。

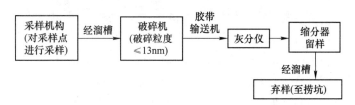

图 12.3 采样流程

（3）传感器检测部分。传感器检测部分主要是依靠专用的检测仪器对跳汰机的各洗选参数指标进行实时检测，一方面是为风水调节、排料调节、入料量调节、灰分回控等控制提供准确的数据依据；另一方面是对洗选过程中重要环节进行监控，对出现异常情况及时报警，做出应对。各检测仪器的信号传输方式为 4~20mA 电信号传输，主要通过 AB-1756 系列 PLC、EN2T 通信模块、IF16I 模拟量模块，对各检测仪器的信号进行采集，并编写下位机程序，实现跳汰机洗选参数的在线检测和洗选异常情况的报警[1]。

12.1.2 磁选

12.1.2.1 酒钢湿式筒式磁选机设备优化及生产实践

A 使用现状

目前湿式筒式磁选机在使用时，底水多点给入方式不能完全冲散矿浆，强磁性粗颗粒矿石沉积，微细颗粒不能完全松散，磁选机选矿效率低，具体表现在以下方面。

（1）磁选机磁搅动对强磁性矿石的中、细粒物料有效，对粗粒和微细粒物料效果不佳。

（2）矿石沉在给矿槽体底部，不易被磁滚筒吸附，大量磁性矿物从尾矿排矿管流出；尤其赤铁矿、镜铁矿、褐铁矿、菱铁矿等矿物的选矿精度差，选矿效率较低。

（3）磁选机底水采用多点延伸给入式，便于调节给矿质量分数，冲散磁选机槽体底部矿浆；但该方式不能完全冲散矿浆，依然有大量矿浆沉积，不利于提高磁选机选矿效率，有价金属流失较大。

本研究是要设计一种新的磁选机底水总成设备，以解决现有底水装置使用中的问题。

B   底水总成的设计

该底水装置总成分为两组，布置在磁选机两侧，呈对称分布，每组底水装置中均包括闸阀、Y 形过滤器、胶管、水管、活动法兰和固定法兰，数量均各一个。每组底水装置中的闸阀、Y 形过滤器、胶管、水管依次连接，活动法兰和固定法兰将水管固定在磁选机底箱内部；两侧的水管相对设置并形成喷水线，以便于对位于水管下方的磁选机底箱内部槽体进行冲水。底水装置设计结构如图 12.4 所示。

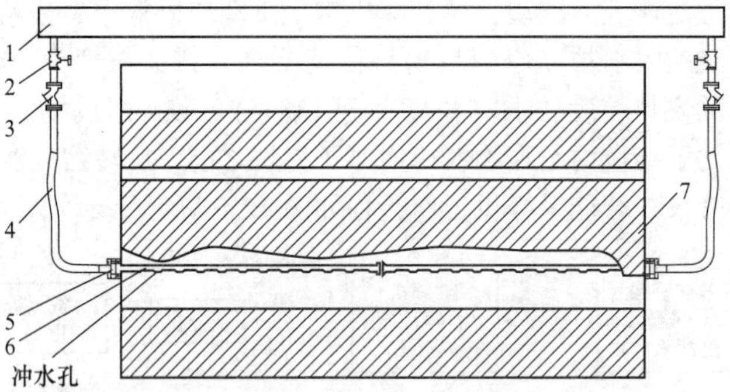

图 12.4   磁选机底水总成装置结构
1—供水横管；2—闸阀；3—Y 形过滤器；4—胶管；
5—活动法兰和固定法兰；6—多冲水孔水管；7—磁选机底箱

为了方便说明底水装置总成中水的流向，以图 12.4 中的方位，将底水装置以左侧、右侧进行区分。左侧的底水装置从闸阀所在端连通在供水横管上，供水横管内有水流通过，那么左侧的底水装置就形成从闸阀进水，途经 Y 形过滤器和胶管，最后形成从多冲水孔水管出水的左侧冲水通路。同样，右侧的底水装置也是从闸阀所在端连通在供水横管上，途经 Y 形过滤器和胶管，最后从多冲水孔水管出水，进而形成右侧冲水通路。多冲水孔水管设置在磁选机底箱内部，其结构如图 12.5 所示。

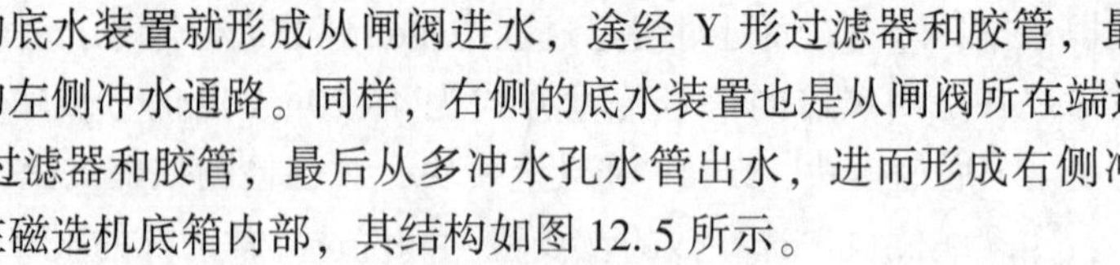

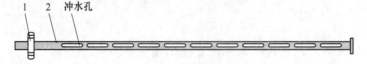

图 12.5   多冲水孔水管结构
1—活动法兰；2—多冲水孔水管

该多孔水管的一端与活动法兰固定连接，活动法兰套在水管的端部并与水管焊接；另一端为封堵端，水流从水管上的冲水孔喷出。冲水孔为细长孔状结构，在水管上首尾间隔直线排列；同时，冲水孔的冲水方向可通过活动法兰进行调整。通过调整冲水孔在磁选机底箱分选区的冲水方向，来实现对矿浆最佳的冲散效果，以提高磁选机分选效率。

C　底水总成的原理特点

该底水装置应用在半逆流型磁选机上，其分选原理如图 12.6 所示。底水装置分两组对称设置在磁选机底箱两侧，并且通过两组独立的底水装置对磁选机底箱内矿浆进行冲散。矿浆进入磁选机分选槽体后，受到来自冲水孔水流的冲洗作用，在槽体内不停地翻滚，进而变得松散。矿浆中，强磁性矿物吸附在磁性滚筒表面被带出槽体；粗颗粒磁性矿物和中磁性矿物不断上升，涌向磁性滚筒表面，促使其被滚筒吸附；一些未被吸附的微细颗粒磁性矿物会多次涌向磁滚筒，只有少量弱磁性矿物及脉石进入尾矿，被排出。同时，持续翻滚的上升水流对吸附在滚筒表面的磁性矿物进行淘洗，以提高精矿品位[2]。

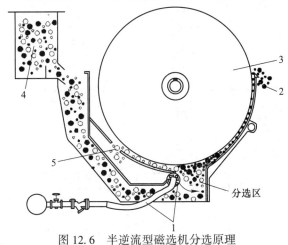

图 12.6　半逆流型磁选机分选原理

1—底水装置；2—磁性矿；3—磁选机磁性滚筒；4—磁选机给矿箱；5—非磁性矿

12.1.2.2　量恒式干选机

量恒式干选机（见图 12.7）是山西三沅重工有限公司研发的新型干式磁选设备，具有全粒级分选、恒定精矿品位、自然分级等特点，特别适合于高压辊磨细碎产品的预选作业，其独特的中矿返回设计可减去高压辊磨产品闭路筛分作业的配置，同时具备预选分级作用。承德天宝矿业集团铁泰选矿厂 4500 万吨/年高压辊磨干选项目大量使用该设备，取得了良好的效果，干选甩废率达 80%，尾矿磁性铁品位可控制在 0.8% 以下[3]。

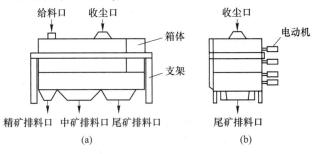

图 12.7　量恒式干选机结构

（a）正视图；（b）右视图

12.1.2.3　周期式振动脉动高梯度磁选机

针对高梯度磁选机存在的机械夹杂及精矿富集比低的问题，提出在高梯度磁选的过程中使磁介质振动，形成振动—脉动复合力场，从而提高分选精度。昆明理工大学国土资源工程学院的熊涛、陈禄政等提出在脉动高梯度磁选过程中使磁介质振动，形成振动—脉动的新型复合力场，通过磁介质动态捕获提升其选择性。在此基础上，研制了一台周期式振动脉动高梯度磁选机，利用该设备分选云南某细粒铜钼混合精矿，分离效果显著，证实了振动脉动高梯度磁选的有效性和应用前景[4]。

所研制的 SLon-Z-100 周期式振动脉动高梯度磁选机（见图 12.8）主要包括脉动机构、振动系统、分选罐、激磁线圈、振动连杆、磁介质、偏心轴、弹簧等。其中，磁介质固定在振动连杆上，连杆上端与弹簧连接。

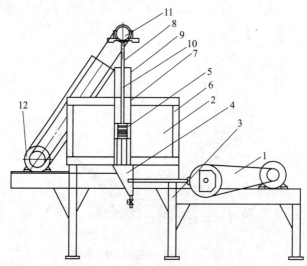

图 12.8　SLon-Z-100 周期式振动脉动高梯度磁选机（1.75T）

1—脉动机构；2—激磁线圈；3—机架；4—脉动斗；5—磁介质；6—磁轭；7—分选罐；
8—振动连杆；9—给矿斗；10—弹簧；11—偏心轴；12—振动电机

该磁选机最大的特点是磁介质在背景磁场中上下运动，振动次数、振动幅度、脉动次数、脉动冲程、磁场强度、磁介质类型等参数可调。调速电动机驱动凸轮旋转，凸轮及弹簧驱动磁介质上下运动，运动方向与磁场方向平行。工作时，调节好各参数后向分选罐中加入矿浆，磁介质在背景磁场中被磁化，矿浆中磁性颗粒被磁介质捕获，而贫连生体和脉石矿物由于受到振动力、流体力、重力和脉动力的联合作用力，从磁介质流出成为非磁性产物；给矿完毕，切断磁场，将磁介质捕获的磁性矿物清洗出来，完成一个磁性矿物与非磁性矿物的分选周期。

振动机构驱动聚磁介质上下运动，吸附在磁介质表面的矿粒在惯性力的作用下，产生脱离聚磁介质表面的趋势。由于受到磁场力的作用，磁性矿粒仍随聚磁介质一起运动，但由于脱离趋势的存在，矿粒吸附层的运动滞后于聚磁介质的运动，从而对吸附层产生松散作用。当惯性力足够大时，夹杂的非磁性矿粒能够克服聚磁介质的范德华力、异质矿粒间的凝聚力，析离至吸附层表面，在脉动流体力的作用下进入非磁性产品区域，从而减少磁介质机械夹杂，提高分选效率。

　　熊涛等[4]针对（准）静态磁介质的高梯度磁选捕获矿粒易产生机械夹杂的问题，通过在脉动高梯度磁选过程中使磁介质振动，形成振动—脉动的新型复合力场，从而提升磁介质动态捕获的选择性。四种力场模式下的高梯度磁选分离细粒铜钼混合精矿试验结果表明：脉动力场在分散矿浆以及磁介质表面吸附矿粒冲洗方面具有重要作用。振动力场主要作用是防止磁介质内部夹带和增加磁介质与磁性矿物碰撞概率，提高磁性矿物品位及回收率。SLon-Z-100 振动脉动高梯度磁选分离细粒铜钼混合精矿，获得产率为 42.53%合格铜精矿，其钼含量为 0.07%，钼精矿钼回收率为 91.56%，钼的去除率为 80.56%，分选效率达到 40.61%，为后续铜钼分离打下了坚实的基础。周期式振动脉动高梯度磁选机通过引入磁介质振动力场，可以大幅度提高磁介质的选择性，提高磁选精矿质量，有效减少入浮矿量、提高入浮品位，对于有色金属矿减少浮选药剂消耗，降低尾矿水中 BOD 等指标具有重要意义。

12.1.3　电选

　　以摩擦电选为例讲述一下。摩擦电选是一种干法选矿技术，能耗低、流程简单，广泛应用于农业产品清洁化生产、粉煤灰脱碳、矿物提纯、混合塑料分离、电子废弃物回收、食品净化等领域，并取得了良好的效果。该方法不使用药剂、选别过程无需脱水，也不改变物料的物理化学性质，不仅更加环保和经济，而且在干旱和严寒地区具有更广阔的应用前景[5]。

　　Louati[6]开发出一种分离物料粒度可达 10mm 的新型金属/塑料颗粒静电分离设备，该设备结构如图 12.9 所示。该设备基于相互交错的电极，其新颖之处在于对沉积在传送带上的金属颗粒施加电黏附力，可用于分离平均粒径 1～10mm 的金属/塑料颗粒。

　　Brahami[7]研究出的采用直线移动电极的摩擦静电分选装置如图 12.10 所示。装置由两个极性相反的高压直流供电电源构成两个"来回"移动的水平板电极，电极在微粉颗粒的流化床内进行水平"来回"运动，以收集带电颗粒。该设备中摩擦带电和分离在同一区域同时发生。对平均粒径 100μm 的微粉白色聚氯乙烯颗粒和灰色聚氯乙烯颗粒混合样品进行分选，结果表明该装置具有良好的分选效果，且分选效果取决于电压、电极运动速度、流化速度以及颗粒混合物组成比。

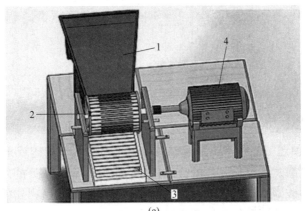

(a)

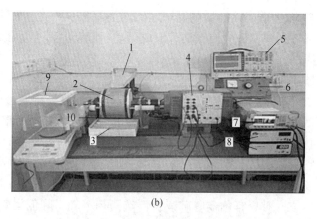

(b)

图 12.9　新型金属/塑料颗粒静电分离设备

（a）描述性示意图；（b）设备实物图

1—振动给料机；2—圆柱形静电分离器；3—收集装置；4—交流电机；

5—示波器；6—交流电源；7—函数发生装置；8—高压放大器；

9—数字平衡装置；10—高压连接器

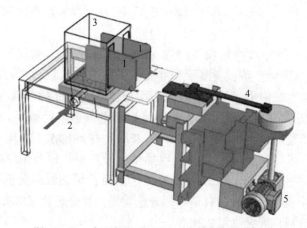

图 12.10　采用直线移动电极的摩擦静电分选机

1—移动电极；2—空气输入；3—流化床室；4—曲轴移动系统；5—电机

12.2　新 工 艺

12.2.1　高压辊磨+磨前预选工艺

高压辊磨+磨前预选工艺相当于高压辊磨机用作第四段超细碎或第一段磨矿取代一段球磨机，实现多碎少磨达到节能降耗的目的，其更适合现有选矿厂的碎磨系统改造，可充分利用原有三段闭路破碎系统，减小改造工程量，大幅提升碎磨回路的效果。

内蒙古温更铁矿选矿厂采用中细碎后筛上块矿干选、高压辊磨湿式闭路筛分、筛上干选、筛下湿式预磁选工艺，入磨矿量降至 35%，入磨粒度减小至-3mm，实现了多碎少磨，能抛早抛，大幅度降低了选矿加工成本。

承德天宝集团滦平铁泰矿业有限公司于 2016～2017 年对选矿厂进行技术改造，应用高压辊磨+干式预选新技术，将原矿处理量由 1200 万吨/年提高到 2000 万吨/年，铁精粉产能由 80 万吨/年提高到 171 万吨/年。其采用三段一闭路破碎+干式预选+高压辊磨+干式再选+阶段磨矿阶段磁选工艺流程，技改方案在原工艺流程中增加了高压辊磨机超细碎及量恒式干选机再选环节，破碎辊磨产品粒度由-12mm 降至-3mm，入磨量降至 19%，经济效益显著。

承德京城集团旗下选矿厂采用三段一闭路破碎+干选+高压辊磨+湿式筛分+磨前湿式预选技术，将入磨粒度降至-3mm，磨前抛废量达 60% 以上，预选尾矿 MFe 品位在 0.8%以下，经济效益显著。

12.2.2　高压辊磨串联工艺

以现阶段高压辊磨工艺的发展来看，高压辊磨机闭路粉碎产品粒度下限为-3mm，继续降低粉碎产品粒度下限，将会导致高压辊磨机循环负荷显著增加，进而导致系统设备规格增加或数量增多。两台高压辊磨机串联配置与单台高压辊磨机配置相比，可降低辊磨粒度下限，同时不增加高压辊磨循环负荷，减少相关辅助设备的规格或数量，提高效能比。马钢某矿对采用两段高压辊磨串联工艺处理现场三段一闭路破碎产品的方案进行了试验研究，其一段闭路辊压产品粒度-8mm，筛下和筛上均采用干式磁选抛尾，二段闭路辊压产品粒度取-2mm、-1mm、-0.5mm，筛下采用湿式磁选抛尾，筛上采用干式磁选抛尾，二段辊压最终产品-0.074 mm 含量达 29.22%～48.78%，接近国内铁选矿厂一段磨矿细度，表明两段串联高压辊磨流程可以基本取代一段磨矿，简化磨选流程，降低磨选成本。巴西 Serra Azul 铁矿拟采用两台高压辊磨串联配置作为碎磨流程中的第四段粉碎和第五段粉碎，其中第四段粉碎采用开路粉碎工艺，第五段粉碎采用湿筛闭路粉碎工艺，其粉碎产品粒度 P80 可达 0.38mm。

12.2.3　高压辊磨+搅拌磨工艺

苑仁财等[3] 研究表明，当高压辊磨机产品 P80 为 1.5mm 时，可直接给入搅拌磨进行细磨。黑龙江某选矿厂采用高压辊磨机与搅拌磨机直接配置方案对原选矿工艺进行了技术改造，高压辊磨机与弛张筛组成闭路机组，筛下-1mm 产品直接给入塔磨机与旋流器组成的磨矿分级系统，最终获得-0.074mm 含量 85% 的磨矿产品，与原生产工艺相比，缩短了破碎磨矿流程，大幅降低了破磨能耗。陈波等对高压辊磨+搅拌磨工艺进行了试验研究，并结合傲牛铁矿现场实际生产数据，提出以塔磨机替代现场球磨机，高压辊磨闭路产品直接入塔磨机的技改方案，对技改前后工艺能耗进行了对比计算，技改后预计节约能耗 36.24%，节能效果非常显著。

12.2.4　干式磨矿—表面磁化焙烧—强磁选预富集新工艺

大西沟铁矿是迄今为止我国探明储量最大的菱铁矿矿床，储量达到 3.02 亿吨，位于陕西省商洛市柞水县境内。针对大西沟铁矿，采用"闪速磁化焙烧-弱磁选"流程可获得精矿产率 31.59%、精矿 TFe 品位 60.91%、TFe 回收率 81.44%、尾矿 TFe 品位 7.86%的良好试验指标。但由于大西沟原矿含铁品位低，仅 23%左右，选比高，按"闪速磁化焙烧-弱磁选"流程设计 60 万吨/年工业流程，简单的技术经济分析表明，铁精矿生产成本为每吨 543.16 元。在保证回收率的前提下，提高焙烧原矿品位、减少进入焙烧作业的矿石量、进一步降低铁精矿生产成本是经济合理利用大西沟铁矿面临的关键瓶颈。

将原矿干式磨矿至合理粒度，再采用表面磁化的方法，在较低温度、较少燃料消耗的条件下磁化焙烧，达到仅使难选弱磁性铁矿颗粒表面少量磁化、增强难选弱磁性铁矿颗粒磁化率的目的，然后通过常规强磁选流程获得品位和回收率都经济合理的铁精矿产品。试验方案原则流程如图 12.11 所示。最终，通过表面磁化焙烧—强磁选预富集，在尾矿铁损失率仅 10.30%的情况下，将菱褐铁矿品位从 23.93%提高至 33.89%，抛出产率 36.68%、品位仅 6.72%的尾矿。表面磁化焙烧-强磁选一粗两精流程，强磁精矿品位可以提高 42.15%、回收率 69.39%。总尾矿品位仅 11.44%[8]。

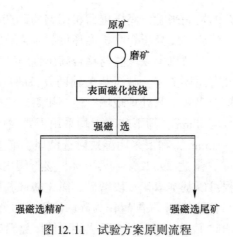

图 12.11　试验方案原则流程

12.2.5　浮选—重选联合工艺

针对陕西某氧化锌矿，根据原矿的矿石性质研究和探索试验研究综合对比，最终采用"硫化胺法浮选—中矿重选"的联合工艺流程，浮选部分经过一次粗选一次精选一次扫选，中矿筛分后进行重选摇床试验，摇床得到的精矿和尾矿分别并入浮选的精矿和尾矿，得到最终的产品[9]。选矿工艺流程如图 12.12 所示。

采用浮选—重选联合工艺，应用新型捕收剂 KM-8 对该矿进行选别，获得了混合精矿锌品位和回收率为 32.95%和 88.03%的良好指标，实现了该氧化锌矿的高效利用，为该矿的工业开发提供技术参考[9]。

12.2.6　磁选—重选—浮选强化回收微细粒铬铁矿新工艺

李强等[10]针对南非铬铁矿开展工艺矿物学研究，发现铬主要分布在细粒级中，-0.037mm 粒级占有率高达 60.60%，基于矿物特性，采用磁选预富集—重选再富集—浮选再选工艺来强化回收铬铁矿，提高分选指标，是实现资源高效利用的关键所在，也为低

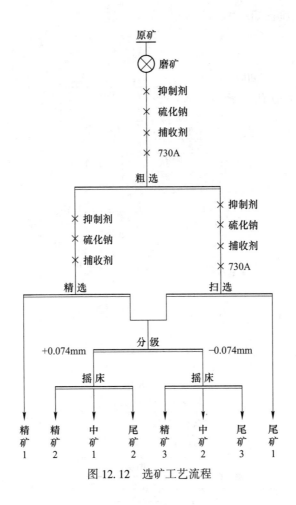

图 12.12 选矿工艺流程

品位微细粒铬铁矿资源的高效利用提供新的思路。

铬铁矿主要富集至强磁精矿中,但 Cr_2O_3 品位未达到冶炼要求,主要原因是顽火辉石等脉石矿物与铬铁矿比磁化率接近,呈现弱磁性,磁选容易混入铬铁矿中,两者之间的密度存在一定差异,重选可以实现两者的分离。试样中 $-0.037mm$ 含量高达 50.81%,该粒级已超出大部分重选设备有效回收下限。结合国外生产及研究现状,可以采用浮选法回收低品位细粒级铬铁矿[8]。

选矿组合工艺是该铬铁矿合理开发利用的必然路径,最终确定了"湿式强磁富集—重选粗粒铬铁矿—浮选细粒铬铁矿"技术路线,选矿原则工艺流程确定为"强磁选—重选—浮选"组合新工艺,获得了 Cr_2O_3 品位 39.27% 和 40.20% 的两种高品位精矿,实现了铬矿物的高效回收。浮选回收微细粒铬铁矿是提高总回收率的关键。确定了以水玻璃和GED 为组合抑制剂,硫酸铜为活化剂,选择性捕收剂 GJS 进行常温浮选,在给矿 Cr_2O_3 品位 21.73% 条件下,获得了 Cr_2O_3 品位 40.89%,作业回收率 89.31% 的铬精矿。最终,采用"磁选预富集—重选再富集—浮选再选"组合工艺能有效地回收铬铁矿,最终可获得 Cr_2O_3 品位 39.64%、产率 40.88%、回收率 82.60% 的铬精矿。试验指标先进,该工艺具有较好的工业应用前景[11]。

磁选—重选试验流程如图 12.13 所示。

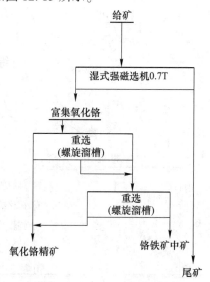

图 12.13　磁选—重选试验流程

浮选闭路试验流程如图 12.14 所示。

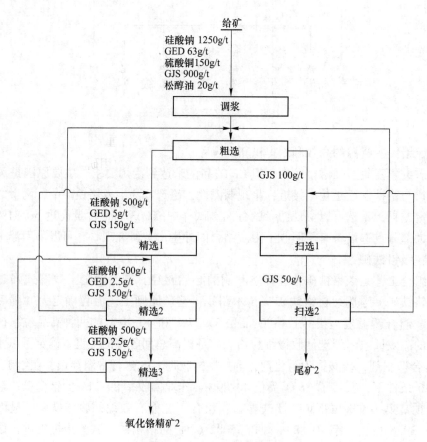

图 12.14　浮选闭路试验流程

12.2.7 无氟少酸工艺综合回收石英和长石

江西某钨锡尾矿[12]中石英、长石、云母等非金属矿物含量高，SiO_2含量77.02%，氧化钾含量5.65%，氧化钠含量1.38%，石英、长石矿物具有综合回收利用价值，此外试样含泥量高，石英和长石解离度低。

试验通过磨矿、磁选、脱泥等工艺对原矿进行预处理，在pH=10.5下浮选云母，云母浮选尾矿进行石英和长石浮选分离。采用钡离子活化石英、YF-2抑制长石、YF-1为捕收剂浮选石英，石英浮选尾矿即为长石精矿，石英粗精矿在酸性条件下反浮选长石得到石英精矿和长石副产品。闭路试验获得石英精矿产率25.30%、二氧化硅含量99.20%，石英矿物回收率为50%；长石精矿1和精矿2合并可得长石精矿产率22.69%、氧化钾含量10.55%、氧化钠含量2.61%、氧化铝含量17.62%、氧化铁含量0.12%、二氧化硅含量68.05%；长石副产品中氧化钾和氧化钠含量9.23%、氧化铝含量12.43%、二氧化硅含量77.89%，长石矿物总回收率约为79%；云母精矿产率14.50%，氧化钾含量7.65%，氧化钠含量1.65%，氧化铝含量16.40%，云母矿物回收率为85%[10]。

获得的石英精矿、长石精矿和长石副产品均可满足玻璃、陶瓷、玻璃纤维等不同领域的应用要求，云母产品可通过进一步的精选、超细磨矿等精细加工作为填料应用于橡胶、塑料、涂料等产品中。通过无氟少酸工艺可综合回收尾矿中的非金属矿物，对减少尾矿排放，增加企业经济效益等方面意义重大。

12.2.8 原矿分级脱泥—原生矿泥酸性浮选脱硫—粗粒级重浮联合脱硫

高硫铝土矿作为氧化铝生产的补充资源，一直应用于氧化铝生产，部分硫含量小于1%的高硫铝土矿以配矿形式进入氧化铝生产。河南、贵州、重庆等地部分企业采用浮选方法进行脱硫后用于氧化铝生产。高硫铝土矿生产氧化铝的应用研究已取得一定进展，其中浮选脱硫是一种针对高硫铝土矿综合利用行之有效且已进行产业化应用的方法。相关调查发现，遵义及周边地区硫含量大于4%的超高硫铝土矿资源超过800万吨，开采出的矿石受堆放条件影响，氧化酸化较为严重。通过对其进行一系列浮选脱硫试验发现，该矿样在酸性条件下浮选脱硫，对设备腐蚀严重；在碱性条件下浮选脱硫，碳酸钠用量为30kg/t原矿以上时才能将矿浆pH值调至8.0~9.0，不仅浮选药剂成本较高，同时pH值调整剂用量过多时，会导致浮选泡沫发黏、夹杂严重，使浮选脱硫分选指标变差。为开发利用难选超高硫铝土矿资源和解决因矿石酸化而引起的环境问题，有必要加快开发和完善难选超高硫铝土矿综合利用工艺技术。

针对硫含量为7.29%的难选超高硫铝土矿，通过采用"原矿分级脱泥+重浮联合脱硫"全流程闭路试验（见图12.15），可以获得产率为80.60%、硫含量为0.40%的综合铝精矿以及硫含量为35.94%的综合硫精矿，铝精矿硫含量较低，可以满足氧化铝生产原料要求，实现了超高硫铝土矿的综合利用[13]。

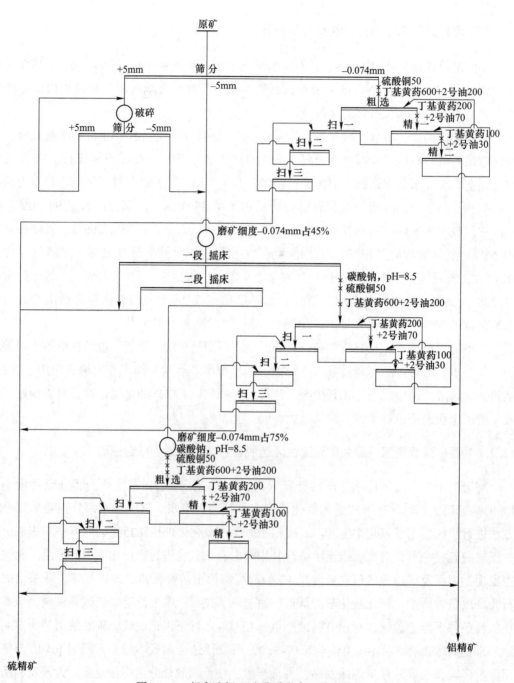

图 12.15　超高硫铝土矿重浮联合工艺全流程

（1）你所了解的重选、磁选、电选设备有哪些？

（2）本章中你学到了哪些联合工艺？

（3）为什么要选择复杂的联合工艺?

（4）展望一下未来选矿设备的发展方向。

参 考 文 献

[1] 贾旭. 跳汰机洗选检测系统的开发 [J]. 煤炭加工与综合利用, 2022 (10)：44-46.

[2] 杨珊, 黄宗华, 王红, 等. 酒钢湿式筒式磁选机设备优化及生产实践 [J]. 矿山机械, 2022, 50 (12)：43-47.

[3] 苑仁财. 超贫磁铁矿选矿新技术应用及发展趋势 [J]. 现代矿业, 2022, 38 (11)：133-136.

[4] 熊涛, 陈禄政, 谢美芳, 等. 周期式振动脉动高梯度磁选机的研制与试验研究 [J]. 金属矿山, 2023 (3)：227-233.

[5] 申有悦, 邵怀志, 杨晓, 等. 摩擦静电分选技术研究与应用进展 [J]. 矿冶工程, 2022, 42 (5)：44-50.

[6] Louati H, Tilmatine A, Ouiddir R, et al. New separation technique of metal/ polymer granular materials using an electrostatic sorting device [J]. Journal of Electrostatics, 2020, 103：103410.

[7] Brahami Y, Tilmatine A, Benabboun A, et al. Experimental investigation of a tribo-electrostatic separation device using linear moving electrodes [J]. Particulate Science and Technology, 2021, 39 (1/8)：657-662.

[8] 彭泽友, 刘旭, 陈雯, 等. 大西沟菱褐铁矿表面磁化焙烧-强磁选新工艺研究 [J]. 矿冶工程, 2021, 41 (6)：93-95, 100.

[9] 汪先道, 马原琳, 阚赛琼, 等. 陕西某氧化锌矿浮选-重选联合工艺研究 [J]. 云南冶金, 2022, 51 (6)：62-66.

[10] 李强, 王成行, 胡真, 等. 磁选-重选-浮选强化回收微细粒铬铁矿新工艺研究 [J]. 稀有金属, 2021, 45 (11)：1359-1367.

[11] Guney G O, Celik M S. A new flowsheet for processing chromite fines by column flotation and the collector ad sorption mechanism [J]. Minerals Engineering, 1999, 12 (9)：1041.

[12] 孔建军, 陈慧杰, 张明, 等. 江西某钨锡重选尾矿综合回收石英和长石试验研究 [J]. 矿产保护与利用, 2022, 42 (6)：146-152.

[13] 张建强, 杜五星, 马俊伟, 等. 难选超高硫铝土矿重浮联合脱硫工艺技术研究 [J]. 轻金属, 2022, 530 (12)：1-6.